油气管网国际标准化培训教材

应用与实践篇

吴志平 谭 笑 惠 泉 等著

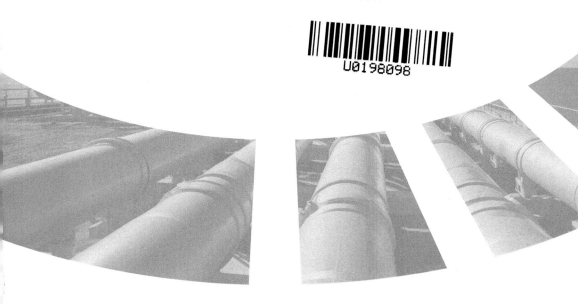

石油工业出版社

内 容 提 要

本书依据油气管网标准国际化知识体系和人才培养计划，收集、梳理现有国际标准化应用与实操相关知识、相关行业和油气管道领域的国际标准化实践案例，系统介绍了国际标准的检索、国际标准的制定程序和应对要点及相关行业的典型案例、国际标准的结构和编写规则、国际标准的采用原则、程序和方法、国际及国外标准化组织的管理机制、国际标准项目管理及提案申报、油气管道国际标准化实践等内容。

本书适用于油气管网领域从事国际标准化工作的管理和技术人员研究学习和职业培训。

图书在版编目（CIP）数据

油气管网国际标准化培训教材 . 应用与实践篇 / 吴志平等著 . —北京：石油工业出版社，2024.5

ISBN 978-7-5183-6573-9

Ⅰ . ① 油… Ⅱ . ① 吴… Ⅲ . ① 石油管道 – 国际标准 – 标准化 – 教材 Ⅳ . ① TE973

中国国家版本馆 CIP 数据核字（2024）第 061849 号

出版发行：石油工业出版社

（北京安定门外安华里 2 区 1 号楼 　100011）

网　　址：www.petropub.com

编辑部：（010）64523553　　　图书营销中心：（010）64523633

经　　销：全国新华书店

印　　刷：北京中石油彩色印刷有限责任公司

2024 年 5 月第 1 版　2024 年 5 月第 1 次印刷

787×1092 毫米　开本：1/16　印张：16.5

字数：358 千字

定价：88.00 元

《油气管网国际标准化培训教材
应用与实践篇》

著者名单

吴志平　谭　笑　惠　泉

曹　燕　刘　冰　郭德华　郑素丽　周立军　燕冰川　毕武喜

李亮亮　赵晋云　樊建春　张栩赫　马伟平　于巧燕　王凯濛

虎陈霞　杨　静　常晓然　杨菊萍　许　丹

前 言

● ● ● ● ● ● ●

习近平总书记强调："谁制定标准，谁就拥有话语权；谁掌握标准，谁就占据制高点。"国际标准化是国际范围内的标准化活动，由众多国家或组织共同参与研究、制定并推广采用国际统一的标准，协调各国、各地区的标准化活动，研讨和交流有关标准化事宜。

2021 年 10 月 10 日，中共中央、国务院印发《国家标准化发展纲要》，明确要求提升我国标准国际化水平，到 2025 年我国标准化开放程度显著增强，国际标准转化率达到 85% 以上。未来一段时期，我国标准国际化工作将聚焦于三个方面，一是积极参与国际标准的制定并承担更多的国际标准组织工作，提升我国在国际上的标准地位与治理能力；二是着力促进国内标准向国际标准转换，增强我国在国际市场中的竞争力和话语权，让更多的中国标准"走出去"，引领中国企业和产品走向全球；三是进一步提高国内标准与国际标准的一致程度，加快我国从制造大国向制造强国转变，早日跻身世界创新型国家前列。

标准国际化人才的培养和储备是开展国际标准化工作和参与国际标准组织治理的基本保障。近年来从事油气管网标准化相关工作人员的数量逐年增多，而标准国际化从业人员较为稀缺。当前我国油气管网行业要在标准层面与国际接轨，深化与国际社会的务实合作，必须要有充足的标准国际化高端人才为源动力。借鉴发达国家的国际标准化教育机制，加快构建系统、全面、多元的油气管网标准国际化知识体系，积极探索创新多样化的标准国际化教育机制和育人模式，尽快壮大和强化油气管网标准国际化人才队伍，是提升我国油气管网领域国际标准话语权和影响力、推动更多中国标准"走出去"的关键。

为培育和储备一批国内油气管网领域高素质、高水平、在行业内有较高认可度的标准化专家队伍，依据油气管网标准国际化知识体系和国际标准化人才培养计划，编制《油气管网国际标准化培训教材 基础篇》与《油气管网国际标准化培训教材 应用与实践篇》系列教材，教材兼顾国际标准化基础理论和应用与实践，适用于油气管网领域从事国际标准化工作的管理和技术人员研究学习和职业培训。

《油气管网国际标准化培训教材 应用与实践篇》系统介绍了国际标准的检索、国际标准的制定和编写、国际标准的采用程序和方法、国际及国外标准化活动的管理机制、国际标准项目管理及提案申报、油气管道国际标准化实践等内容。

由于时间仓促，书中疏漏在所难免，恳请广大读者提出宝贵意见。

2023 年 9 月

目 录

▷▷▷ 第一章　国际标准的检索

第一节　国际标准分类法

一、国际标准分类法的应用范围

国际标准化组织（ISO）于 1992 年编制了标准文献的专用分类法——国际标准分类法（ICS），1999 年后几经修订。分类法的特点是：列类广泛、覆盖面广、结构合理、简明实用，特别是配号方法灵活，允许用户根据需要自行扩类，适用于手检、机检等不同方法的检索需要。国际标准分类法主要包括以下三方面的应用。

（1）国际标准分类法作为国际、区域性和国家标准及其他标准文献的目录结构，并作为国际、区域性和国家标准的长期订单系统的基础，也可以用于数据库和图书馆中标准及标准文献的分类。

（2）国际标准分类法可作为信息数据的排序工具，如目录、选择清单、参考文献、磁介质和光介质上的数据库等，从而促进国际、区域性和国家标准及其他标准文献在世界范围内的传播。

（3）国际标准分类法适用于全部类别的国际、区域性和国家标准文献，例如标准、技术报告、标准化概要、技术规格、技术规范、指南、实施规程、技术趋势评估等，以及此类文件的草案。

其推广应用有利于标准文献分类的协调统一，从而促进标准文献的交换与传播。目前已在国际、区域标准化组织和世界各国得到广泛应用。

二、国际分类法体系结构与编号体制

（一）体系结构

国际标准分类法采用等级分类法，包含三个级别。第一级包含 40 个标准化专业领域，例如石油天然气及相关技术、建筑材料和建筑物等，具体目录见表 1-1。各个专业拥有一个双位数类号，例如"75 石油天然气及相关技术"。各专业领域又细分为 392 个二级类，二级类是以实圆点相隔的三位数类号，例如"75.200 石油、石油产品和天然气储运设备"。

392 个二级类中的 144 个又被进一步细分为 909 个三级类，三级类是以实圆点相隔的双位数类号，例如"75.180.99 其他石油和天然气工业设备"。国际标准分类法的一些二级类和三级类类名下设有范畴注释和 / 或指引注释。范畴注释给出了某特定二级类或三级类所覆盖的主题或其定义；指引注释指出了某一特定二级类或三级类与其他类目的关系。

表 1-1　国际标准分类法第一级目录

代码	名称
01	综合、术语学、标准化、文献
03	社会学，服务公司（企业）的组织和管理、行政、运输
07	自然和应用科学
11	医药卫生技术
13	环保、保健和安全
17	计量学和测量、物理现象
19	试验
21	机械系统和通用件
23	流体系统和通用件
25	机械制造
27	能源和热传导工程
29	电气工程
31	电子学
33	电信、音频和视频工程
35	信息技术
37	成像技术
39	精密机械、珠宝
43	道路车辆工程
45	铁路工程
47	造船和海上构筑物
49	航空器和航天器工程
53	材料储运设备
55	货物的包装和调运

代码	名称
59	纺织和皮革技术
61	服装工业
65	农业
67	食品技术
71	化工技术
73	采矿和矿产品
75	石油天然气及相关技术
77	冶金
79	木材技术
81	玻璃和陶瓷工业
83	橡胶和塑料工业
85	造纸技术
87	涂料和颜料工业
91	建筑材料和建筑物
93	土木工程
95	军事物资、军事工程、武器
97	家用和商用设备、文娱、体育

（二）通用标准类目

术语标准和图形符号标准可先分入术语和图形符号类，再按标准化对象所属专业分入专业类，如"01.040.75 石油及有关技术（词汇）"。

大多数二级类下分的三级类组都含有一个概括全部三级类主题范围的三级类。这些带有通用主题的三级类均以".01"结尾。例如二级类"07.100 微生物学"，包含一个首类"07.100.01 微生物学综合"。此类应包含关于微生物学通用主题的标准，例如 ISO 21528-1：2004《食品和动物饲料的微生物学肠杆菌科检测和计数的水平法　第 1 部分：通过预浓缩 MPN 技术进行计数和检测》，该标准涵盖了"07.100.10 医学微生物学""07.100.20 水的微生物学""07.100.30 食品微生物学"或"07.100.40 美容化妆品微生物学"的各个范畴，应当分入"07.100.01 微生物学综合"。

（三）"其他"标准类目

大多数被划分出三级类的二级类包括一个以".99"结尾的三级类。此三级类所涵盖的主题范畴既不同于通用三级类也不同于二级类下其他各三级类的主题范畴。例如标准 ISO 10945：1994《液压传动充气蓄能器气口尺寸》，既不符合通用三级类的主题"23.100.01 流体动力系统综合"，也不符合下属具体三级类的主题"23.100.10 泵和马达""23.100.20 缸""23.100.40 管道和管接头""23.100.50 控制部件""23.100.60 过滤器、密封垫和流体杂质"。在这种情况下，应将其分入以下"其他"三级类之中，即"23.100.99 其他流体动力系统部件"。

如果与某二级类相关的所有标准都包含在通用三级类或者特定三级类之中，那么上述规则不适用。例如二级类"21.100 轴承"包括通用主题三级类"21.100.01 轴承综合"和特定主题三级类"21.100.10 滑动轴承""21.100.20 滚动轴承"。二级类不包括三级类"21.100.99 其他轴承"，因为所有轴承仅属于两种类型：滑动轴承和滚动轴承。

三、国际标准分类法使用规则

（一）标准分类的一般原则

国际标准分类法用于检索标准和其他规范性文件及其草案。检索前应仔细研究分类规则和国际标准分类法结构。应根据标准主题进行分类。检索人员应首先辨别特定主题的适用类别，然后将标准分入适当的二级类，如果二级类已细分，则应分入适当的三级类。例如标准 ISO 12736：2014《石油和天然气行业 用于管道、流水线、设备和海底结构的湿式隔热涂料》属于大类"75 石油及相关技术"，该类目下的适当二级类为"75.180 石油和天然气工业设备"，该二级类下的适当三级类为"75.180.10 勘探和钻采设备"。

如果根据现有内容无法确定标准的应用范围，检索人员可以考虑相关技术委员会、分技术委员会及标准制定工作组的工作范围。

（二）标准分类的层次

当分类法中有与标准主题对应的特定三级细分类目时，应尽量使用所有可用的等级细分标准。例如标准 ISO 5229：1982《旋转钻孔设备 旋转工作台》、ISO 14224：2016《石油、石化和天然气行业 收集和交换设备的可靠性和维护数据》、ISO 10441：2007《石油、石化和天然气行业 用于机械动力传输的挠性联轴器 特殊用途应用》应当分入下列三级类："75.180.10""75.180.01"及"75.180.20"；不应用"75.180"（二级类）对上述标准进行分类，因为这可能导致在数据库之间以国际标准分类法交换数据的困难，妨碍国际标准分类法在跨国信息系统中的应用。

当一标准的主题涵盖了一个带有".01"和 / 或".99"三级类的二级类之下两个或两个以上三级类的专业范畴时，此标准应当分入".01"三级类。例如标准 ISO 4829－

1：1986《钢和铸铁全硅量的测定、硅钼蓝分光光度法　第1部分：硅含量在 0.05% 和 1.0% 之间》应当分入三级类"77.080.01 黑色金属综合"，不得分入三级类"77.080.10 铁""77.080.20 钢"。因为铁和钢完全涵盖了黑色金属主题。同理，标准 ISO 6632：1981《水果、蔬菜及其制品　挥发性酸度的测定》应当分入三级类"67.080.01 水果、蔬菜及其制品综合"，且不得分入三级类"67.080.10 水果及其制品""67.080.20 蔬菜及其制品"。因为"67.080 水果、蔬菜及其制品"包括下列三级类："67.080.01 水果、蔬菜及其制品综合""67.080.10 水果及其制品"和"67.080.20 蔬菜及其制品"。

当有细分的三级类时，应只使用三级类目分类。例如标准 ISO 15156-2：2020《石油和天然气工业　用于石油和天然气生产中含 H_2S 环境的材料　第2部分：抗裂碳钢和低合金钢以及铸铁的使用》，应当根据三级类名称进行分类"75.180.01 石油和天然气工业设备综合"，而不能分入二级类"75.180 石油和天然气工业设备"。

（三）标准的交替分类

可根据标准的主题范畴将标准分入多个二级类或者三级类之中。例如标准 ISO 7686：2005《塑料管和管件　不透明度的测定》应当分入两个三级类之中："23.040.20 塑料管""23.040.45 塑料配件"。

ISO 8159：1987《纺织品纤维和纱线的形态　词汇》应当分入三个三级类之中："01.040.59 纺织和皮革技术（词汇）""59.060.01 纺织纤维综合""59.080.20 纱线"。

避免一份文件分入多于四个类目。

（四）通用标准的分类

1. 通用主题类型标准的分类

涉及通用主题类型概念的标准，可以按照通用的类型概念进行分类，同时也按照标准从属的专业概念分入特定的专业类目。例如分入下列二级类和三级类的标准，同时也应按照其主题分入其他二级类和/或三级类之中。

二级类："01.040 词汇""01.060 量和单位""01.070 颜色编码""01.075 字符符号"。

三级类："01.080.20 特定设备用图形符号""01.080.30 机械工程和建筑制图、图表、设计图、地图和相关技术产品文件用图形符号""01.080.40 电气工程和电子工程制图、示意图、图表和相关技术产品文件用图形符号""01.080.50 信息技术和电信技术制图和相关技术产品文件用图形符号""17.140.20 机器和设备的噪声""75.180.20 加工设备"。

例如 ISO 16812：2019《石油、石化和天然气行业　管壳式换热器》应当分入两个三级类"27.060.30 锅炉和热交换器"和"75.180.20 加工设备"。

ISO 6405-1：2004《土方机械　司机操纵装置和其他显示装置用符号　第1部分：通用符号》应当分入三级类"01.080.20 特定设备用图形符号"和二级类"53.100 土方机械"。

2. 跨行业通用技术和产品标准的分类

跨行业通用的标准，应分入基础行业的专业类目，特定行业适用的标准，应分入特定行业的专业类目。例如一级类："21 机械系统和通用件""23 流体系统和通用件"，以及范畴内涵为通用标准的一级类和二级类，例如"13.110 机械安全（该类仅包括机械安全用通用标准）"。

应当仅包括适用于不同行业的通用标准。例如 ISO 10317：2008《滚动轴承　锥形滚柱轴承　标注系统》可适用于不同行业，应当分入三级类"21.100.20 滚动轴承"之中。而标准 ISO 6045：1987《造船和海上构筑物 吊杆座 装置和部件》、ISO 14204：1998《航空航天 飞机结构用直径系列 0 的双列刚性球轴承 米制系列》被指定用于特定行业，应当分别分入与这些行业有关的三级类之中，即"47.020.40 起重设备和货物搬运设备""49.035 航空航天制造用零部件"。

ISO 6259-1：1997《热塑性塑料管拉伸性能的测定　第 1 部分：通用试验方法》是通用的可用于不同行业的标准，应当分入三级类"23.040.20 塑料管"中。

ISO 6993-1：2006《输送气体燃料用埋设的，高耐冲击的聚氯乙烯（PVC-HI）管道 第 1 部分：最大操作压力为 1 巴（100kPa）的管子》，其制定目的是用于处理天然气，则应当分别分入与特定用途有关的二级类（从产品使用角度）和与产品类型有关的三级类（从产品制造角度）之中，即"75.200 石油、石油产品和天然气储运设备""83.140.30 非液体用塑料管和配件"。

ISO 12100：2010《机械安全　设计通则　风险评估和风险降低》应当分入二级类"13.110 机械安全"之中。

而 ISO 4254-1：2013《农用机械　安全　第 1 部分：一般要求》因其仅被设计用于一个行业，即农机工程领域，标准应当分入三级类"65.060.01 农业机械和设备综合"之中。

3. 含专用术语标准的分类

所含术语定义仅仅适用于本标准的标准不应当分入通用的术语类目，即二级类"01.040 词汇"。

（五）设备零部件标准的分类

当国际标准分类法不含专门用于类分有关系统、部件、备件及材料的二级类或者三级类时，那么特定设备、机械和装置用的系统、部件、备件及材料标准应分入包含设备、机械和装置标准的二级类和三级类。例如标准 ISO 5696：1984《牵引式农用车辆　制动器和制动装置　实验室试验方法》应分入三级类"65.060.10 农业拖拉机和牵引车辆"。因为国际标准分类法不包括农用车辆制动系统的二级类/三级类，标准 ISO 4251-1：2005《农业拖拉机和机械用轮胎（层级标志系列）和轮辋　第 1 部分：轮胎规格和尺寸及对应轮辋外形》，则应当分入三级类"83.160.30 农业机械用轮胎"。

第二节 国际标准文献检索方法

一、国际标准文献概念和特点

（一）概念

标准文献是指由技术标准、管理标准、工作标准及其他具有标准性质的类似文件所组成的一种特种文献。它既具有一般科技文献的作用，又具有法律效力，是人们从事科研、生产、设计和检验所使用的技术依据，也可以直接应用于生产、管理、贸易，是科技信息检索中不可缺少的内容。国际标准是指国际标准化组织（ISO）、国际电工委员会（IEC）和国际电信联盟（ITU）制定的标准，以及国际标准化组织确认并公布的其他国际组织制定的标准。

（二）标准文献的特点

1. 标准文献的技术成熟度高

标准的技术成熟度很高，它以科学、技术和实践经验的综合成果为基础，经相关方面协商一致，由主管机构批准，以特定形式颁布。

2. 标准文献有自己独特的体系

标准不同于其他文献，它结构严谨、统一编号、格式一致，其中标准号是标准文献区别于其他文献的重要特征，还是查找标准的重要入口。标准还有自己的分类法，在我国采用《中国标准文献分类法》（CCS），国际上采用《国际标准分类法》（ICS）。在标准的编写格式、审批程序、管理办法、使用范围上都自成体系。

3. 标准具有期龄，需要复审

自标准实施之日起至标准复审重新确认、修订或废止的时间，称为标准的有效期，又称标龄。由于各国情况不同，标准有效期也不同。各国的标准化机构都对标准的使用周期及复审周期作了严格规定。以 ISO 为例，ISO 标准每 5 年复审一次，中国国家标准复审周期与 ISO 一致。

4. 标准文献是了解世界各国工业发展情况的重要科技情报源之一

一个国家的标准反映着该国的经济技术政策与生产水平，科研人员研制新产品，改进老产品，都离不开标准文献。

二、检索方法

（一）序号途径

又称标准号检索。标准号是标准的重要特征。标准号的格式一般为：标准代号＋标

准序号 + 批准年代号。如 ISO 9005：2007（国际标准化组织 + 标准序号 + 年代）；IEC 61000-4-2：2008（国际电工委员会 + 标准序号 + 部号 + 出版年月）；GB 6728—2002（国家标准号的汉语拼音 + 标准序号 + 年代）；序号检索是在已知标准号的情况下，一对一的检索途径。当标准号准确时，能达到很高的准确度。互联网上，不同的系统采用的检索策略各不相同。有的要求精确检索，即输入标准号需完整，与系统中的完全一致才有结果。有的系统则采用模糊检索，只需输入标准号中的一部分，就可查出一系列结果，扩展了查全率。

（二）分类途径

即通过标准文献分类法的分类目录（索引）进行检索。我国最常用的分类法是《中国标准文献分类法》（CCS），采用一位字母与两位数字相结合的形式。用户可以根据对照分类法，找到相应的标准分类号，再根据类别检索同一类下的标准群。国际标准化组织（ISO）于 1991 年组织完成了《国际标准分类法》（ICS）的制定，ICS 采用等级分类原则，共包含三个级别，用数字表示。我国在 1997 年正式在国家标准、行业标准、地方标准上标注 ICS。使用正确的分类检索，会得到一个相对查全率、查准率均较好的结果。特别是需要查找一类标准时，通过输入相关分类号，可以找到一系列相关标准，从中分析出哪几个是比较合适的。该途径涉及的内容很多，需要筛选的标准多，单一性差，比较花费时间，一般与其他条件配合使用。

（三）主题途径

又称关键词检索，这是现在用途最广泛的检索方法。标准信息的主题内容在标准名称中体现得比较准确。随着计算机网络的发展，越来越多的标准信息可以从网上获得，这大大扩展了关键词检索的范围。关键词检索一般分为两种：第一种是纯文本检索，即只在标准名称中匹配，对关键词的选取要求较高；第二种是全文检索，包括题名和全文，查全率高，对检索结果需要筛选。关键词检索时，要注意使用规范用词，避免通用词汇。

第三节　国际标准文献检索工具

互联网是获取标准信息的重要来源，国内外著名的标准化组织，在互联网上大多建立了自己的 Web 网站，报道最新的标准信息。相对传统文本型的标准信息源而言，网上的标准文献信息具有更新速度快、查找方便、查询范围广等特点，为标准文献工作带来了革命性的变化，彻底解决了困扰多年的标准文献信息查找不方便的问题。由于各网站的设计不同，标准编排体系各异，在进行标准信息检索时，就必须考虑具体情况，有的放矢。

一、中国检索系统

（一）全国标准信息公共服务平台

全国标准信息公共服务平台（https：//std.samr.gov.cn/）是中国国家标准化管理委员会标准信息中心具体承担建设的公益类标准信息公共服务平台，服务对象是政府机构、国内企事业单位和社会公众，目标是成为国家标准、国际标准（ISO 和 IEC 标准）、国外标准、行业标准、地方标准、企业标准和团体标准等标准化信息资源统一入口，为用户提供"一站式"服务。用户进入国际标准检索界面后，可以通过国际标准分类号进行检索，也可以通过标准名称或编号进行检索（图 1-1）。

图 1-1　全国标准信息公开服务平台

（二）中国标准服务网

中国标准服务网（https：//www.cssn.net.cn/cssn/index）是世界标准服务网在中国的网站，由中国标准研究中心主办。中国标准服务网有着丰富的信息资源。目前开放的数据库有中国国家标准数据库、中国行业标准数据库、中国国家建设标准数据库、ISO 标准、IEC 标准等多种数据库。该系统提供的检索入口有：标准号、中英文标题、中英文主题词、被代替标准、采用关系、中文标准分类号、国际分类号等。用户经注册成为会员后可免费检索到相关的题录信息，但要获取全文还需缴纳一定费用。

（三）万方数据库

万方数据库（www.wanfangdata.com.cn）收录了大量国内外的标准，包括中国 1964年至今发布的全部国家标准、某些行业的行业标准及电气和电子工程师技术标准；收录了国际标准数据库、美英德等国家标准及国际电工标准；还收录了某些国家的行业标准，如美国保险商实验所数据库、美国专业协会标准数据库、美国材料实验协会数据库、日本工业标准数据库等。其检索方式包括专业检索和高级检索两种，高级检索可通过标准名称、标准编号、发布时间、出版单位、国际分类号等进行检索（图1-2）。可查询到包括标准编号、标准名称、英文名称、中英文主题词等题录信息。

图 1-2　万方数据库国际标准查询平台

（四）中国知网

中国知网（https：//kns.cnki.net/kns/advsearch?dbcode=CISD）的标准数据总库是国内数据量最大、收录最完整的标准数据库，分为中国标准题录数据库（SCSD）、国外标准题录数据库（SOSD）、国家标准全文数据库和中国行业标准全文数据库。国外标准题录数据库（SOSD）收录了世界范围内重要标准，如国际标准（ISO）、国际电工标准（IEC）、欧洲标准（EN）、德国标准（DIN）、英国标准（BS）、法国标准（NF）、日本工业标准（JIS）、美国标准（ANSI）、美国部分学协会标准（如ASTM、IEEE、UL、ASME）等标准的题录摘要数据，共计标准38万余项。可通过标准名称、标准号、关键词、起草人、起草单位、出版单位、ICS号进行国际标准的检索。

二、国际检索系统

（一）国际标准化委员会（ISO）

国际标准化委员会（http：//www.iso.org/iso/home/standards.htm）是世界上最大的非政府性标准化专门机构，它涉及电工和电子工程领域外的所有技术领域。ISO在网上提供概况、世界成员、技术工作、ISO 9000与ISO 14000、世界标准服务网络等信息和服务，并提供 ISO 标准的检索。用户可以通过国际标准化组织标准目录（ISO Catalogue）检索 ISO 已经出版的标准或者按照 ISO 标准委员会浏览各技术委员会的标准制定情况，也可通过 ISO 标准文献检索平台的搜索引擎快速查询标准文献（图 1-3）。

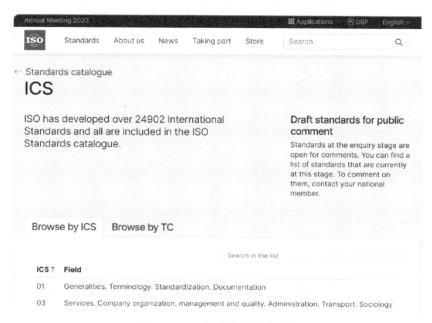

图 1-3　ISO 标准文献检索平台

（二）国际电工委员会（IEC）

IEC 成立于 1906 年，是世界上成立最早的国际标准化组织，负责编制出版电气、电子及相关技术的国际标准。IEC 的网络平台上提供新闻专栏、报道最新的消息，包括会议预报、2 周内最新出版的标准。在 IEC 平台上有两个检索界面，一种是从主页进入的 Advance Search 检索界面（https：//webstore.iec.ch/advsearchform），可用关键词、出版单位、委员会名称及代号、ICS 号、出版日期等进行检索（图 1-4）；一种是从 Websotre 进入的 Search & buy IEC standards 检索界面（https：//webstore.iec.ch/），利用标准编号、委员会名称及代号、ICS 号等进行检索。

（三）国际电信联盟（ITU）

ITU 标准是信息通信技术网络的基础，在 ITU 平台（https：//www.itu.int/zh/Pages/default.aspx）上可以按类浏览出版物，或者利用搜索引擎检索整个网站中的网页信息。ITU 提供的检索针对网页中所有内容，点击 Search 进入检索，在系统提供的 Search for 检索框中，可以直接输入检索关键词或标准号进行检索。在进行正式检索前，系统提供以下几种检索选项：（1）限定检索文献的文种，如法语、英语、俄语、汉语、西班牙语和阿拉伯语；（2）选定检索文献范围，ITU 将网站提供的文献分成 ITU 秘书处战略性文献信息检

索、ITU-T 推荐性标准文献检索、ITU-R 推荐性标准文献检索、ITU-D 推荐性标准文献检索等（图 1-5）。

图 1-4　IEC 标准检索页面

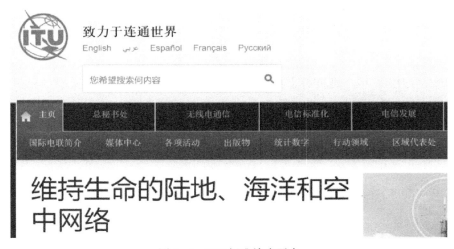

图 1-5　ITU 标准检索平台

（四）GlobalSpec

GlobalSpec 是全球最专业的电子及工业采购网站之一，是发展最迅速的技术类 B2B 媒体，致力于为全球工业和电子行业的采购工程师和技术工程专家提供产品和供应商讯息。全球已有 660 万注册用户在使用 GlobalSpec 的服务，超过 500 万工程师和技术专家定时使用 GlobalSpec，作为他们首选的在线工程技术信息资源。GlobalSpec 提供国际标准查询的功能，从主页中进入"Standards"页面（https：//standards.globalspec.com/），可用标准编号、关键词等进行国际标准的检索（图1-6）。

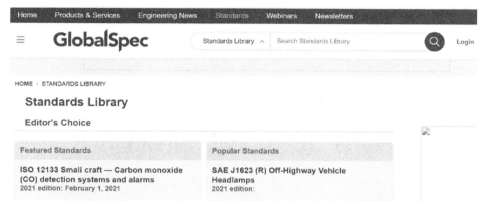

图1-6　GlobalSpec检索国际标准页面

🔍 本章要点

本章介绍了国际标准分类法、国际标准检索方法及相关的国际标准检索工具，需掌握的知识点包含：

➤ 国际标准分类法（ICS）的体系结构、编号体制和使用规则；
➤ 国际标准文献检索的具体方法，包括序号、分类和主题途径等方法；
➤ 国际标准文献的检索工具。

参 考 文 献

［1］中国标准化研究院国家标准馆编译.国际标准分类法ICS［M］.7版.北京：中国标准出版社，2019.
［2］国家标准化管理委员会，国家市场监督管理总局标准创新管理司.国际标准化教程［M］.3版.北京：中国标准出版社，2021.
［3］刘佳，钟永恒.国际标准文献检索平台的比较及启示［J］.图书馆学研究，2011（20）：60-64.
［4］国家质量监督检验检疫总局.采用国际标准管理办法［EB/OL］.（2001-12-04）［2023-08-23］.https：//www.samr.gov.cn/cms_files/filemanager/samr/www/samrnew/samrgkml/nsjg/bgt/202106/W020211118568605615312.pdf.
［5］葛郁葱.标准文献的特点及其检索方法［J］.情报杂志，2009，28（S2）：166-167，160.
［6］张新明，方小洵，吴国栋.专利文献和标准文献检索系统及网站的研究［J］.广东科技，2010，19（16）：5-7.
［7］百科.globalspec［EB/OL］.（2023-07-30）.https：//baike.baidu.com/item/globalspec/5106187.

第一节　国际标准制定的技术组织

一、技术工作组织机构及其职责

ISO 和 IEC 的技术工作所依据的基本文件是《ISO/IEC 导则》，分为第 1 部分：技术工作程序（现行版本为 2023 年版）和第 2 部分：国际标准的结构和编写规则（现行版本为 2021 年版）。

ISO/IEC 的技术工作机构名称见表 2-1。

表 2-1　ISO/IEC 相似或相同术语

术语	ISO	IEC
国家机构	成员机构（MB）	国家委员会（NC）
技术管理局（TMB）	技术管理局（ISO/TMB）	标准化管理局（SMB）
首席执行官（CEO）	秘书长	秘书长
CEO 办公室	中央秘书处（CS）	秘书处（Sec）
理事会	委员会	IEC 委员会
咨询组	技术咨询组（TAG）	咨询委员会
秘书 / 委员会经理	委员会经理	秘书
委员会	TCs，SCs，PCs	TCs，SCs，PCs，SyCs
对于其他的概念，详见《ISO/IEC 导则》第 2 部分。		

（一）技术管理局的作用

各组织的技术管理局负责管理各组织的技术工作具体如下：

（1）建立技术委员会。

（2）任命技术委员会主席。

（3）技术委员会秘书处的指派或重新指派，以及在某些情况下小组委员会秘书处的指派或重新指派。

（4）批准技术委员会的名称、范围和工作计划。

（5）批准技术委员会建立和解散分委员会。

（6）必要时为特定的技术工作项目分配优先级。

（7）协调技术工作，包括就几个技术委员会感兴趣的主题或需要协调发展的主题分配制定标准的责任。为协助此项工作，技术管理局可设立相关领域的专家咨询小组，就其基础、行业及跨行业协调工作提供咨询，并对相关的计划及新工作需求提出建议。

（8）在 CEO 办公室的协助下，监测技术工作的进展，并采取适当行动。

（9）审查新技术领域工作的需求和规划。

（10）维护《ISO/IEC 导则》和其他技术工作规则。

（11）审议国家机构提出的原则问题，以及就新工作项目提案、委员会草案、征询意见草案或国际标准最终草案的决定提出的申诉。

（二）技术咨询组

为帮助技术管理局完成技术协调任务，ISO 或 IEC 其中一个技术管理局可以负责建立（或两个技术管理局可以联合建立）咨询组（ISO 称为技术咨询组，IEC 称为咨询委员会），并规定其任务。

成立这类小组的提案应包括关于其职权范围和组成的建议，应充分代表相关利益者的要求，同时尽可能限制其规模，以确保其有效运作。例如可以决定其成员仅是相关技术委员会的主席和秘书 / 委员会经理。在任何情况下，TMB 应决定适用的标准并任命成员。小组对其职权范围、组成或适当时对工作方法提出的任何修改应提交技术管理委员会批准。

分配给该小组的任务可包括提出与起草或协调出版物（特别是国际标准、技术规范、公开的规范和技术报告）有关的建议，但除非 TMB 特别授权，否则不应包括此类文件的编制。为出版而准备的任何文件应根据导则中给出的程序原则进行编制附录。该小组的咨询结果将以建议的形式提交给 TMB。这些建议应包括设立一个工作组的提案或联合工作组用于编写出版物。具有咨询职能的委员会内部文件应仅分发给其成员，并抄送 CEO 办公室。一旦该小组的具体任务完成，或者如果确定其后续工作可以通过正常的联络机制完成，该小组即应解散。

标准化评估小组（SEG）是一个开放的、潜在的大型小组，来自 IEC 和 ISO，用于系统开发的第一阶段。其作用是让专家群体参与进来，确定利益相关者和要处理的主题的总体架构和界限，并提出可能的工作方案和实施标准化活动的相关路线图。标准化评估小组由技术管理委员会建立和解散。他们的存在周期有限，通常为 18～24 个月，不应有持续的任务。他们无权制定标准或其他 IEC 出版物。创建 SEG 的提案应包括以下尽可能多的相关信息：

（1）市场需求、市场相关性和业务驱动因素；

（2）国家或地区的监管要求或其他限制；

（3）来自其他组织或行业的相关工作或其他有价值的信息；

（4）已经确定的利益相关者的名单，包括 IEC 技术委员会、ISO 技术委员会、论坛和这些组织之外的协会，它们应参与这项工作；

（5）建议 SEG 所需的专业知识和管理结构；

（6）关于 SEG 适当名称的建议；

（7）提议召集人。

SEG 的主要任务是评估 IEC 和 / 或 ISO 内部是否需要新的标准化工作或其他技术活动。需要检查以下因素：

（1）市场需求、市场相关性和业务驱动因素；

（2）IEC 和 / 或 ISO 内部和外部的潜在参与者，包括 IEC 和 ISO 技术机构，例如 ITU/SGs、论坛、协会和其他团体；

（3）来自其他组织或行业的相关工作或其他有价值的信息；

（4）系统工作的环境、能源和安全条件考虑因素（IEC）；

（5）国家或地区的监管要求或其他限制；

（6）相关 / 合适的模型或参考架构；

（7）可以映射到参考架构或模型以证明其有效性的一组初始用例；

（8）现有工作和活动的差距分析。

（三）联合技术工作

联合技术委员会（JTC）和联合项目委员会（JPC）可以由 ISO/TMB 和 IEC/SMB 共同决定建立。对于 JTCs、JTC/ 小组委员会和 JPCs，由一个组织承担行政责任。这应由两个组织共同商定。JTCs、JTC/ 小组委员会和 JPCs 的参与基于一个成员 / 国家一票的原则。如果同一国家的两个国家机构选择参加一个 JTCs、JTC/ 小组委员会和 JPCs，则应确定其中一个机构承担行政责任，且只允许一个国家代表团参加。负有行政责任的国家机构有责任协调本国的活动，包括文件分发、评论和表决。否则，将遵循正常程序。

（四）CEO 的作用

各组织的首席执行官负责执行《ISO/IEC 导则》和其他技术工作规则，首席执行官办公室安排技术委员会、理事会和技术管理局之间的所有联系。未经 ISO 或 IEC 首席执行官或各自组织中的技术管理局授权，不得偏离《ISO/IEC 导则》第 1 部分规定的程序。

（五）技术委员会（TC）和分委员会（SC）

1. 技术委员会（TC）的建立

技术委员会由技术管理局建立和解散，技术管理委员会可在与相关技术委员会协商后，将现有的小组委员会转变为新的技术委员会。在一个新的技术活动领域开展工作，如需建立一个新的技术委员会，可通过以下方式在相关组织中提出提案：

（1）国家机构；

（2）技术委员会或小组委员会；

（3）项目委员会；

（4）政策层面的委员会；

（5）技术管理委员会；

（6）首席执行官；

（7）在组织的支持下，负责管理认证系统的机构；

（8）另一个国家机构成员的国际组织。

相关提案建议书内容应包括：

（1）提议者；

（2）提议的主题；

（3）设想的工作范围和拟议的初步工作方案；

（4）提议的理由；

（5）如果适用，对其他机构开展的类似工作的调查；

（6）与其他机构的任何必要联系。

应使用规定的表格（见《ISO/IEC 导则》各相应补充部分）提交此类提案：

（1）此类提案应提交给首席执行官办公室。首席执行官收到提案后应立即与相关方进行磋商，包括与技术管理局主席磋商。必要时，可建立一个特别工作组对该提案进行审查。磋商后，首席执行官应将提出的意见及建议补充到提案表格中。

（2）首席执行官办公室应将提案分发给该组织（ISO 或 IEC）所有国家成员体征求意见，包括他们是否支持成立新的技术委员会，以及是否打算积极参与新技术委员会的工作。该提案还应同时提交给另一个组织（IEC 或 ISO）征询意见并达成协议。两组织的所有国家成员体应在提案分发后的 12 周内用规定的表格对提案做出投票答复。

（3）技术管理局根据收到的答复意见进行评价。只有同时满足下列两个条件，技术管理局才能决定建立一个新的技术委员会，或把工作分派给现有的技术委员会：

① 参加投票表决的国家成员体中有三分之二赞成此项提案；

② 至少有 5 个国家成员体表达了其积极参加活动的意向并承担秘书处工作。

（4）按照建立的先后顺序对技术委员会进行编号，解散的技术委员会的编号不得再使用。

（5）建立新的技术委员会的决定形成后，应尽快与其他团体建立必要的联络关系。

（6）新的技术委员会成立之后，应尽快地以通信方式就其名称和业务范围达成一致，需要 P 成员投票的三分之二多数批准，并由首席执行官提交技术管理局批准。技术委员会或技术管理局可以提出修改技术委员会名称和业务范围，修改的措辞应由技术委员会确定并由技术管理局批准。业务范围是明确界定技术委员会工作权限的书面声明。业务范围的界定应以"……的标准化""……领域的标准化"等词开始，措辞应尽可能简洁。

技术委员会的工作范围不应提及国际标准化的总目标，或重复管理所有技术委员会工作的原则。如果有必要指出技术委员会工作范围以外的某些问题时，这些问题应列在工作任务的末尾处，并冠以"不包括"一词。

2. 分委员会（SC）的建立

分委员会的设立和解散由母委员会积极成员（P 成员）投票的三分之二多数决定，并由技术管理委员会批准。只有在国家机构表示愿意承担秘书处工作的情况下，才可以设立分委员会。在成立时，分委员会应由至少 5 名已表示有意积极参与的上级技术委员会成员组成，参与分委员会的工作。技术委员会的分组委员会应按其成立的顺序依次指定。如一分委员会被解散，其指定编号不得分配给另一分委员会，除非该解散是技术委员会进行全面调整工作的一部分。

分委员会的名称和范围应由上级技术委员会确定，并应在上级技术委员会确定的范围内。上级技术委员会秘书处应使用适当的表格将建立分委员会的决定通知首席执行官办公室。首席执行官办公室应向技术管理局提交表格，以批准该决定。在批准设立新的分委员会的决定后，应尽快安排与其他团体建立必要的联络关系。

3. 参加技术委员会和分技术委员会的工作

所有国家机构都有权参与委员会的工作。为了获得最高的工作效率，维护必要的工作纪律，每个国家机构应就每个委员会向首席执行官办公室明确表示它以下列哪种身份参加技术委员会和分委员会的工作：

（1）积极成员：积极参与工作，有义务就正式提交委员会表决的所有问题、新工作项目提案、征询意见草案和所有待最终批准的草案进行表决，并为会议做出贡献（P 成员）；

（2）观察员：作为观察员参加工作，接收委员会文件，并有权提交意见和参加会议（O 成员）。

一个国家机构可以选择既不是某个委员会的积极成员，也不是观察员，在这种情况下，它既没有上述与该委员会工作有关的权利，也没有上述义务。但是，所有国家机构，无论其在委员会中的身份如何，都有权对征询意见草案和国际标准的最终草案进行表决。

任何国家机构均可成为分委员会成员，无论其在上级委员会中的成员身份如何。上级委员会的成员应有机会在分委员会成立时通知其有意成为其成员或非成员。上级委员会的成员资格并不意味着分委员会的自动成员资格；在分委员会设立时，应该为技术委员会成员提供机会明确他们成为分委员会积极成员或观察成员的意向，国家机构应正式通知其成为分委员会的身份。

国家机构可在任何时候，通过通知首席执行官办公室和相关委员会的秘书处，开始或终止其在 IEC 任何委员会的成员资格或改变其成员资格。此外，如果 P 成员一直缺乏在委员会层面投票或参与工作组的专业知识，则可以自愿降级为 O 成员。

如果委员会的 P 成员一直不活动或未能投票，委员会秘书处应通知首席执行官办公室：

（1）长期不积极：P 成员因连续两次未出席委员会会议（亲自出席、通过网络或通信方式）且未指派任何专家参与技术工作而被视为长期不积极。

（2）不符合投票标准，未能对以下任何文件进行表决：

① 提案阶段投票；

② 征询意见阶段投票；

③ 批准阶段投票（适用于 IS、TS、PAS、TR 和 IEC SRD）。

在国际标准化组织中，选择成为委员会成员的国家机构还有义务对该委员会负责的所有系统性审查投票进行表决。在收到此类通知后，首席执行官应提醒国家机构有义务积极参与委员会的工作。如果在 4 周内没有对这一提醒做出令人满意的答复，该国家机构将自动降为 O 成员。身份发生变化的国家机构可在 12 个月后向首席执行官办公室表明，希望恢复委员会的 P 成员资格，在这种情况下，将获得批准。

4.技术委员会和分委员会主席

1）任命

技术委员会主席应由技术委员会秘书处提名，并经技术管理委员会批准，任期最长为 6 年或视情况而定的更短时间，延期累计最多可达 9 年。分委员会主席应由小组委员会秘书处提名，并经技术委员会批准，最长任期为 6 年或视情况而定的较短任期，延期累计最多可达 9 年。任命和延期的批准标准是技术委员会 P 成员的三分之二多数票。技术委员会或分委员会的秘书处可在现任主席任期结束前一年提交新主席的提名。

2）程序

在委员会主席任期结束前 12 个月，独立选举委员会秘书处要求委员会秘书处表明是否希望提名另一名主席候选人或延长现任主席的任期。对于主席的任命，适用以下程序：

（1）告知所有国家委员会空缺席位，并应在 12 周内向秘书处提交提名。提名应包括简历和简短的陈述。

（2）当提名多名候选人时，应要求 TC 或 SC 的 P 成员按照其要求对候选人进行排序。只有选举委员会的成员可以看到这些答复，并且告知秘书处每个候选人的支持程度。秘书处从被提名者中选择一名候选人。然而，如果被提名者不是获得最多支持的人，秘书处应提供提名的理由。

（3）如果秘书处请求延长现任主席的任期，则根据以下要求提交提名。

① 如果是技术委员会主席，提名将提交给标准化管理委员会；如果是系统委员会主席，提名将提交给技术委员会的 P 成员。

② 若在投票期间对延期无任何异议，SMB 成员或 P 成员应立即分发给其他成员。

③ 如果提名在 TC 的情况下没有得到超过 SMB 三分之二成员的投票支持，或者在 SC 的情况下没有得到 TC 超过三分之二的 P 成员的投票支持，则应重复该程序。

3）职责

技术委员会主席负责该技术委员会的全面管理，包括全部分委员会和工作组。委员会

主席应:

（1）仅以国际身份工作，不担任国家职务，因此不能在自己的委员会中兼任国家机构的代表；

（2）指导该委员会的秘书/委员会秘书履行其职责；

（3）召开委员会会议，以期就委员会草案达成一致意见；

（4）保证在会议上充分总结归纳所有表达的观点，以便所有与会者都能理解；

（5）保证会上明确说明所有决定，并由秘书/委员会经理提供书面文件，以供会议期间确认；

（6）在征询意见阶段做出适当的决定；

（7）通过技术委员会秘书处就与该技术委员会相关的重要事项向技术管理委员会提供建议，为此，应通过分委员会秘书处接收任何分委员会主席的报告；

（8）确保技术管理委员会的政策和战略决策在委员会中得到实施；

（9）确保制定并持续维护涵盖技术委员会和向技术委员会报告的所有团体（包括所有分委员会）活动的战略工作计划；

（10）保证委员会的战略工作计划在技术委员会或分委员会工作计划的活动中得到正确一贯的实施和应用；

（11）协助对委员会决定的申诉。

如果会议主席意外缺席会议，与会者可选举一名会议主席。SC主席应根据需要参加上级委员会的会议，并可参与讨论，但没有投票权。在特殊情况下，如果主席无法出席，应委派秘书/委员会经理（或ISO和IEC中另一名代表）代表分委员会。如果SC代表无法出席，则应提供一份书面报告。技术委员会和分委员会可以自行决定任命一名或多名副主席。任命副主席的过程应由技术委员会和分委员会负责。副主席任期最长可达三年。

5. 技术委员会和分委员会秘书处

技术委员会和分委员会秘书处是指根据协议被指定负责向该技术委员会和分委员会提供技术和管理性服务的国家成员体。对于技术委员会秘书处，是在国家成员体申请的基础上由技术管理局指派；对于分委员会秘书处，是在国家成员体申请的基础上由上级技术委员会指派。但是，如果有2个或多个国家团体提出承担同分委员会秘书处工作的申请，则由技术管理局对分委员会秘书处的分派做出决定。不论是技术委员会还是分委员会，其秘书处应指派给符合下列条件的国家成员体：

（1）表明其积极参与技术委员会和分委员会工作的愿望；

（2）同意履行秘书处的职责，保证有足够的资源用于支持秘书处工作。

应当强调的是，被指派承担秘书处的国家成员体，在履行其职责时，必须以纯粹的国际身份工作，不应代表本国家的立场。秘书处负责及时执行以下事项：

（1）工作文件：

① 编写委员会草案，安排其分发并处理收到的意见；

② 为国际标准最终草案的流通或国际标准的出版准备咨询草案和文本。

（2）项目管理：

① 协助确定每个项目的优先次序和目标日期；

② 通知所有工作组和维护小组召集人和项目负责人到 CEO 办公室；

③ 主动提议发布替代文件或取消长时间运行和 / 或缺乏足够支持的项目。

（3）会议，包括：

① 制定议程并安排其分发；

② 安排分发议程上的所有文件，包括工作组的报告，并注明会议期间讨论所需的所有其他文件；

③ 关于会议中做出的决定（也称为决议）：确保批准工作组建议的决定包含所批准的具体内容，在会议期间以书面形式提供决策以供确认，在会后 48h 内将决定公布在委员会的电子文件夹中，委员会、SEGs 或其他 SMB 至少需要在会议结束后一周内公布决定和行动；

④ 准备会议纪要，并在会后 4 周内传阅；

⑤ 在会后 4 周内向 IEC 技术管理委员会（TC 秘书处）或上级委员会（SC 秘书处）准备报告；

⑥ 如果秘书 / 委员会经理无法出席会议（如果秘书处无法提供替代人员），委员会可以为会议指定一名代理秘书 / 委员会经理。

（4）决定：委员会秘书处应确保清楚地起草、审核和提交所有决议；委员会做出的所有决定，无论是在全体会议上还是通过信函做出的，都通过委员会决议或报告委员会决定结果的编号文件加以记录和追踪。

（5）建议：就与项目进展相关的程序向主席、项目负责人和召集人提供建议。

在任何情况下，每个秘书处都应与其委员会主席密切联系。秘书处和主席共同负责委员会的有效管理。技术委员会秘书处应就其活动，包括其分委员会和工作组的活动，与首席执行官办公室和技术委员会成员保持密切联系。

分委员会秘书处应与上级技术委员会秘书处保持密切联系，并在必要时与首席执行官办公室保持联系。它还应就其活动，包括其工作组的活动，与分委员会成员保持联系。委员会秘书处应与首席执行官办公室一起更新委员会成员的身份记录。

如一国家机构希望退出技术委员会秘书处，有关国家机构应立即通知首席执行官，至少提前 12 个月发出通知。技术管理委员会决定将秘书处转移到另一个国家机构。如技术委员会的秘书处持续未能履行本程序中规定的职责，则首席执行官或国家机构可将此事提交技术管理委员会，该委员会可审查秘书处的分配情况，以期有可能将其转移至另一国家机构。

如果国家机构希望退出小组委员会秘书处，有关国家机构应立即通知上级技术委员会秘书处，至少提前 12 个月发出通知。如果小组委员会秘书处持续未能履行这些程序中规定的职责，首席执行官或国家机构可将此事提交上级技术委员会，上级技术委员会可通过

P 成员的多数票决定重新指派小组委员会秘书处。在上述任何一种情况下，技术委员会秘书处应进行调查，以获得小组委员会其他成员担任秘书处的提议。如果两个或两个以上的国家机构提议承担同一小组委员会的秘书处，或者如果由于技术委员会的结构，秘书处的重新指派与技术委员会秘书处的重新指派相联系，则技术管理委员会决定小组委员会秘书处的重新指派。如果只收到一个申请，上级技术委员会继续进行任命。

（六）项目委员会

项目委员会由技术管理委员会建立，以制定不属于现有技术委员会范围的个别标准。这些标准只有一个参考编号，但可以细分为几个部分。希望转变为技术委员会的项目委员会应遵循建立新技术委员会的流程。

（七）编辑委员会

建议各委员会建立一个或多个编辑委员会，以更新和编辑委员会草案、咨询草案和最终国际标准草案，并确保其符合《ISO/IEC 导则》第 2 部分。这种委员会至少应包括：

（1）一名英语流利并具有足够法语知识的技术专家；

（2）一名法语流利并具有足够英语知识的技术专家；

（3）项目负责人。

项目负责人和 / 或秘书 / 委员会经理可直接负责相关语言版本之一。编辑委员会应在各自委员会秘书处要求时举行会议，以更新和编辑已通过信函接收供进一步处理的草稿。编辑委员会应配备以电子方式处理和提供文本的手段。

（八）工作组

1. 工作组（WG）

各委员会可根据委员会的决定设立负责具体任务的工作组，不应为前期工作项目设立新的工作组或联合工作组（JWG）。工作组以协商一致的方式运作，通过上级委员会指定的召集人向上级委员会报告并提出建议（如果有）。工作组召集人应纯粹以国际身份行事。工作组召集人应由委员会任命，任期最长三年。这种任命应由国家机构确认。召集人可以连任，最多可连任三年。召集人的任何变动由委员会负责，而不是由国家机构负责。如果工作组召集人辞职，秘书 / 委员会经理应召集确定新的候选人。根据需要，召集人可有一名提供支持的秘书。工作组秘书的提名应由其国家机构确认。

工作组由上级委员会的 P 成员、A 级联络人和 C 级联络人组成，他们聚集在一起处理分配给工作组的具体任务。专家以个人身份行事，而不是作为成员、联络委员会或联络机构的正式代表任命，但由共同联络员任命的除外。然而，建议他们与该 P 成员或联络员保持密切联系，尽早向他们通报工作进展情况和工作组的各种意见。建议合理限制工作组的规模。因此，委员会可决定每个成员和联络组织任命的专家的最高人数。一旦做出设立工作组的决定，应正式通知 P 成员及 A 联络员和 C 联络员任命专家。工作组应按成立的先后顺序编号。当委员会决定成立工作组时，应确保在成立工作组的同时任命召集人或代理召集人。召集人应安排工作组在 12 周内召开第一次会议。该信息应在委员会做出决定后立即传达给委员会的 P 成员及 A 联络员和 C 联络员，并邀请他们在 6 周内任命专家。在适当的情况下，可能会将其他项目分配给现有的工作组。工作组可设立分组。

长期不活跃的专家，即通过参加工作组会议或通信没有贡献的专家，应由首席执行官办公室根据技术委员会或分委员会秘书 / 委员会经理的要求，在与 P 成员协商后，从工作组中删除。任务完成后，通常在征询意见阶段结束时，工作组将根据委员会的决定解散，项目负责人将保留顾问身份，直到完成发布阶段。工作组内部文件及其报告的分发应根据《ISO/IEC 导则》的各个补充文件中描述的程序进行。工作组应尽可能使用适当的信息技术开展工作。为了提高透明度和可追溯性，首席执行官办公室提供的电子平台应用于工作组文件的分发和与成员的交流。

2. 联合工作组（JWG）

在特殊情况下，可能会成立一个联合工作组（JWG）来执行一项具体任务。承担多个 ISO 和 / 或 IEC 技术委员会或分委员会感兴趣的特殊任务。JWG 可以在 ISO 委员会之间、IEC 委员会之间或 ISO 和 IEC 委员会之间建立。在决定设立联合工作组时，各委员会应就以下事项达成一致意见：

（1）对 JWG 或分配给 JWG 的项目负有行政责任的委员会 / 组织；

（2）JWG 是否将从每个委员会指定一名召集人或共同召集人开始工作，可以随时任命每个委员会的共同召集人；

（3）任命的（共同）召集人应寻求所有参与组织工作和安排会议的专家的共识；

（4）联合工作组的成员资格（成员资格对正式成员开放，联络委员会根据各委员会的 A 类联络人及希望参加的 C 类联络人确定，如果有关委员会同意，每个委员会的代表人数可限于相同的人数）。

对项目负有行政责任的委员会应：

（1）将项目记录在其工作方案中；

（2）负责准备委员会、征询意见和批准阶段草案；

（3）负责处理意见，并确保在项目的所有阶段对意见和投票进行适当的汇编和处理，所有意见都提供给委员会的领导；

（4）向其他委员会的秘书处提供所有相关文件（例如会议记录、工作草案、委员会草案、征询意见和批准阶段的草案），以便在各自的委员会中分发和 / 或采取行动；

（5）负责出版物的维护。

联合开发项目的后续重大变更，如范围、文件等的变更。应由参与 JWG 的所有委员会决定。

3. 委员会中具有咨询职能的小组

委员会可设立一个具有咨询职能的小组，以协助主席和秘书处完成与协调、规划和指导委员会工作有关的任务或其他具有咨询性质的具体任务。

建立这样一个小组的提案应包括关于其组成和职权范围的建议，包括成员资格标准，同时尽可能限制其规模，以确保其有效运作。咨询小组成员可包括委员会官员、国家机构提名的个人（代表其专家意见的个人或代表其国家机构利益的个人）和联络代表。委员会应在咨询小组成立和提名之前批准召集人的任命、成员类型和职权范围。

对于咨询小组，应考虑提供公平参与。分配给该小组的任务可包括就出版物（特别是国际标准、技术规范、公开提供的规范和技术报告）的起草或协调提出建议，但不应包括此类文件的编制。该小组的结果应以建议的形式提交给设立该小组的机构。这些建议可能包括设立一个工作组的提议或联合工作组用于编写出版物。具有咨询职能的集团的内部文件应仅分发给其成员，并抄送相关委员会秘书处和 CEO 办公室。一旦该小组的具体任务完成并得到上级委员会的同意，该小组即应解散。

4. 特别工作组

委员会可以建立特设小组，其目的是研究一个明确界定的问题，并向上级委员会报告。特设小组成员可包括委员会官员、国家机构提名的个人（视情况而定，代表其专家意见的个人或代表其国家机构利益的个人）和联络代表。委员会应核准召集人的任命、成员类型、职权范围和在特设小组成立和提名之前完成工作的目标日期。委员会应在特设小组完成工作后解散该小组。

（九）技术委员会之间的联络

1. 一个组织（ISO 或 IEC）内部技术委员会之间的联络

在每一组织内，从事相关领域工作的技术委员会和/或分委员会应建立并保持联系。必要时，还应与负责标准化基本方面（如术语、图形符号）的技术委员会建立联系。联络应包括交换基本文件，例如新的工作项目建议和工作草案。

委员会应就内部联络员的设立或撤销做出正式决定。收到内部联络请求的委员会应自动接受此类请求。接受通知应转发给首席执行官办公室和申请委员会。保持这种联系是各技术委员会秘书处的责任，它们可以将这项任务委托给分委员会秘书处。委员会可指定一名或多名联络代表，跟踪已建立联络关系的另一技术委员会或其中一个或几个分委员会的工作。此类联络代表的指定应通知有关委员会秘书处，后者应将所有相关文件送交联络代表和该委员会秘书处。被任命的联络代表应向任命她的秘书处提交进度报告。

此类联络代表有权参加他们被指定关注其工作的委员会会议，但无表决权。他们可以在会议上参与讨论，包括根据他们从自己的委员会收集到的反馈，就其技术委员会职权范围内的事项提交书面意见。他们也可以出席委员会工作组的会议，但他们的参与仅限于就其职权范围内的事项发表自己的技术委员会的观点。

适当时，委员会可与 IEC 合格评定体系或 ISO 合格评定委员会（CASCO）建立联系。为保持联络活动的有效性，TC 或 SC 可任命一名联络协调员（主席、副主席、秘书或指定专家），负责管理和协调 TC 或 SC 的整体联络活动。TC 或 SC 可以在以下条件下定义联络协调员的角色和职责：

（1）联络协调员应解决标准制定过程中有关新兴技术的信息请求；

（2）联络协调员应确保委员会联络官向委员会提交报告；

（3）联络协调员应在负责相关 TC 或 SC 的技术官员的帮助下，将潜在的新工作项目提案（NP）通知已建立的联络人，以便在标准化的早期阶段处理潜在的冲突。

2. ISO 与 IEC 技术委员会之间的联络

ISO 和 IEC 技术委员会和分委员会之间充分联系的安排至关重要。ISO 和 IEC 技术委员会和分委员会之间建立联系的通信渠道是通过 CEO 办公室。就任一组织对新课题的研究而言，每当一个组织考虑新的或经修订的工作方案，而另一个组织可能对该方案感兴趣时，CEO 办公室都会寻求两个组织之间的一致意见，以便在不发生重叠或重复工作的情况下推进工作。

ISO 或 IEC 指定的联络代表应有权参加他们被指定跟踪其工作的其他组织的委员会的讨论，并可提交书面意见，他们没有投票权。他们也可参加技术委员会或分委员会工作组的会议，但仅就其权限范围内的事项发表自己技术委员会的观点。

3. 与其他国际组织的联络

适用于所有与其他组织的联络的一般要求，为使联络有效，联络应是双向的，并有适当的互惠协议。在工作的初期阶段，应考虑联络的必要性。

联络组织应接受《ISO/IEC 导则》有关版权的政策，无论是联络机构所有还是其他方所有。版权政策声明将提供给联络组织，并邀请其就其可接受性做出明确声明。联络机构无权对提交的文件收取费用。联络机构应愿意对 ISO 或 IEC 的技术工作做出适当的贡献。在相关技术或工业领域的一个部门或分部门内，联络组织在其规定的职权范围内应具有足够程度的代表性。联络组织应同意 ISO/IEC 程序，包括知识产权，联络组织应接受关于专利权的要求。技术委员会和分委员会应定期审议其所有联络安排，至少每 2 年一次，或在每次委员会会议上审议。

与其他国际组织的联络关系分为如下几类：

（1）A 类：就技术委员会或分委员会处理的问题对该委员会或分委员会的工作做出有效贡献的组织。这些组织可以查阅所有相关文件，并被邀请参加会议。他们可以提名专家参加工作组。

（2）B 类：表示希望随时了解委员会工作的组织。这些组织可以查阅委员会的文件，B 类是为政府间组织保留的。

（3）C 类：对特定工作组做出技术贡献并积极参与其中的组织。

建立 A 类、B 类和 C 类联络的协议要求三分之二的 P 成员投票批准申请。敦促各委员会在开始制定工作项目时寻求所有方的参与。如果 C 类联络请求是在特定工作项目的开发阶段后期提交的，P 成员将考虑有关组织能够增加的价值，尽管该组织参与工作组的

时间较晚。在 IEC，A 类或 B 类联络由首席执行官与相关委员会的秘书处协商建立。它们被集中记录并向技术管理委员会报告。在 IEC，C 类联络应由委员会秘书提交给技术管理委员会批准，并明确指出相关的 WG/PT/MT。提交的材料应包括设立联络机构的理由，并说明该组织如何满足相关要求。委员会秘书负责管理 C 类联络员。

二、技术工作会议

（一）会议计划

技术委员会秘书处应根据工作计划提前拟定委员会（包括工作组）的会议计划（至少要考虑 2 年的会议计划）。为了增进交流，减轻参加若干个技术委员会或分委员会的会议代表的负担，在安排会议计划时应考虑相关专业技术委员会或分委员会一起召开会议的好处，并应考虑技术委员会或分委员会会议结束后在同一地点立即召开编辑委员会会议将有利于加快草案的制定工作。

（二）召开会议的程序

1. 技术委员会和分委员会会议

会议的日期和地点应由有关委员会的主席和秘书处、首席执行官和作为东道主的国家机构商定。在分委员会会议的情况下，分委员会秘书处应首先与上级技术委员会秘书处协商，以确保会议的协调。希望主办某次会议的国家机构应与首席执行官和有关委员会秘书处联系。该国家机构应首先确定其国家没有对委员会任何成员的代表为出席会议的目的入境施加任何限制。建议主办组织核实并提供关于会议设施出入方式的信息。除了位置和交通信息，还应提供会议设施无障碍的详细信息。在规划过程中，应该请求通知特定的可访问性要求。主办机构应尽最大努力满足这些要求。

秘书处应确保至少在会议召开前 16 周，安排由首席执行官办公室（IEC）或秘书处分发议程和相关信息，并抄送首席执行官办公室（ISO）。只有在会议召开前至少 6 周可获得评论意见汇编的委员会草案才可列入议程，并有资格在会议上进行讨论。任何其他工作文件，包括将在会议上讨论的草案的评论汇编，应在会议前至少 6 周分发。议程应明确说明开始时间和预计结束时间。如果会议超过预计结束时间，主席应确保 P 成员愿意做出投票决定。但是，如果 P 成员离开，他们可以请求主席不要做出任何进一步的表决决定。

2. 工作组会议

工作组可以以虚拟、混合或面对面的方式开会。对于虚拟会议，应至少在会议召开前 4 周发出预先通知。当需要召开面对面或混合会议时，工作组会议召集人应至少在会议召开前 6 周向其成员和上级委员会秘书处发出会议通知。

工作组领导应确保尽一切合理努力让专家积极参与。工作组召集人和工作组成员应负责会议安排和协调。如果工作组会议将与上级委员会会议同时举行，召集人应与上级委员会秘书处协调安排。特别是，应确保工作组成员收到会议的所有相关信息，这些信息将发送给出席上级委员会会议的代表。

工作组（或 IEC 中的 PT/MT/AC）领导或相关委员会的秘书 / 委员会经理应将在其国家召开的任何工作组（或 IEC 中的 PT/MT/AC）会议通知国家机构秘书处。

3. 会议语言

虽然官方语言是英语、法语和俄语，但会议默认以英语进行。俄罗斯联邦国家机构提供俄语的所有口译和笔译服务。主席和秘书处负责以与会者可接受的方式处理会议中的语言问题，并酌情遵循 ISO 或 IEC 的一般规则。

4. 会议的取消

会议一旦召开，应尽一切努力避免取消或推迟。尽管如此，如果议程和基本文件未能在规定的时间内提供，那么首席执行官有权取消会议。

5. 虚拟参加委员会会议

国际标准化组织支持虚拟参与委员会会议，以实现提高利益相关者参与度和更好地协调委员会工作的目标。虚拟参加国际标准化组织的所有会议和国际标准化组织委员会的会议，条件是：

（1）秘书 / 委员会经理在会前与主办方确认，并遵循委员会会议虚拟参与指南；

（2）主办方同意并能提供必要的技术和支持；

（3）同样的注册和认证规则适用于虚拟与会者和面对面与会者；

（4）在会议之前向所有与会者提供"委员会会议虚拟参与准则"，会前提供给所有与会者。

第二节　国际标准制定的管理方法

ISO 和 IEC 技术委员会和分委员会的主要任务是制定、维护国际标准及其他出版物。ISO 和 IEC 要求它们的技术委员会和分委员会按照规定的项目管理和过程管理方法制定和维护国际标准及其他出版物。项目管理方法和过程管理方法的主要要素包括：战略计划、项目阶段、项目描述和接受、工作计划、目标日期、项目管理、项目负责人和进度控制。

一、战略计划

每个技术委员会都必须为其专业领域活动制定战略计划（ISO 称其为业务计划 BP，IEC 称其为战略计划声明 SPS），战略计划应由技术委员会正式商定，并纳入技术委员会报告中，以供技术管理局定期复审和批准。战略计划的内容包括：考虑制定工作计划的商业环境；指明工作计划中正在拓宽的领域、已经完成的领域、接近完成的领域或稳步发展的领域，没有进展应该撤销的领域；对所需的修订工作进行评价及对新需求的展望。

二、项目阶段

（一）正常程序

表 2-2 列出了技术委员会和分委员会开展的技术工作中各项目阶段的顺序和有关的文件名称。

表 2-2　项目阶段及相关文件

项目阶段	相关文件	
	名称	缩写
预研阶段	预研工作项目	PWI
提案阶段	新工作项目提案	NP
准备阶段	工作草案[1]	WD
委员会阶段	委员会草案[1]	CD
征询意见阶段	征询草案[2]	DIS（ISO） CSV（IEC）
批准阶段	最终国际标准草案[3]	FDIS
出版阶段	国际标准	ISO、IEC 或 ISO/IEC

[1] 这些阶段在"快速程序"中可以省去。

[2] ISO 中为国际标准草案（DIS），IEC 中为投票用委员会草案（CDV）。

[3] 可能被省略。

图 2-1 列出了 ISO 标准制定的阶段划分。

图 2-2 列出了 IEC 标准制定的阶段划分。

（二）特殊程序

视情况可以省略上述的某些阶段。例如若有合适的草案作为委员会草案进行分发，可以省略准备阶段；当从其他来源得到的现行标准直接提交作为国际标准进行表决的情况下，准备阶段和委员会阶段都可省略，这种做法被称作"快速程序"；若被处理的文件未被批准为国际标准，委员会决定作为临时使用文件（例如技术规范和技术报告）则可省略征询意见阶段。为了提高 ISO 和 IEC 标准的全球适用性，为满足市场的需求，ISO 和 IEC 在不断地探讨加速国际标准化进程的标准制定模式，例如利用国际专题研讨会产出国际专题研讨会协议 IWA 以及通过一定程序吸收一些事实标准，如可公开提供的规范（PAS）、工业技术协议（ITA）和技术倾向评定（TTA），见表 2-3。

阶段	子阶段						
	00 注册	20 主要行动 开始	60 主要行动 完成	90 决策			
				92 重复早期 阶段	93 重复当前 阶段	98 中止	99 继续
00 预研阶段	00.00 Proposal for a new project received	00.20 Proposal for a new project under review	00.60 Close of review			00.98 Proposal for new project abandoned	00.99 Approval to ballot proposal for a new project
10 提案阶段	10.00 Proposal for new project registered	10.20 New project ballot initiated	10.60 Close of voting	10.92 Proposal returned to the submitter for further definition		10.98 New project rejected	10.99 New project approved
20 准备阶段	20.00 New project registered in TC/SC work programme	20.20 Working draft (WD) study initiated	20.60 Close of comment period			20.98 Project cancelled	20.99 WD approved for registration as a CD
30 委员会阶段	30.00 Committee draft (CD) registered	30.20 CD study/ballot initiated	30.60 Close of voting/ comment period	30.92 CD referred back to Working Group		30.98 Project cancelled	30.99 CD approved for registration as DIS
40 征询意见阶段	40.00 DIS registered	40.20 DIS ballot initiated: 12 weeks	40.60 Close of voting	40.92 Full report circulated: DIS referred back to TC or SC	40.93 Full report circulated: decision for new DIS ballot	40.98 Project cancelled	40.99 Full report circulated: DIS approved for registration as FDIS
50 批准阶段	50.00 Final text received or FDIS registered for formal approval	50.20 Proof sent to secretariat or FDIS ballot initiated: 8 weeks	50.60 Close of voting Proof returned by secretariat	50.92 FDIS or proof referred back to TC os SC		50.98 Project cancelled	50.99 FDIS or proof approved for publication
60 出版阶段	60.00 International Standard under publication		60.60 International Standard published				
90 复审阶段		90.20 International Standard under systematic review	90.60 Close of review	90.92 International Standard to be revised	90.93 International Standard confirmed		90.99 Withdrawal of International Standard proposed by TC or SC
95 撤销阶段		95.20 Withdrawal ballot initiated	95.60 Close of voting	95.92 Decision not to withdraw International Standard			95.99 Withdrawal of International Standard

图 2-1 ISO 项目阶段

阶段	子阶段				
	00 注册	**20** 主要行动 开始	**60** 主要行动 完成	**70** 行动进一步 完成	**90** 决策
00 新项目定义	00.00 Registration of PWI				
10 项目提案 评估	10.00 Registration of project proposal for evaluation PNW				
15 利益衡量					
20 起草阶段	20.00 Registration of new project ANW				20.98 Abandon CAN. DEL
30 共识达成		30.20 Circulation for comment 1CD			30.92 Return to drafting phase or redefine project BWG 30.97 Merge or split project MERGED 30.98 Abandon DREJ 30.99 Register for next applicable phase A2CD
35 第二级共识 达成		35.20 Circulation for Comment 2CD to 9CD			35.91 Draft to be discussed at meeting CDM 35.92 Return to drafting phase A3CD to A9CD 35.99 Register for next applicable phase ACDV
40 征询意见 阶段		40.20 Circulation for enquiry CCDV			40.91 Draft to be discussed at meeting CDVM 40.93 Repeat enquiry NADIS 40.95 Preparation of text subcontracted to CO ADISSB 40.99 Register for next applicable phase ADIS, DEC
50 批准阶段	50.00 Registration of formal approval RDIS	50.20 Circulation for formal approval CDIS CDPAS			50.92 Retrun to driafting phase NCD 50.95 Preparation of thex subcontracted to CO APUBSB 50.99 Register for next phase APUB
60 出版阶段	60.00 Document under publication BPUB		60.60 Document made available PPUB		
90 复审阶段					90.92 Review repory RR
92 修订或修正		92.20 Document under revision AMW			
95 撤销程序					95.99 Proceed to withdrawal WPUB
99 撤销阶段			99.60 Approval of withdrawal DELPUB		

图 2-2　IEC 项目阶段

三、项目描述和接受

在《ISO/IEC 导则》第 1 部分的 2.1.4 对"项目"做了如下描述："是预期导致一个新的、修改或修订的国际标准出版的任何工作。一个项目可再细分成若干子项目。"并且还规定了"对于一个项目，只有其提案根据相关程序［见《ISO/IEC 导则》第 1 部分的

2.3："关于新工作项目提案"及《ISO/IEC 导则》IEC 补充部分（2023）和 ISO 补充部分（2023）〕被接受，方可对该项目开展工作。

表 2-3 国际标准及其他可提供使用文件制定程序

项目阶段	正常程序	与提案同时提交草案	"快速程序" [1]	技术规范 [2]	技术报告 [3]	可公开提供的规范 [4]
提案阶段	受理提案	受理提案	受理提案 [1]	受理提案		受理提案 [7]
准备阶段	起草工作草案	工作组研究 [5]		起草草案		批准 PAS 草案
委员会阶段	起草和受理委员会草案	起草和受理委员会草案 [5]		制定和受理委员会草案	受理委员会草案	
征询意见阶段	起草并受理征询意见草案	起草并受理征询意见草案	受理询问草案			
批准阶段	批准 FDIS [6]	批准 FDIS [6]	批准 FDIS [6]			
出版阶段	出版国际标准	出版国际标准	出版国际标准	出版技术规范	出版技术报告	出版 PAS

[1] 见《ISO/IEC 导则》第 1 部分的 F.2。
[2] 见《ISO/IEC 导则》第 1 部分的 3.1。
[3] 见《ISO/IEC 导则》第 1 部分的 3.3。
[4] 见《ISO/IEC 导则》第 1 部分的 3.2。
[5] 根据对新工作项目提案的投票结果，可省去准备阶段和委员会阶段。
[6] 若征询意见草案得到批准且没有反对票，则可省去批准阶段。
[7] 请参阅 ISO 和 IEC 的补充内容。

四、工作计划

技术委员会或分委员会的工作计划中应包括所有分派给该技术委员会和分委员会的项目，其中包括对出版标准的维护。在制订工作计划过程中，每个技术委员会或分委员会都应考虑行业规划的需求，以及外部技术委员会对国际标准的需求，即其他技术委员会、技术管理局咨询组、政策委员会及 ISO 和 IEC 以外的组织对国际标准的需求。列在工作计划的项目应限制在技术委员会通过的范围内，应依据 ISO 和 IEC 的政策目标和资源对拟列项目进行仔细推敲；对工作计划中的每个项目都应给一个编号（见《ISO/IEC 导则》相应的补充部分），并应将这个编号保留在工作计划中直至该项目完成，或直至同意撤销该项目为止。之后，如果技术委员会或分委员会认为有必要把一个项目分成若干子项目，则可给每个子项目一个分编号。子项目应被完全涵盖在原项目的业务范围之内，否则应提交一个新的工作项目提案。需要时，工作计划应注明承担每个项目的分委员会或工作组。新成立的技术委员会一致同意的工作计划应提交技术管理局批准。

五、目标日期

在项目提交提案时，提案人需要初步确定项目的制定周期。待提案投票通过后，就需要确定项目的具体时间节点。确定目标日期时需要考虑的因素：

（1）考虑项目之间的关系；

（2）优先考虑作为其他国际标准实施基础的国际标准制定项目；

（3）对于技术管理局认可的对国际贸易有重要影响的项目应给予最优先考虑。

目标日期从项目被采纳为已批准工作项目之日起算。对于工作计划中的每个项目，技术委员会或分委员会应确定完成下列每个阶段的目标日期：

（1）完成工作草案第一稿（新工作项目提案的起草人只提供工作文件大纲的情况下）；

（2）分发委员会草案第一稿；

（3）分发征询意见草案；

（4）分发最终国际标准草案（经 CEO 办公室同意）；

（5）出版国际标准（经 CEO 办公室同意）。

应不断审查所有目标日期，在必要时加以修正，并应在工作计划中明确指出。修改后的目标日期应通知技术管理局。对于工作计划表中 5 年以上但尚未达到批准阶段的所有工作项目，技术管理局将予以撤销。

制定周期内各阶段的截止日期应根据每个项目的具体情况确定。当新项目提案获得通过并将结果提交给中央秘书处时，委员会秘书处应明确该标准的制定周期（所有目标日期从项目被采纳为已批准工作项目之日起算）。目前，ISO 明确其项目制定周期（SDT）主要有以下三种情况：

（1）SDT 18 标准制定周期为 18 个月出版；

（2）SDT 24 标准制定周期为 24 个月出版；

（3）SDT 36 标准制定周期为 36 个月出版。

ISO 系统自动设定的 DIS 和出版截止时间：

（1）DIS 注册截止日期（阶段 40.00）设定标准制定周期结束前 12 个月；

（2）出版截止日期（阶段 60.60）设定标准制定周期的最终完成时间。

对于 IEC，在确定目标日期时，下列时限为参考时限（若项目周期为 36 个月）：

（1）提供工作草案（如果未随项目提案提交）：6 个月；

（2）提供委员会草案：12 个月；

（3）提供征询意见草案：24 个月；

（4）提供批准草案：30 个月；

（5）提供出版的标准：36 个月。

委员会秘书处应不断审查目标日期，确保在每次委员会会议上对其进行审查、确认或修改。此类审查还应想办法确认项目仍然与市场有关，如果发现不再需要这些项目，或者如果可能的完工日期太晚，从而导致市场参与者采用另一种解决方案，则应取消这些项目或将其转换为另一个可交付成果。

六、项目管理

技术委员会或分委员会秘书处负责管理该技术委员会或分委员会工作计划中的所有项目，包括对已确定的目标日期的进展情况进行监督。如果没有在目标日期内完成工作，并对此项工作没有给予充分的支持（即未满足《ISO/IEC 导则》第 1 部分的 2.3.5 "规定的新工作项目接受要求"），负责委员会应撤销这个工作项目。

七、项目负责人

对于每个项目的制定，技术委员会或分委员会应在考虑新工作项目提案起草人提名（见《ISO/IEC 导则》第 1 部分的 2.3.4）的基础上指定项目负责人（WG/PT 召集人、指派的专家，或如果认为适当，秘书也可兼任）。应确定项目负责人能够获得开展制定工作的适宜资源。项目负责人应从纯粹的国际立场出发，放弃其国家的观点。当对提案阶段到出版阶段（见《ISO/IEC 导则》第 1 部分的 2.5～2.8）产生的技术问题提出要求时，项目负责人应做好充当顾问角色的准备。项目负责人向相关委员会报告工作。秘书处应将项目负责人的姓名、地址及相关项目的编号报送 CEO 办公室。

八、进度控制

分委员会和工作组或项目组应定期向技术委员会报告项目的进展情况［见《ISO/IEC 导则》IEC 补充部分（2023）附录 E 和《ISO/IEC 导则》ISO 补充部分（2023）附录 SL］，其秘书处之间的会议将有助于控制进度。CEO 办公室负责监控所有工作的进度，并定期向技术管理局汇报有关情况。

第三节　国际标准的申请流程

一、申请国际标准的国内流程

（一）国内流程技术管理组织结构

值得注意的是申请一项国际标准分为国内环节和国外环节两部分，不建议任何个人或组织直接联系国际标准认证机构。经过国内环节的提前审核，可团结党和政府、标准服务机构、所属公司等多方专业力量，经过审核和把关，提高标准质量，增加获得批准和出版的可能。国内环节技术管理组织结构如图 2-3 所示。2018 年 3 月，中国国务院决定成立国家市场监督管理总局，国家市场监督管理总局对外保留国家标准化管理委员会（以下简称"国标委"）牌子，以国标委的名义，代表国家参加 ISO、IEC 和其他国际或区域性标准化组织。下设标准技术管理司和标准创新管理司，其中标准创新管理司组织参与制定国际标准相关工作，组织参与 ISO、IEC 和其他国际或区域性标准化组织活动。标准创新管理司下设不同技术领域的对口单位，技术领域的划分与国际标准组织管理结构的技术委员会 TC 或分技术委员会 SC 相对应。另外，针对不同的技术领域根据行业划分了不同的行业主管部门。

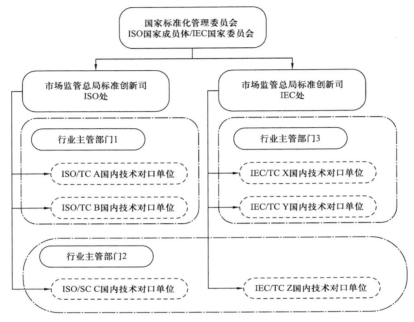

图 2-3　国内标准组织技术管理机构

（二）国内申请流程

申请国际标准的国内申请流程为通过查询国家市场监督管理总局官方发布数据找到国内技术对口单位，经国内技术对口单位协调、审核，并经行业主管部门审查，由国内技术对口单位报送国标委，国标委审查后统一向 ISO、IEC 和其他国际或区域性标准化组织提出申请。国内环节找到技术对口单位后，要充分沟通标准草案内容，判断项目的可行性和必要性，以免做无用功。标准项目概念得到技术对口单位认可后，开始准备项目相关材料。需要向国标委备案的材料有项目背景材料，含有提案的合理性、标题、范围、目的及论证、项目负责人、项目周期等内容的表格，草案文本或者概要提纲，国际标准新工作项目审核表等。

二、申请国际标准的国际流程

（一）国际流程技术管理组织结构

国标委审查通过后统一向国际标准化认证机构提出申请，到此，国际标准申请才算进入了国际流程。目前，三大公认的国际标准化组织为 ISO、IEC 和国际电信联盟（ITU），

IEC 主要负责电工和电子领域国际标准化工作，ITU 主要负责电子领域，ISO 负责其他行业领域。其中 ISO 和 IEC 制定了 85% 的国际标准，因此，这里主要介绍 ISO 和 IEC 的国际标准申请流程。国际标准化组织的技术管理组织结构如图 2-4 所示，技术管理局对国际标准相关技术工作进行全面管理，根据技术领域不同下划分若干个技术委员会，例如 ISO/TC 52 为轻型金属容器领域技术委员会，ISO/TC 70 为内燃机技术委员会。技术委员会根据需要设立分技术委员会，例如 ISO/TC 79/SC 5 为镁及铸造或锻造镁合金分技术委员会，ISO/TC 79/SC 12 为铝矿石领域分技术委员会。技术委员会或者分技术委员会为开展专项工作下设工作组，委员会会议决定成立工作组，应立即指定工作组召集人或者代理召集人。委员会会议结束后，将召集限定数量的全国范围内的技术专家，通过召开工作组会议开展标准的修编和制定工作，最终形成委员会标准草案。

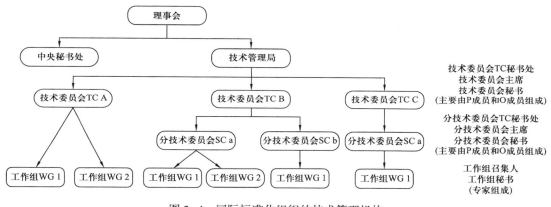

图 2-4　国际标准化组织的技术管理机构

（二）国际申请流程

各国可以在 ISO/IEC 网站上申请成为国家成员（即正式成员）、通信成员或注册成员，然后针对每个技术委员会或者分技术委员会表明是打算作为积极参与者（即 P 成员）或者是观察者（即 O 成员）的身份参加工作。国家成员体可在任一技术委员会选择成为 P 成员或者 O 成员，但通信成员和注册成员仅能选择 5 个技术委员会或分技术委员会成为 P 成员，注意只有 P 成员才有投票权。在 ISO 中，我国是正式成员，作为国家成员体代表参加 ISO 的活动，具有投票权。一个国家只能有一个成员体代表，一国一票。

我国作为 P 成员参与的技术委员会或分技术委员会共 732 个，作为 O 成员参与的委员会共 12 个。而承担技术委员会标准制定具体事宜的组织称为委员会秘书处，委员会秘书处设立在各个国家，共 68 个 ISO/IEC 委员会秘书处设立在我国。各个国家再由对口管理单位批复哪个单位承担秘书处的工作。原则上承担国际标准组织秘书处的单位也就是国内技术对口单位。例如我国国标委批复合肥通用机械研究院承担 ISO/TC 86/SC 4 制冷压缩机的测试和评定领域秘书处的工作，同时该研究院也是国内技术对口单位。但国内技术对口单位不一定为秘书处。

申请国际标准的国际流程是由国标委找到对应的委员会秘书处所在国家，联系该国家承担秘书处工作的单位，向其提出申请，接下来进入国际标准项目制定程序，通过不同范围内远程投票、会议协商等手段进行阶段审批，涉及工作组会议、委员会会议等。

第四节　国际标准制定程序及应对要点

一、国际标准项目制定程序

向相关技术委员会秘书处或者分技术委员会秘书处提出国际标准的申请，进入国际标准制定程序（图 2-5），共七个阶段：预研阶段、提案阶段、准备阶段、委员会阶段、征询意见阶段、批准阶段和出版阶段，对应的不同阶段的主要文件名称分别为预研工作项目、新工作项目提案、工作草案、委员会草案、国际标准草案（通过之后）、最终国际标准草案及国际标准。

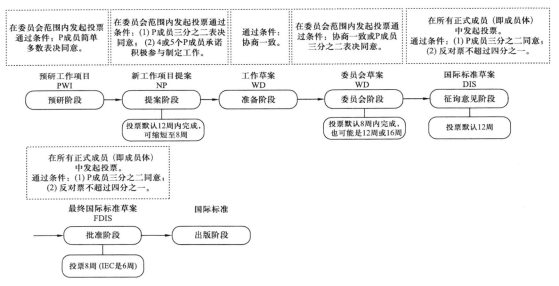

图 2-5　国际标准制定程序

通过简单多数表决可以确定将预研工作项目进入新工作项目提案阶段还是纳入工作计划中，纳入工作计划的预研工作项目，定期复审，到期仍然不能进入下一阶段，就会自动从工作计划中删除。这个阶段需要准备标准的草案文本或者概念提纲、PPT 演示文稿。

新工作项目提案阶段的立项材料为含有提案的合理性、标题、范围、目的及论证、项目负责人、项目周期等内容的表格、草案文本或者概要提纲，建议尽可能提供草案文本。该阶段在所归属的技术委员会或者分技术委员会范围内发起投票，要求参与投票的三分之二 P 成员表示同意且有 4 个或 5 个 P 成员承诺积极参与制定工作。对 P 成员为 16 个或者以下的委员会要求 4 个 P 成员承诺积极参与，P 成员有 17 个及以上的委员会要求需要 5 个 P 成员承诺积极参与制定。在投票的各个阶段，弃权票和未附有技术理由的反对票不计入在内。

工作草案阶段，在该阶段根据需要一般会设立工作组，由项目负责人（一般为工作组召集人）召开工作组会议，工作组会议中各个专家对标准草案畅所欲言、各抒己见、论证辩驳，最终"协商一致"。"协商一致"指的是总体同意，其特点在于利益相关方的任何重要一方对重大问题不"持续反对"，并具体寻求考虑所有相关方的意见和协调任何冲突的过程。工作组由行业内各国技术专家组成，这些专家以个人名义参加会议，所以可能一个国家多名专家参加工作组会议。作为个人积极成为国际标准化组织的注册专家，参加工作组会议，是提高我国在工作组会议中的专业优势的直接途径。最终形成委员会草案，进入下一阶段。

委员会阶段是考虑委员会内 P 成员意见最主要的阶段，委员会阶段召开委员会会议对草案内容充分协商，对草案内容充分考虑，对各方意见进行完善。结果是要么达到协商一致，不存在持续性反对意见；要么存在持续性反对意见，发起投票，P 成员三分之二表决同意。为了充分尊重各利益相关的意见，尽可能争取达到协商一致，这也是国际标准化组织倡导的平等和自由的体现。

无论国家成员体在委员会的身份是什么，都有权力参与国际标准草案阶段和批准阶段的投票，因此，在征询意见阶段和批准阶段的投票发给所有的国家成员体。通过条件是：（1）参加投票的技术委员会或者分技术委员会 P 成员三分之二多数赞成；（2）反对票不超过投票总数的四分之一。可见，如果国家成员体在该委员会的身份不是 P 成员，那么所投票只能计入到第二个条件中。如果成员体在该委员会的身份是 P 成员，所投票会同时在两个条件中计列。第一个条件考虑了 P 成员对该技术领域的活跃度和专业性，与非积极成员相比，更多地参考了积极成员的意见。正常情况下整个国际环节审批需要约 60 周。在此过程中，需要不断修订和完善标准，直至满足出版条件。

二、正常程序

（一）预研阶段

预研阶段的工作是通过 P 成员的简单多数投票，技术委员会和分委员会可将尚不完全成熟、不能进入下一阶段处理的预研工作项目（如涉及新兴技术的项目）纳入工作计划中。这些项目中可包括列在战略计划中的那些项目，特别是在"对新需求的展望"一条中所列的项目。不能确定目标日期的工作项目也应放在预研阶段。所有的预研工作项目都应由技术委员会定期复审，技术委员会应对每个预研工作项目所需要的资源进行评价。在该阶段中可对新工作项目提案进行细致研究，并制订初始草案。

本阶段的关键点在于"选题"，需要选择合适的标准化对象，标准化对象可以分为非物质对象和物质对象，前者如技术基础标准，后者如产品、过程和服务标准等。国际标准

化对象应具备以下条件：

（1）标准化对象的相关技术已经成熟并得到了很好的应用；

（2）该标准化对象具有国际通用性，在国际贸易或技术交流中有实际应用；

（3）目前没有相应的国际标准或相关的国际标准没有涵盖这方面内容；

（4）能够引起其他相关国家的兴趣。

（二）提案阶段

提案阶段的任务是对一个提交的新工作项目提案（NP）在技术委员会或分委员会的 P 成员中进行评论和投票。新工作项目提案是就下列内容提出立项的建议：

（1）一项新的标准；

（2）对现行标准或部分的修改和修订；

（3）技术规范或可公开提供的规范。

下列相关组织有权提出新工作项目提案：

（1）国家成员体；

（2）负责的技术委员会或分委员会秘书处；

（3）其他技术委员会或分委员会；

（4）联络组织；

（5）技术管理局或其咨询组；

（6）首席执行官。

每个新工作项目提案均应使用适当表格提交，并应经过充分论证并在填写的表格中标明建议出版的日期。提交者尽量提供第一份工作草案，或至少提供工作草案大纲；并提出一名项目负责人。填写好的表格应分发给技术委员会或分委员会成员，供 P 成员进行投票，供 O 成员参考。若从中国国内提交提案，则需将所准备好的材料交国家市场监督管理总局（国标委），代表国家成员团体提交给 ISO/IEC 的 TC/SC，提交的材料包括：申请公文（中文，国内对口单位上报）；国际标准新工作项目提案审核表（中文）；New Work Item Proposal（提案表，中文和英文）；用于投票的工作草案或大纲（中文和英文）。

可以用通信方式或在技术委员会或分委员会会议上对一项新的工作项目提案做出决定。本阶段投票期限为 12 周，委员会可根据具体情况，通过决议将新工作项目提案的投票时间缩短至 8 周，如果提案中只提供了一个大纲，并且工作被分配给现有的小组，委员会官员在与提案人和首席执行官办公室协商后，可以提议进行为期 4 周的 NP 投票。该流程只在例外情况下使用，默认保持正常的 12 周投票。填写投票表格时，国家机构应提供一份声明，说明其投反对票的理由（理由声明）。如果没有提供此类声明，国家机构的反对票将不予登记和考虑。

若投票结果满足以下要求，该项目即被接受：

（1）在 IEC，具有 16 个或以下 P 成员的委员会至少有 4 个 P 成员承诺积极参与项目制定工作；具有 17 个或以上的 P 成员的委员会至少有 5 个 P 成员承诺积极参与项目制定工作；在 ISO，参加工作项目投票的 5 个 P 成员承诺积极参与项目制定工作。例如在准备阶段通过指派技术专家和对工作草案提出评论意见做出有效贡献。

（2）参加投票的技术委员会或分委员会 P 成员的简单多数批准工作项目。

一个新工作项目提案一旦被接受，就将作为一个新项目以适当的优先顺序纳入相关技术委员会或分委员会的工作计划中，并在 CEO 办公室注册。工作项目被纳入工作计划后，提案阶段即告结束。

（三）准备阶段

准备阶段的任务是依据《ISO/IEC 导则》第 2 部分的要求准备工作草案（WD）。

新工作项目一旦被接受，项目负责人就与 P 成员指定的至少 4～5 名专家一起工作。秘书处可在会议上或以通信方式向技术委员会或分委员会提出成立工作组或项目组的建议。通常情况下，工作组的召集人担任项目负责人职务。

这样的工作组（在 IEC 中称为项目组）应由技术委员会或分委员会负责建立，但并不是每一个项目都需要组建工作组，如果该新工作项目提案在现有某一个工作组的工作范围内，则项目归入该工作组，否则才需要新成立工作组。技术委员会或分委员会应规定工作组的任务，并确定向技术委员会或分委员会提交草案的目标日期。工作组或项目组的召集人应保证所开展的工作仍是投票时所确定的工作项目。表示同意积极参与的每个 P 成员应确认其技术专家参加工作组。其他 P 成员或 A 类或 D 类联络组织也可指派专家。项目负责人应负责项目的制定工作，他通常负责召集和主持所有工作组会议。项目负责人可邀请工作组或项目组一名成员担任秘书。

按规定提供工作草案的时限为 6 个月。当工作草案作为第一委员会草案（CD）分发给技术委员会或分委员会成员时，CEO 办公室负责登记，准备阶段即告结束。委员会还可决定将最终工作草案作为可公开提供的规范（PAS）出版，以满足市场的特定需求。

（四）委员会阶段

委员会阶段是考虑国家成员体意见的主要阶段，旨在技术内容上达成一致。因此，国家成员体应认真研究委员会草案（CD）文本并提交与这一阶段相关的所有意见。

第一个委员会草案形成后，就立刻分发给技术委员会或分委员会的所有 P 成员和 O 成员征求意见，并清楚注明提交答复的最终期限。国家成员体可在委员会商定的 8 周或 12 周或 16 周时间内发表意见。需要时，在 P 成员中进行投票。在答复日期截止后的 4 个星期内，秘书处应准备好对意见的汇总，并将其分发给技术委员会或分委员会的所有 P 成员和 O 成员。在准备汇总意见的过程中，秘书处与技术委员会或分委员会主席协商和项目负责人协商，提出以下项目处理意见：

（1）在下次会议上讨论委员会草案及评论意见；

（2）分发经修改的委员会草案；

（3）将本委员会草案注册为征询意见草案。

在确定委员会草案是否注册为征询意见草案提交到下阶段表决时，所依据的原则是"协商一致"。在《ISO/IEC 导则》第 2 部分中对"协商一致"定义为："协商一致是指，总体同意，利益相关方的任何重要一方对重大问题不坚持反对意见，整个过程中努力考虑所有相关方面的意见，并且协调所有对立的争论（注：协商一致不意味着一致同意）。"

当出现持续反对的情况时，通常采用下列方式处理：领导层应首先评估对方是否可以被视为"持续反对"，即是否受到有关利益团体的支持，如果不是这样，领导层将登记反对意见（在会议纪要、记录等），并继续领导有关工作；如果领导层认定存在持续反对，就必须努力真诚地解决。然而，持续反对并不等同于否决权。解决持续反对并不意味着有义务成功解决这些问题。

在对协商一致有疑问情况下，采用投票方式解决，只要技术委员会或分委员会 P 成员的三分之二多数赞成，就认为委员会修订草案可以作为征询意见草案登记，但应努力解决反对票中提出的问题。国家成员体可用 3 个月时间对该草案及之后的文本提出意见。

如果选择第 1 个措施，即在会议上讨论委员会草案，但是未形成一致意见，那么再分发一个根据会议上决定修改的委员会草案供研究考虑。技术委员会或分委员会 P 成员达成协商一致意见，形成放弃或推迟此项目的决议之前，应反复研究该草案。

如果负责该项目的技术委员会或分委员会已达成协商一致，其秘书处应在最多 4 个月内将草案的最终文本用一种适于分发给国家成员体进行询问的电子表格提交给 CEO 办公室（分委员会应抄送给技术委员会一份）。当所有的技术问题得到解决，委员会草案在 CEO 办公室注册为征询意见草案后，委员会阶段即告结束。根据有关目标日期的规定，自新工作项目立项到征询意见草案注册的期限为 24 个月。如果技术争议不能在适当的时间内解决，技术委员会或分委员会可以考虑在该文件成为国际标准之前，以技术规范形式作为一种中间出版物出版。

（五）征询意见阶段

征询意见阶段的任务是对征询意见草案进行为期 12 周的联合投票，确定该草案是进入出版阶段或进入批准阶段（不符合《ISO/IEC 导则》第 2 部分的进行修改）还是返回委员会阶段。根据《ISO/IEC 导则》，由负责技术委员会 P 成员、所有 ISO 国家成员体和 IEC 国家委员会同时对于征询意见草案、最终国际标准草案投票，这种做法称为联合投票程序。ISO 国家成员体和 IEC 国家委员会参加投票时应明确表示赞成、反对或弃权。赞成票可附上编辑或技术方面的意见，技术委员会或分委员会的秘书和项目负责人可与主席进行磋商，决定如何处理这些意见。如果某国家成员体不接受某一征询意见草案，他可以投反对票并陈述技术理由。该国家成员体可以表示在指定的技术修改意见被接受的条件下，将反对票改为赞成票，但不能投以接受修改意见为条件的赞成票。如果符合下列两个条件，征询意见草案则可以通过：参加投票的三分之二技术委员会或分委员会 P 成员的多数赞成；反对票不超过投票总数的四分之一。计票时，弃权票和未附技术理由的反对票不计算在内。正式投票期过后收到的评论意见提交给技术委员会或分委员会秘书处，待下次国际标准复审时进行研究。

技术委员会或分委员会主席收到投票结果及意见后，应协同其秘书处或项目负责人，并与 CEO 办公室磋商采取下列行动之一：

（1）如果满足批准条件且无修改意见，则直接进入出版阶段。

（2）如果满足批准条件但有技术意见：

① 将经修改的征询意见草案注册为最终国际标准草案；

② 分发修改后的征询意见草案，再进行为期 8 周的投票。

（3）如果并未满足批准条件：

① 分发修改后的征询意见草案，再进行为期 8 周的投票；

② 分发修改后的委员会草案以征求意见；

③ 将修订草案作为 DTS 或 DPAS 分发；

④ 根据委员会的决定，取消这个项目。

投票期结束后的 12 周内，技术委员会或分委员会秘书处应准备一份正式报告，并由 CEO 办公室分发到各国家成员体。报告应：

（1）说明投票结果；

（2）陈述技术委员会或分委员会主席的决定；

（3）复制所收到的评论意见内容；

（4）包括技术委员会或分委员会秘书处对所提交的每条评论意见的看法，同时应努力解决反对票问题。

如果自报告分发之日起 8 周内，2 个及以上的 P 成员表示不赞成主席所做出的决定，该草案则应在负责的技术委员会或分委员会会议上进行讨论。

如果主席做出该草案进入批准阶段或出版阶段的决定，技术委员会或分委员会秘书处应在投票期结束后最长 16 周内，在编辑委员会的帮助下准备一份最终文本并将其寄送到 CEO 办公室，以便准备和分发最终国际标准草案。在注册前，不符合《ISO/IEC 导则》第 2 部分规定的文本应退回秘书处并要求进行修改。

当 CEO 办公室注册征询意见草案文本，作为最终国际标准草案分发或作为国际标准出版时，征询意见阶段即告结束。根据有关目标日期的规定，自新工作项目立项到最终国际标准草案注册的期限为 33 个月。

（六）批准阶段

批准阶段的任务是对最终国际标准草案（FDIS）进行为期 8 周的联合投票（IEC 为 6 周），确定该草案是否作为国际标准出版。本阶段不再接受编辑性或技术修改意见。

国家成员体提交的投票应非常明确：赞成、反对或弃权。如果国家成员体投赞成票，则不应提交任何意见；如果认为最终国际标准草案是不可接受的，应投反对票并陈述技术理由，但不能投以接受修改意见为条件的赞成票。

如果满足下列条件，分发进行投票的最终国际标准草案则获得通过：参加投票的三分

之二技术委员会或分委员会 P 成员赞成，并且反对票不超过总数的四分之一。

计票时，弃权票和未附技术理由的反对票不计在内。如果一个国家成员体投了反对票，但提交的技术意见不清楚，TC/SC 秘书应在投票结束后 2 周内联系国家成员体；若达不成一致，则通过 CEO 上报 TMB 处理。反对票的技术理由应提交 TC/SC 秘书处待下次国际标准复审时进行研究。TC/SC 秘书处有责任在投票结束前提请 CEO 办公室注意在起草草案过程中可能出现的任何错误。

如果满足了批准条件，该草案则可进入出版阶段；如果未满足批准条件，则应将最终国际标准草案退回相关的技术委员会或分委员会，委员会依据支持反对票的技术理由重新考虑。委员会可以决定：

（1）以委员会草案、征询意见草案或最终国际标准草案形式再次提交修改后的草案；

（2）出版技术规范；

（3）取消项目。

CEO 办公室应在投票期结束后的 2 周内，向所有的国家成员体分发报告，在报告中公布投票结果并指明国家成员体正式通过将其发布为国际标准还是正式否决了最终国际标准草案，同时要附上投反对票随附的技术理由，供参考。

委员会主席可做出如下决定：

（1）批准最终国际标准草案为国际标准；

（2）出版技术规范或将文件退回委员会，批准阶段即告结束。

（七）出版阶段

首席执行官办公室应在 6 周内纠正委员会秘书处指出和确认的任何错误，并出版和分发国际标准。在出版之前，该文件被发送给秘书 / 委员会经理和项目负责人进行最终审查。出版阶段随着国际标准的出版而结束。

三、特殊程序

（一）快速程序

可按下述规定处理采用快速程序的提案（详见《ISO/IEC 导则》第 1 部分的 F.2）。

相关技术委员会的任意积极成员（P 成员）及 A 类联络组织可建议将任意来源的现行标准作为征询意见草案提交投票。提案者应在提交提案前得到原组织的同意，是否采用快速程序提交现行标准的准则可由提案者自行决定。ISO 或 IEC 理事局承认的国际标准化机构可建议将该机构制定的标准作为最终国际标准草案提交投票。与 ISO 或 IEC 达成正式技术协议的组织，在征得相应的技术委员会和分委员会的同意后，可建议将该组织制定的标准草案作为征询意见草案提交在技术委员会或分委员会内进行投票。

提交的提案应由首席执行官受理，并应采取下列行动：

（1）与起草文件的组织共同解决版权和 / 或商标问题，以便不受限制地复印提案并分发到各国家成员体，并建议组织 ISO/IEC 知识产权政策应适用于起草文件；

（2）与相关秘书处（其技术委员会或分委员会能够承担提出的文件所涉及的主题）磋商后进行评价，如果没有建立能够解决文件所涉及主题的技术委员会，首席执行官应将提案提交技术管理局，技术管理局可要求首席执行官将文件提交到征询意见阶段，并建立一个特别工作组来解决后续产生的问题；

（3）保证与其他国际标准没有明显的矛盾；

（4）分发所提交的文件，同时指明所提交的文件归属的技术委员会或分委员会的范围。

快速程序的表决期限和批准条件应分别符合征询意见草案或最终国际标准草案的规定。对于征询意见草案，如果符合批准条件，其标准草案应进入批准阶段；如果不符合批准条件，该提案未被通过，与该文件有关的技术委员会或分委员会应进一步采取行动。对于最终国际标准草案，如果符合批准条件，该文件则应进入出版阶段；如果不符合批准条件，该提案未被通过，与该文件有关的技术委员会和分委员会应进一步采取行动，或者如果没有技术委员会参与此项工作，则由制定组织与 CEO 办公室讨论决定进一步采取行动。

如果标准已经出版，其维护工作应由依据与该文件有关的技术委员会 / 分委员会负责。如果没有技术委员会参与此项工作，若起草组织决定请求修改标准，则应重复上面规定的批准程序。

（二）其他可提供使用文件的制定程序

1. 技术规范

技术规范可在下列情况和条件下起草和出版（详见《ISO/IEC 导则》第 1 部分的 3.1）。当所讨论的项目正在研究过程中，或由于任何其他理由，现在不可能但在将来可能达成出版国际标准协议的情况下，技术委员会或分委员会可以根据所规定的有关提案阶段的程序决定是否适宜出版技术规范。制定这种技术规范的程序应遵循准备阶段和批准阶段的规定。委员会也可以选择使用规定中的委员会阶段，只有当参加投票的技术委员会或分委员会 P 成员的三分之二多数赞成的情况下，方可决定将结果文件以技术规范形式出版。如果投票后需要进行技术修改，则需要进行后续投票以批准修订草案。如果一个成员机构投了反对票而没有提交理由，该票将不被计算在内。

当最终国际标准草案不能得到通过批准阶段所要求的支持率，或对协商一致有疑义的情况下，技术委员会或分委员会可通过其 P 成员投票，参加投票的三分之二 P 成员多数赞成来决定本文件以技术规范形式出版。技术规范前言中应说明不能获得所要求的支持率的原因。如果技术委员会或分委员会 P 成员已同意出版技术规范，技术委员会或分委员会秘书处应在 16 周内以机读形式将技术规范草案提交首席执行官办公室出版。技术规范应在出版后 3 年内由技术委员会或分委员会进行复审，其目的是重新检查促使技术规范出版的情况，以及是否有可能就出版国际标准来取代该技术规范达成必要的协议。在 IEC 中，应

在出版技术规范前对复审日期（维护复审日期）形成一致意见。

2. 可公开提供的规范

可公开提供的规范（PAS）可以是在正式国际标准制定之前出版的中间性规范，或在 IEC 中可以是一种与外部组织合作出版的带有"双标识"的出版物。PAS 不是完全符合标准要求的文件。PAS 不允许与现有的国际标准相冲突。允许对同一主题的可公开提供的规范进行竞争。

PAS 的提案只能由 A 联络组织或 D 联络组织提交，或由委员会的 P 成员提交。经过对提交的 PAS 文本确认并检查与现行国际标准没有冲突并经相关委员会参加投票的 P 成员的简单多数批准后方可出版。PAS 的强制性阶段是发布的批准阶段（8 周 DPAS 投票）。委员会也可以选择使用规定的准备阶段或委员会审议阶段，如将文件作为公开可用规范发布的决定需要委员会 P 成员投票的简单多数票。如果投票后需要进行编辑修改以外的修改，则需要进行后续投票以批准修订草案。

PAS 在 ISO 中最初最长有效期为 3 年，在 IEC 中最长有效期为 2 年。在 ISO 中，有效期可最长延长 3 年，在 IEC 中最长延长 2 年。有效期结束时，PAS 应转换为另一种类型的规范性文件，或自动撤销。

3. 技术报告

如果技术委员会或分委员会已收集到数据，这些数据不同于正常出版为国际标准的数据（包括诸如国家成员体从所开展的调查中获取的数据，其他国际组织在工作中所获取的数据，或与国家成员体某一专门学科标准有关的"最新技术"数据），技术委员会或分委员会可以通过 P 成员投票的简单多数决定是否要求首席执行官以技术报告的形式出版这些数据。这类文件从本质上讲完全是信息性的，而不应有规范性的内容。该文件应明确说明其与本主题规范性要素的关系，这些规范性要素正在或将来在有关主题的国际标准中处理。如有必要，首席执行官应与技术管理局进行协商，决定是否将本文件作为技术报告出版。

如果技术委员会或分委员会 P 成员同意出版技术报告，技术委员会或分委员会秘书处应在 16 周内以机读形式将报告草案提交首席执行官出版。建议由承担工作的委员会对技术报告进行定期复审，以保证其有效性。撤销技术报告的决定由承担工作的技术委员会或分委员会做出。

🔍 本章要点

本章介绍了国际标准制定的相关知识，包括国际标准制定的技术机构、管理办法以及申请流程，需掌握的知识点包括：

➤ ISO 和 IEC 的技术工作组织机构及其职责，以及技术工作会议的召开程序；

➤ 国际标准制定的管理办法相关内容；

➤ 国际标准编制各阶段的对应要点，包括正常程序和特殊程序下的对应要点。

参 考 文 献

［1］国家标准化管理委员会，国家市场监督管理总局标准创新管理司.国际标准化教程［M］.3 版.北京：中国标准出版社，2021.

［2］ISO/IEC Directives，Part 1，with ISO Supplement：2023.

［3］ISO/IEC Directives，Part 1，with IEC Supplement：2023.

［4］王姝，刘惠春.国际标准 ISO 17324：2014《汽车涡轮增压器橡胶软管　规范》的制定及体会［J］.中国标准导报，2015（4）：16-19.

［5］朱斌.浅述 ISO 23472 系列国际标准的制定之路［J］.中国标准化，2022（12）：135-138.

［6］贾瑞金，齐燕文，郑文霞，等.ISO 21494《航天系统——磁试验》国际标准编制历程及其启示［J］.航天器环境工程，2019，36（4）：403-408.

［7］罗勤，马建国，廖珈，等.油气上游领域国际标准制定的启示与思考［J］.石油工业技术监督，2023，39（8）：20-28.

［8］孙利娟，杨茂林，张伟，等.申请国际标准工作指南［J］.中国标准化，2022（3）：6-10.

第三章　国际标准的结构和编写规则

2018 年国际标准化组织（ISO）和国际电工委员会（IEC）联合发布了《ISO/IEC 导则　第 2 部分：ISO 和 IEC 文件的结构和起草原则与规则》（第 8 版，2018），自 2018 年 10 月 1 日起该文件版本适用于所有国际标准草案（DIS）和最终国际标准草案（FDIS）。

尽管 ISO/IEC 导则名称中将原"国际标准"改为"ISO 和 IEC 文件"，为了读者理解的延续性，本章仍沿用"国际标准"指代"ISO 和 IEC 文件"。此外，本章介绍的国际标准编写原则和规则，同样适用于 ISO 和 IEC 发布的技术规范（TS）、可公开提供的规范（PAS）、技术报告（TR）等。

第一节　编写国际标准的基本规则

一、概述

制定国际标准的目标是规定明确且无歧义的条款，以便促进国际贸易与交流。为了达到这一目的，国际标准应满足以下基本要求。

（一）在标准的"范围"所规定的界限内按照需要力求完整

国际标准的"范围"划清了标准的内容边界及所适用的界限，那么，在一项标准的范围所划定的界限内，就应将所需要的内容规定完整。不应只规定部分内容，而导致其他需要的内容没有规定或规定在另外的标准中。这样破坏了标准的完整性，将不利于标准的应用。另外，这项要求还有一层含义，即"按照需要"。也就是说根据标准的制定目的或要解决的具体问题组织标准的内容，不相干的内容不应该包括在标准中。

（二）标准中的条文用词应一致、清晰和准确

国际标准中的条文用词应清楚、准确，防止不同的人从不同的角度对标准内容产生不同的理解。起草国际标准时，不但要考虑标准本身的清楚、准确，还要考虑到标准内部、相关标准或一项标准的不同部分之间的一致性。

（三）使用最新技术水平的知识编写

在制定标准时，标准中所规定的各种内容应是在充分考虑技术发展的最新水平之后确定的。这里的"最新技术水平"，是指在一定时间内基于相关科学、技术和经验的综合成果的产品、过程和服务相应技术能力的发展程度，并不是要求标准中所规定的各种指标或要求都是最新的、最高的。

（四）充分考虑现有市场条件

现有市场条件表现为三个元素的紧密关系：即什么方案在技术上是可行的，市场的实际需求是什么，为了满足市场需求要准备付出什么。这三者之间要达到一种平衡，可能在某个阶段其中一个元素需要重点考虑，另外两个元素作配合。

（五）为未来技术发展提供框架

起草国际标准时，要为将来的技术发展提供框架和发展余地。标准的制定需要反映技术的发展，也需要与技术发展的脉络和节奏相配合。同时，单个标准的制定往往与相关标准的制定处在一个大的技术框架中，需要互相配合。这可以参考每个技术委员会的发展规划。

（六）能被未参加标准编制的专业人员所理解

为了使标准使用者易于理解标准的内容，在满足对标准技术内容的完整和准确表达的前提下，标准的语言和表达形式应尽可能简单、明了、易懂。另外，标准中的条款是要给相关专业人员使用的，因此，并不是要使所有人都能理解，只要求使相关专业人员能够理解。

标准本身并不强加任何人遵守它的任何义务。然而，通过引用该标准的立法或合同能够强加执行义务。标准不应包含合同要求（例如有关索赔、担保、费用结算）和法律或法定要求。

二、计划与准备

为保证标准的按时完成，在具体起草前应确定一个标准或一系列组合标准的预期结构、内容之间的相互关系和主题的细分。分部分的标准应提供一个预期各部分的清单。对于成系列的标准和分部分的标准的编制，需要有一个统筹的考虑，需要互相配合应用的标准争取同步编制和发布，不需要配合应用的标准可单独发布。应遵照《ISO/IEC 导则》第1 部分及 ISO 和 IEC 补充部分的规定，按阶段、按规则完成一个项目，避免在任何一个阶段延误。

三、目的导向

围绕标准制定目的选择需要标准化的特性。对于一个事项或对象，不是所有特性都能够或需要标准化。标准制定目的包括健康、安全和环境保护，接口、互换性、兼容性或互操作性，品种控制等。产品功能分析能够帮助识别标准所包含的特性。这些分析工具有价值工程、质量功能展开等。

标准中并不需要解释为什么包含这些特性。如果需要给标准使用者更多的关于为什么包含这些特性的背景信息，可以在标准的引言中加以说明。

四、作为区域或国家标准执行的适用性

编写标准应选择国际可接受的特性。需要时可以指明几种选择，因为考虑到不同的立法体制，不同的气候和环境条件，不同的经济和社会条件，不同的贸易形式等。例如 IEC 电动汽车（EV）国际标准，其中 IEC 62196-2 定义了三类电源连接系统（名称为类型 1、类型 2 和类型 3），充分考虑了不同国家的电力基础设施和控制条件的差异性，避免了由此带来的解决方案互不兼容的风险。

标准内容要便于各地区和成员国直接应用或毫不改变地采用。采用规则见 ISO/IEC 指南 21《区域或国家对国际标准和其他国际可供使用文件的采用》。

五、性能原则

只要可能，标准中的要求应由性能而不是设计或描述特性来表达。例如在关于桌子要求的规定中存在不同的方法：按设计要求，桌子应具有四个木制的腿；按性能要求，桌子应依据……（稳定性和强度）这样构造。该原则允许技术发展最大的自由度并减少给市场造成不良的影响（例如对创新性方案研发的限制）。

当采用性能原则时，应注意确保在性能要求中重要特性不被无意间疏漏。在无法确定所必需的性能特性的情况下，可指定材料或产品。然而，在这类情况下，宜包含如下措辞："……或任何其他被证明同样适用的材料或产品"。

通常应省略有关生产工艺的要求，而以最终的成品试验来代替。然而，有些领域需要引用生产工艺（例如热轧、挤压），甚至检查生产工艺是必要的（例如压力容器）。选择用描述规定还是用性能规定时，需要考虑到，用性能规定可能导致复杂的、昂贵的和长时间的试验过程。

六、可证实性

标准中的要求应是客观可证实的。标准应仅包含那些能够被证实的要求。不应使用诸如"足够坚固"或"有足够的强度"之类的措辞，因为它们是主观陈述。

如果没有已知的能够在合理的较短时间内证实产品的稳定性、可靠性或寿命的试验方法，那么不应规定这些要求。制造商做出的担保不能代替这类要求。标准不应包含担保条件，因为它们是商业概念或合同概念，而不是技术概念。

七、一致性

在每个标准及一系列相关标准中，宜保持一致：

（1）相关标准的结构及章的编号宜尽可能相同；

（2）相同的意思宜使用相同的措辞来表达；

（3）宜自始至终使用同一术语，避免使用同义词。

一致性对于帮助使用者理解标准或一系列相关标准是特别重要的。在使用自动文本处理技术及计算机辅助翻译时，一致性也是很重要的。

八、避免重复和不必要的差异

标准宜避免重复。这在试验方法中特别重要，因为试验方法常常适用于不止一种产品或产品类型。如果一种试验方法适用或可能适用于两种或更多产品类型，那么应编制一个该方法自身的标准，并且有关这些类型产品的每个标准应引用该方法标准（指明可能必要的任何修改）。这将有助于防止不必要的偏差。

在对任何事项或对象标准化之前，起草者应确定是否已有适用的标准。如果有必要调用在其他标准出现的要求，宜通过引用予以规定而不是重复。如果认为有必要重复一个外部来源的要求，则应准确引用其来源。

针对一个事项或对象的要求宜尽可能只限于一个标准。在某些领域，比较适合编写一个规定适用于一组项目或对象的一般要求的标准。

九、适应不止一种产品规格

如果一个标准的目标是某一产品的单一规格的标准化，而在国际应用中需要广泛的可接受规格，技术委员会可以决定在标准中加入产品规格的选择，但是，应尽努力通过考虑如下原则，将可选择规格的数量减到最少：

（1）衡量"国际应用"以该种产品的国际贸易总量，而不是某些国家的生产量为依据；

（2）只有在合理可预见的未来（例如5年或更长）可能有国际应用的规格才应纳入标准。

国际应用可选择的不同解决方案应包括在同一标准中，并且提供不同选择的优先次序。在标准的引言中解释优先次序的成因。

经技术委员会同意和ISO技术管理局或IEC标准化管理局批准，可以安排一个过渡期，在过渡期内允许使用非优先项。

十、标准中数据待定的特性

在一些情况下，标准可以列出由供方自由选择的特性。所选特性应在铭牌、标签或随行文件中说明。

对于大多数复杂事项，规定详尽无遗的性能要求是不切实际的，而要求提供一个性能

参数表更为适宜。但是，这个做法不适用于规定健康和安全要求的情况。

虽然标准中不规定特性的具体量值，而由供方或买方按标准的要求标示量值或其他数据，但应规定如何测量和标示这些量值。

第二节　国际标准的结构和要素

在起草国际标准之前，必须对国际标准的结构、层次等有一个全面的了解。首先需要了解的是，针对一个标准化对象所要标准化的内容我们是制定成一个标准，还是制定为标准的一个部分，或制定成一个标准的若干部分；其次需要掌握在一个标准或标准的一个部分中，内部结构是如何划分的，标准的层次有哪些等。

一、按内容性质划分

在确立了标准化对象之后，根据所要标准化的内容，我们需要依次做出两项决定：一是确定是编制成一个单独的标准，还是若干个单独的标准；二是分成若干个部分的系列标准。

（一）总原则

一项国际标准可以有两种表现形式：

（1）作为一个整体出版的单独的标准。一般情况下，针对每个标准化对象编制成一个单独的国际标准，并作为一个整体出版。

（2）分为几个部分出版的国际标准。在特殊情况下，在相同的标准顺序号下将国际标准分成若干个彼此独立的部分。例如：

① 标准篇幅过长；

② 后续部分的内容相互关联；

③ 标准的某些部分可能被法规引用；

④ 标准的某些部分拟用于认证。

对于上述这些情况，为了便于标准之间相互引用、或者便于被法规引用、或者方便认证工作，国际标准可分成几部分出版。

（二）按照使用方的关注划分标准

如果国际标准所涉及的产品的不同方面可能会引起各方（例如生产者、认证机构、立法机关等）分别关注时，那么对于这些方面国际上通常编制成一项标准的若干部分或者编制成若干项单独的标准。产品的这些不同方面可能有：

（1）健康和安全要求；

（2）性能要求；

（3）维修和服务要求；

（4）安装规定；

（5）质量评定。

（三）按照标准内容性质划分

国际标准，尽管其标准化对象不同，范围各异，内容或多或少，都是由各种要素构成的。根据不同的原则，国际标准中的要素可分为不同的类别，下面介绍根据要素性质划分的划分方法。

根据要素的性质可将国际标准的要素划分为：

（1）"规范性要素"（normative elements）；

（2）"资料性要素"（informative elements）。

规范性要素是"要声明符合标准而应遵守的条款的要素"。当声明某一产品、过程或服务符合某一项国际标准时，并不需要符合标准中的所有内容，而只要符合国际标准中的规范性要素的条款，即可认为符合了该项国际标准。因此，要遵守某一国际标准，就要遵守该标准中的所有规范性要素中所规定的内容。国际标准中的规范性要素包括名称、范围、术语和定义、符号和缩略语、技术内容。

资料性要素是"标识标准、介绍标准，提供标准的附加信息的要素"，即声明符合标准时无须遵守的要素。这些要素在国际标准中存在的目的，并不是要让标准使用者遵照执行，而只是要提供一些附加信息或资料。国际标准中的资料性要素包括目次、前言、引言、规范性引用文件、参考文献和索引。其中要素中的附录既存在规范性附录，也存在资料性附录。

国际上将国际标准中的要素进行此类划分的目的就是区分出声称符合国际标准时，标准中的要素是应遵守的要素，还是不必遵守的只是为符合标准而提供帮助的要素。标准中各要素的性质见表3-1。

表3-1　标准中各要素的性质

主要要素（Major elements）	规范性/资料性（Normative/Informative）
名称（Title）	规范性（Normative）
前言（Foreword）	资料性（Informative）
引言（Introduction）	资料性（Informative）
范围（Scope）	规范性（Normative）
规范性引用文件（Normative references）	资料性（Informative）
术语和定义（Terms and definitions）	规范性（Normative）
符号和缩略语（Symbols and abbreviated terms）	规范性（Normative）
技术内容（Technical content） 例如：试验方法（For example：test methods）	规范性（Normative）
参考文献（Bibliography）	资料性（Informative）

二、按层次划分

国际标准的层次划分和设置采用部分、章、条、段和附录等形式。表 3-2 给出了国际标准层次的中英文名称及编号示例。表中所示的层次只是一项国际标准可能具有的层次。具体标准所具有的层次及其设置视标准篇幅的多少、内容的繁简及其他具体情况而定。其中，条、分条、段是一个标准中必备的层次，其他则为可选层次。例如有些标准没有必要分成"部分"，有些标准不设"附录"等。

表 3-2　层次和分层次的名称

英语术语（English term）	法语术语（French term）	编号示例（Example of numbering）
部分（Part）	Partie	9999-1
章（Clause）	Article	1
条（Subclause）	Paragraphe	1.1
条（Subclause）	Paragraphe	1.1.1
段（Paragraph）	Alinéa	—
附录（Annex）	Annexe	A

（一）部分

部分（Part）是一项国际标准被分别起草、批准发布的系列之一。一项国际标准的不同部分具有同一个标准顺序号，它们共同构成了一项分部分标准。分部分编制标准可能是由于标准过长、内容的后续部分相互关联、标准的若干部分可能被法规提及或拟用于认证目的等原因。分部分编制具有每个部分可以在必要时在不同时期分别制修订的优点。

一个产品的各方面若将引起不同相关方（例如制造商、认证机构、立法机构或其他使用者）特别关注时，尤其应明确加以区分，最好以一个标准的若干部分或以若干单独标准的形式予以区分。例如卫生和安全要求、性能要求、维护和服务要求、安装规则及质量评定。

分部分有两种主要的主题细分方法：

（1）每个部分涉及标准化对象的一个特定方面并且能独立存在。

示例 1：

第 1 部分：词汇

第 2 部分：要求

第 3 部分：试验方法

第 4 部分：……

（2）标准化对象具有通用和特定两个方面。通用方面应在第 1 部分规定。特定方面（能修改或补充通用方面，因此不能独立存在）应在单独的分立部分中规定。

示例2：

第1部分：一般要求

第2部分：热学要求

第3部分：空气纯度要求

第4部分：声学要求

分部分标准的每一个部分都应按照与单个标准相同的规则起草。

国际标准的部分编号位于标准顺序号之后，使用阿拉伯数字从1开始编号。部分的编号与标准顺序号之间用连字符相隔，例如 ××××－1，××××－2 等。

如果一个标准划分为若干分部分，则在第1部分的引言中宜包括预期结构的说明。当制定分部分标准时，考虑将第1部分预留给诸如"词汇""术语""分类""一般要求"等通用性方面的标准。

（二）章

章（Clause）是国际标准内容划分的基本单元，是标准或部分中划分出的第一层次，因而构成了标准结构的基本框架。

在每项标准或每个部分中，章的编号应从"范围"开始。编号应使用阿拉伯数字从1开始编写，一直连续到附录之前。附录中条的编号遵循另外的原则。

每一章都应有标题。标题位于编号之后，并与其后的条文分行。

（三）条

条（Subclause）是对章的细分。凡是章以下有编号的层次在国际标准中均称为"条"。条的设置是多层次的，第一层次的条可分为第二层次的条，第二层次的条还可分为第三层次的条，需要时，一直可分到第五层次。宜避免过多的细分层次，因为这会让使用者难以理解该标准。

条的编号使用阿拉伯数字加下脚点的形式，即层次用阿拉伯数字，每两个层次之间加下脚点。条在其所属的条内或上一层次的条内进行编号。

每个第一层次的条最好给出一个标题，例如10.1、10.2、10.3……均设置标题。标题位于编号之后，条文则另起一行编排成段。第二层次的条可根据易读性决定是否设置标题。在一个章或条范围内，下一层次条（即处在同一层次上）有无标题应统一，例如在10.2下一层次，如果10.2.1有标题，10.2.2无标题，这种情况是错误的编排。10.2.1、10.2.2、10.2.3……有无标题应统一，依此类推。

除非在同一层次上至少有两个条，否则不应设立条。例如第10章的条文内容中，除非还有一个条"10.2"，否则就不应仅有条"10.1"。

（四）段

段（Paragraph）是章或条的内容段落。段没有编号，这是区别段与条的明显标志。

在国际标准中尽量避免出现以下示例的"悬置段"。当引用这类悬置段时不好表述，如使用"见 5",可能会产生混淆,因为"5"不只包括悬置段,还包括 5.1 和 5.2 及其中的段。为了避免这类问题,宜将未编号的悬置段编为"5.1 通用要求",并且将现有的 5.1 和 5.2 按先后顺序重新编号,或者将悬置段移到别处。

示例如下:

不正确	正确
5　要求 　　× × × × × × × × × × 　　× × × × × × × × × ×　}悬置段 　　× × × × × 5.1　　× × × × × × × × × × 　　× × × × × × × × × × 5.2　　× × × × × × × × × × 　　× × × × × × × × × × 　　× × × × × × × × × × 6　试验方法	5　要求 5.1　通用要求 　　× × × × × × × × × × 　　× × × × × × × × × × 　　× × × × × 5.2　× × × × × × × × × × 5.3　× × × × × × × × × × 　　× × × × × × × × × × × × 　　× × × × × × × × × × × × 6　试验方法

国际标准中一些引导语可以处于悬置位置,只要它们不会被引用。如对于"术语和定义"一章,往往在具体给出术语前,要有一段引导语,这些引导语是不会被引用的,所以可处于悬置位置。还有"试剂与材料"或"仪器与设备"一章,用引导语引出材料清单或仪器清单(材料或仪器的编号与条的编号含义不同),这类引导语不属于上述"悬置段"。

(五)列项

列项(Lists)可以说是"段"中的一个子层次,它可以在条或分条中的任意段里出现。国际标准的列项可以用下述三种形式引入:

(1)一个句子,句末为句号(见示例 1);

示例 1:

The following basic principles shall apply to the drafting of definitions.

a)The definition shall have the same grammatical form as the term:

1)to define a verb, a verbal phrase shall be used;

2)to define a singular noun, the singular shall be used.

b)*The preferred structure of a definition is a basic part stating the class to which the concept belongs, and another part enumerating the characteristics that distinguish the concept from other members of the class.*

> 参考译文：
>
> 下列基本原则适用于定义的起草。
>
> a）定义应与术语具有相同的语法形式：
>
> 1）定义一个动词，应使用动词短语；
>
> 2）定义单数名词，应使用单数。
>
> b）定义的优选结构是：一个基本的部分表述概念所属的类别，另一部分列举该概念与该类别中其他概念的辨异特征。

（2）一个完全符合语法规则的陈述，后跟冒号（见示例 2）；

示例 2：

> No switch is required for any of the following categories of apparatus：
>
> ——apparatus having a power consumption not exceeding 10W under normal operating conditions；
>
> ——apparatus having a power consumption not exceeding 50W，measured 2 min after the application of any of the fault conditions；
>
> ——apparatus intended for continuous operation.
>
> 参考译文：
>
> 下列各类仪器不需要开关：
>
> ——在正常操作条件下，功耗不超过 10W 的仪器；
>
> ——在任何故障条件下使用 2min，测得功耗不超过 50W 的仪器；
>
> ——用于连续运转的仪器。

（3）或陈述的前半部分，后面没有冒号，该陈述由列项中的各项来完成（见示例 3）。

示例 3：

> Vibrations in the apparatus may be caused by
>
> - unbalance in the rotating elements，
> - slight deformations in the frame，
> - the rolling bearings，and
> - aerodynamic loads.
>
> 参考译文：
>
> 仪器中的振动可能产生于
>
> - 转动部件的不平衡；
> - 机座的轻微变形；
> - 滚动轴承；
> - 气动负载。

列项中每一项前应加破折号或圆点。如果列项需要识别或者列项将被引用，则在每一项前加上后带半圆括号的小写英文字母序号，如 a）、b）、c）等。在字母形式的列项中如果需要对某项进一步细分成需要识别的列项，应使用后带半圆括号的阿拉伯数字序号，如 1）、2）、3）等（见示例 1）。

在列项的各项中，如果需要强调某些关键的术语或短语，可将它们排成与其他文字不同的字体，以引起对所涉及的主题的注意（见示例 1）。

编写列项时应注意：首先，列项前应有上面介绍的相应的引语，如果没有引语则不能称其为列项。而且，引语所要引导的内容要与实际列项中的内容相符，并要避免列项与引语中的内容相互重复（见示例 4）。

示例 4：

在距玻璃表面 600mm 处用 100W 手灯以正常视力观察，不应有以下缺陷：

——玻璃表面不应有裂纹、局部剥落等缺陷：

——玻璃表面色泽均匀，没有明显的擦伤、暗泡、粉瘤等缺陷；

——玻璃表面应没有妨碍使用的烧成托架痕迹，玻璃面修理和修补痕迹；

——每平方米玻璃面上的杂粒不得超过 3 处，每处面积应小于 $4mm^2$，且相互间距不得小于 100mm。

在这个示例中存在如下问题：引出列项的引语表明，列项中所列都是玻璃的缺陷，但实际列出的不全是缺陷，如"玻璃表面色泽均匀"就不是缺陷；列项的引语及具体列项中"玻璃表面"多次重复。

其次，不应用列项代替分条或段。列项的特征是要有引语，并且引语所引出的内容应是并列的关系，具体列项可用 a）、b）、c）等标识；而分条要有由阿拉伯数字和下脚点组成的编号。

（六）附录

附录（Annex）是国际标准层次的表现形式之一。附录用于提供标准主体内容的附加信息并出于几个原因编排，例如：

（1）当信息或表很长且在标准主体中包含它会使标准使用者分心时；

（2）分置特殊的信息类型（例如软件、示例样式、实验室间试验结果、供选择的试验方法、表、列项、数据）；

（3）展示关于标准特定应用的信息。

附录分为两类，一类为"规范性附录"（Normative annexes），一类为"资料性附录"（Informative annexes），它们都是可选要素。在规范性附录中给出标准正文的附加条款。"规范性附录"是构成标准整体的不可分割的组成部分，它是标准的规范性要素。在资料性附录中给出对理解或使用标准起辅助作用的附加信息。

每一个附录的前三行内容提供了识别附录的信息。第一行为附录的编号。每个附录都应有一个编号。附录编号由文字"Annex"及随后表明附录顺序的大写英文字母组成，字母由"A"开始，即"Annex A"（附录 A）。应按正文条文中提及附录的先后次序编排附录的顺序。也就是说两类附录（规范性附录、资料性附录）可混合在一起编排。当只有一个附录时仍应标为"Annex A"。第二行为附录的性质。在这一行应注明"（normative）"（规范性附录）或"（informative）"（资料性附录）。第三行为附录标题。每个附录都要设标题，以标明附录规定或陈述的具体内容。（见示例 1）。

示例 1：

Annex A

（informative）

Example form

由于附录分为"规范性附录"和"资料性附录"，为了让标准使用者能够迅速区分出哪个附录或哪几个附录是他在使用标准时应遵守的，因此，在标准中应从下面几个方面对附录的规范性的性质加以明确：

（1）通过条文中提及时的措辞方式；

（2）在目次中列出附录时，在附录标识后的圆括号中标明其性质；

（3）在附录编号下的圆括号中明确标明附录的性质。

附录中的条、分条、图、表和数学公式的编号前均应加上表明该附录顺序的字母，字母后跟下脚点。每个附录条的编号应重新从 1 开始。例如附录 A 中的条用"A.1""A.2""A.3"等表示。每个附录中的图、表和数学公式也应重新从 1 开始编号。例如附录 B 中第一个出现的图编号为"Figure B.1"（图 B.1），以后依次为"Figure B.2""Figure B.3"……；第一个出现的表编号为"Table B.1"（表 B.1），以后依次为"Table B.2""Table B.3"……；第一个出现的公式的编号为"（B.1）"，以后依次为"（B.2）""（B.3）"……。当附录只有一幅图或一个表也应对其编号，例如对于附录 B，这时编号应为"Figure B.1""Table B.1"。公式的编号不是必须的，当需要对附录中的公式进行编号时，如果附录中只有一个公式，这时应编为"（B.1）"。

每个附录都应在条文中明确地提及。例如"附录 B 提供了……的进一步信息""使用附录 C 中所描述的方法""见图 A.6""A.2 描述了……""……按照 C.25 中的规定"。

三、按存续状态划分

以要素在国际标准中是否必须存在为依据来划分，可将国际标准中的所有要素划分为三类。

（一）必备要素（Mandatory element）

在标准中必须存在的要素。国际标准中的必备要素有五个：

（1）名称；

（2）前言；

（3）范围；

（4）规范性引用文件；

（5）术语和定义。

（二）条件要素（Conditional element）

在标准中根据特定文档的规定存在的元素，国际标准中的条件要素有两个：

（1）符号和缩略语；

（2）参考文献。

（三）可选要素（Optional element）

在国际标准中不是必须存在的要素，是可以选择包含或不包含的要素。也就是说在某些标准中可能存在，在另外的标准中就可能不存在的要素。例如在某一国际标准中可能具有"附录"这一条；而在另一个标准中，由于没有使用附录，所以标准中就没有这一条。因此，"附录"这一要素是可选要素。国际标准中的可选要素为目次、引言、附录和索引。

技术内容，例如测试方法，需根据文档的具体内容确定其为必备要素、条件要素还是可选要素。

标准中各要素的存续状态见表3-3。

表3-3 标准中各要素的存续状态

主要要素（Major elements）	必备/可选/条件（Mandatory/Optional/Conditional）
名称（Title）	必备（Mandatory）
目录（Contents）	可选（Optional）
前言（Foreword）	必备（Mandatory）
引言（Introduction）	可选/条件[1]（Optional/Conditionala）
范围（Scope）	必备（Mandatory）
规范性引用文件（Normative references）	必备[2]（Mandatory）
术语和定义（Terms and definitions）	必备[2]（Mandatory）
符号和缩略语（Symbols and abbreviated terms）	条件（Conditional）
技术内容[3]（Technical content） 例如：试验方法（For example: test methods）	必备/可选/条件（Mandatory/Optional/Conditional）
参考文献（Bibliography）	条件（Conditional）

主要要素（Major elements）	必备 / 可选 / 条件（Mandatory/Optional/Conditional）
附录（Annex）	可选（Optional）
索引（Index）	可选（Optional）

1) 如果标准纳入专利，则应安排引言加以说明，因此引言成为条件要素。其他情况下，由起草者选择是否安排引言。

2) 如果标准中没有规范性引用文件或界定的术语，仍然应保留"规范性引用文件"或"术语和定义"章标题，并用引导语说明没有规范性引用或没有界定的术语。

3) 不同类型标准的核心技术要素不同，例如术语类标准中术语条目是必备的技术内容，即必备要素；规范类标准中功能和性能要求是必备的技术内容，即必备要素。规范类标准中标志标签内容为起草者根据需要而定，即可选要素。规范类标准中因为提出的某些性能要求需要规定试验方法，这时试验方法成为了条件要素。

第三节　国际标准编写基本要求

标准编写涉及一些基本问题，需要给出统一规则，例如条款所用助动词，数值、量和单位的表达，引用文件的方式与展示等。

一、条款表达的动词形式

为了声明符合一个标准，标准的使用者需要能够识别其有义务满足的要求，还需要能够把这些要求与其他存在选择权的条款类型区分开来（也就是与表达推荐、允许、可能性和能力的条款分开）。

编写者有必要遵循使用动词形式的规则，以便能在要求、推荐、允许、可能性和能力之间做出清楚的区分。

表 3-4～表 3-8 的第一栏给出了用于表达各种条款类型的首选动词形式。只有在由于语言限制而不能使用第一栏所给出的表达形式的情况下才使用第二栏中给出的等效表达形式。

（一）要求

要求指在标准内容中，传达在声明符合该标准时需要满足的客观且可证实的基准不准许有偏差的表述。各种条款类型的首选动词表达形式见表 3-4。

（二）推荐

推荐指在标准内容中，传达一个自认为适合的可能选择或行动步骤的建议而无须提及或排除其他可能性的表述。各种条款类型的首选动词表达形式见表 3-5。

表 3-4　要求

优先动词形式	在某些情况下使用的等效词组或表述
Shall（应，应该）	is to（要） is required to（要求） it is required that（要求） has to（不得不） only...is permitted（只准许） it is necessary（有必要）
shall not （不应，不应该）	is not allowed［permitted］［acceptable］［permissible］ （不容许［不准许］［不可接受］［不允许]） is required not to（要求不） is required that...not...（要求不） is not to（不要） do not（不要）

示例 1：
Connectors shall conform to the electrical characteristics specified by IEC 60603-7-1.
祈使语气：英语常使用祈使语气来表达在程序或试验方法中的要求。
示例 2：
Switch on the recorder.
示例 3：
Do not activate the mechanism before...

不使用 "must" 作为 "shall" 的替换（这将避免标准的要求与外部约束之间的混淆）。
不使用 "may not" 代替 "shall not" 表述禁止。

表 3-5　推荐

优先动词形式	在某些情况下使用的等效词组或表述
Should（宜）	it is recommended that（推荐） ought to（建议）
should not（不宜）	it is not recommended that（不推荐） ought not to（不建议）

示例：
Wiring of these connectors should take into account the wire and cable diameter of the cables defined in IEC 61156.

在这种情况下，法语中不使用 "devrait"。

（三）允许

允许指在标准内容中，传达同意或许可（或有机会）去做某事的表述。各种条款类型的首选动词表达形式见表 3-6。

（四）可能性和能力

可能性指在标准的内容中，传达预期的或可能的物质、物理的或因果关系的结果。能力指在标准的内容中，传达需要去做或完成一个规定的事情的表述。各种条款类型的首选动词表达形式见表 3-7。

表 3-6　允许

优先动词形式	在某些情况下使用的等效词组或表述
may（可，可以）	is permitted（准许） is allowed（容许） is permissible（允许）
may not（不必）	it is not required that（不要求） no…is required（无须，不需要）

示例 1：

IEC 60512-26-100 may be used as an alternative to IEC 60512-27-100 for connecting hardware that has been previously qualified to IEC 60603-7-3：2008.

示例 2：

Within an EPB document, if the quantity is not passed to other EPB documents, one or more of the subscripts may be omitted provided that the meaning is clear from the context.

在这种情况下，不使用 "possible" 或 "impossible"。

在这种情况下，不使用 "can" 代替 "may"。

"may" 表示该标准所表达的允许，而 "can" 指该标准使用者的能力或面临的可能性。法语动词 "pouvoir" 能既表示允许又表示可能性。如果存在误解的风险，宜使用其他表述。

表 3-7　可能性和能力

优先动词形式	在某些情况下使用的等效词组或表述
can（能，可能）	be able to（能够） there is a possibility of（有可能，有……的可能性） it is possible to（可能的）
can not（不能，不可能）	be unable to（不能够） there is no possibility of（没有可能，没有……的可能性） it is not possible to（不可能的）

示例 1：

Use of this connector in corrosive atmospheric conditions can lead to failure of the locking mechanism.

示例 2：

These measurements can be used to compare different sprayer setups on the same sprayer.

示例 3：

Only the reverse calculation approach given in E.3 can be used for calculated energy performance.

示例 4：

The sum over time can be related either to consecutive readings or to readings on different time slots（e.g. epeak versus off-peak）.

在这种情况下，不使用 "may" 代替 "can"。

"may" 表示该标准所表达的允许，而 "can" 指该标准使用者的能力或面临的可能性。

法语动词 "pouvoir" 能既表示允许又表示可能性。如果存在误解的风险，宜使用其他表述。

（五）外部约束

外部约束指对标准使用者的约束或职责，通常因使用者一个或多个不作为，通过法律规定或自然规律而产生的约束要求。外部约束不是标准的要求，给出这些信息仅供使用者参阅。各种条款类型的首选动词表达形式见表3-8。

表3-8　外部约束

优先动词形式	在某些情况下使用的等效词组或表述
must（必须）	—
示例1： 一个国家中的特定条件： Because Japan is a seismically active country，all buildings must be earthquake resistant. 示例2： 一个自然规律： All fish must maintain a balance of salt and water in the bodies to stay healthy.	
不使用"must"作为"shall"的替代（这将避免标准的要求与外部约束之间的混淆）。	

二、语言、缩略语、文件和参考书

不同语言版本的标准应在技术上等效，结构上相同。从起草的早期阶段使用两种语言（一般为英语和法语），非常有助于编制含意清楚而确切的条文。包含了使用非官方语言的条文的标准应在前言中包含下列示例条文（视情况填写）。

示例：

> In addition to text written in the official... ［ISO or IEC］ ...languages（English，French or Russian），this document gives text in... ［language］ ....This text is published under the responsibility of the member body/National Committee for... （...） and is given for information only. Only the text given in the official languages can be considered as... ［ISO or IEC］ ...text.

建议使用下列语言参考书：

（1）英语：《牛津简明英语词典》《简明牛津词典》《柯林斯简明字典》《韦氏新世界大学词典》《钱伯斯英语词典》；

（2）法语：《Robert词典》《Larousse词典》《法语疑难词词典》。

组织的名称及其缩写应与该组织所使用的英语、法语或俄语名称一致。在整个标准中缩略语的使用应是一致的。如果标准中没有给出缩略语清单，那么首次使用某个缩略语时应给出全称，后接括号括起的缩略语。有时，通用的缩略语因为历史或技术的原因以不同的方式书写。

为便于使用者正确理解和使用标准，语言文体应尽可能简单明了。这对于那些母语不是ISO和IEC官方语言之一的使用者尤其重要。

三、数、量、单位和数值

数和数值的表示遵循如下规则：

（1）在所有语种版本中，小数符号应是位于同一行的点号。

（2）应使用后带国际单位制符号（见 ISO 80000、IEC 80000 和 IEC 60027）的阿拉伯数字表示物理量的值。

（3）如果以小数形式书写（绝对值）小于 1 的数，应在小数符号前加零。

（4）每隔三位数字组应分别由数字之前的小空格（半个中文字符或一个英文字符空格）隔开。这也适用于位于小数符号之后的数字。这不适用于二进制和十六进制数、表示年份的数或标准的编号。例如：

$$23\ 456 \qquad 2\ 345 \qquad 2,345 \qquad 2,345\ 6 \qquad 2,345\ 67$$

（5）应使用叉乘号（×）表示以小数形式、矢量积和笛卡尔积写作的数和数值的相乘。例如：

$$l=2.5 \times 10^3 \text{m}$$

（6）中圆点（·）应用于表示向量的无向积和可比较的情况，还可用于表示纯量的乘积及混合单位中。例如：

$$U=R \cdot I$$

（7）在一些情况下，乘法符号可省略。例如：

$$4c-5d6ab7（a+b）3\ln2$$

特性值应表示为固定值，对于某些目的，有必要规定极限值（最大值和 / 或最小值）或数值区间。应以不易混淆的形式规定其公差（如适用）。例如 80mm×25mm×50mm（不是 $80 \times 25 \times 50$mm）。为了避免引起误解，以百分比表述的值的公差应以正确的数学形式来表达。例如表示带有公差的中心值时，写作"（65 ± 2）%"。

通常针对每个特性规定一个特性值。在存在几个广为使用的类别或水平的情况下，需要几个特性值。

对于某些目的，尤其是为了品种控制和接口目的，可选择若干数值或数系。可根据 ISO 3《优先数和优先数系》（也见 ISO 17《优先数和优先数系的应用指南》和 ISO 497《优先数系和化整值的优先数系的选用指南》）给出的优先数系，或按照某些模数制或其他决定性因素进行选择。对于电工领域，IEC 指南 103《通信规约》给出推荐使用的尺寸量纲制。规定了设备或组件的选择值（多个固定值或多个数值区间）的标准可在其他标准的条款中被引用，从这一点看，它应被视为基础标准。

标准中不应包含只具有局部地区重要性的数值。当对一个有序的数值进行标准时，应检查现有的数系是否可为国际应用所接受。

如果使用优先数系，如引入小数（例如 3.15）会造成困难（它们有时会不方便或者不需要高准确度）。在这类情况下，宜按照 ISO 497 进行修约。应避免规定不同国家使用的不同值（导致标准中既包含精确值又包含修约值）。

量、单位、符号和标志遵循如下规则：

（1）应使用 ISO 80000 和 IEC 80000 中规定的国际单位制（SI）；

（2）表示任何值的单位均应示出；

（3）表示平面角的度、分和秒的单位符号应紧跟在数值之后，所有其他单位符号前均应加一个空格；

（4）应从 IEC 60027、ISO 80000 和 IEC 80000 的各部分中选择量的符号；

（5）如有可能，不宜使用诸如 ppm 的特定语言缩略语。如果有必要使用诸如 ppm 的特定语言缩略语，应对它们的含义予以解释；

（6）数学标志和符号应符合 ISO 80000-2。

四、引用

（一）目的或原理

ISO 和 IEC 出版的国际标准的全体集合是相互联系的，构成了一个系统，应维护它的完整性。因此，宜引用特定的条文来代替重复抄录原始来源材料，重复会引起错误或不一致的风险，并且增加标准的篇幅。如果认为有必要重复少量内容，应明确指明其来源。

（二）引用的性质

引用按性质分为规范性引用和资料性引用。

规范性引用指在条文中被引用文件的部分或全部内容构成本标准的要求。

资料性引用指在条文中被引用文件的部分或全部内容作为给标准使用者提供的建议或指导，或者作为帮助标准使用者理解或使用标准所提供的相关技术信息、背景或与其他文件关系的信息。

引用其他文件时，避免使用可能引起歧义的表述形式，诸如"见……"（经常在资料性语境下使用）。使用这类表述形式时，对于它是一个要求还是一个推荐是不清晰的，因此"见……"不应用于表达规范性引用。规范性引用表达形式通常为"……应符合……的规定"。

示例 1：

在以下情况中，引用的文件是规范性的且该文件应列在规范性引用文件条中：

Connectors shall conform to the electrical characteristics specified by IEC 60603-7-1.

在以下情况中引用的文件不是规范性的而是资料性的。所引用的文件应列在参考文献中而不是列在规范性引用文件条中：

Wiring of these connectors should take into account the wire and cable diameter of the cables defined in IEC 61156.

For additional information on communication，see ISO 14063.

（三）引用的方式

引用的方式分为不注日期引用和注日期引用，日期指文件的发布日期。

不注日期指标准编写者接受被引用文件未来所有的变化，被引用文件的最新版本（即包括文件的修改单和修订版）适用于标准编写者编制的标准。这种方式仅适用于引用某一整个文件，不适用于引用某一文件的具体内容。

示例 1 ：

> "...use the methods specified in ISO 128−20 and ISO 80000−1..."
>
> "...IEC 60417 shall be used..."

注日期引用是指标准编写者仅接受被引用文件的目前版本，仅此版本适用于标准编写者编制的标准。被引用的文件未来修正或修订了，标准编写者需要重新评估变化的内容，决定是否更新引用。注日期引用应注明被引用文件发布年份。如果引用某一文件的具体内容，应采用这种引用方式。

示例 2 ：

...perform the tests given in IEC 60068−1 ：1988...	对一个已出版文件的注日期引用
...as specified in IEC 64321−4 ：1996 ，Table 1 ， ...	对另一个已出版文件中的特定表的注日期引用
...use symbol IEC 60417−50172002−10...	对一个数据库标准中的条目的注日期引用
according to EC6227−1 ：2007/AMD2011...	对修正案的注日期引用

（四）引用的限制

原则上，规范性引用文件应是 ISO 和 / 或 IEC 出版的文件。在不存在适当的 ISO 和 / 或 IEC 文件时，其他机构出版的文件可以规范性方式引用，但应满足如下条件：

（1）委员会承认所引用的文件具有广泛可接受性和权威性；

（2）委员会拿到了所引用文件的作者或出版者（若已知）同意将他们的文件作为引用文件纳入标准中的协议；

（3）作者或出版者（若已知）还同意将其对被引用文件的拟修订意向及修订后所影响的范围通知委员会；

（4）该文件在公平、合理、无歧视的商业条款下可提供；

（5）该文件中涉及专利许可的，具备符合《ISO/IEC 导则》第 1 部分（2018 年版）中 2.14 "专利项目的引用" 规定的许可条件。

规范性引用文件清单不应包含：

（1）不可公开提供的引用文件（在这种情况下，"可公开提供"指免费或者商业上在合理和无歧视条款下任何用户可获得）；

（2）仅以资料性方式作为书目或背景材料引用的引用文件。

资料性引用可引用任何其他类型的文件并应在参考文献中列出。

示例1：

IEC 60335（all parts），*Household and similar electrical appliances—Safety*

IEC 60335-1，*Household and similar electrical appliances—Safety—Part 1：General requirements*

第四节　国际标准各要素编写要求

一、标准名称

标准名称是对标准所覆盖的主题的清晰、简明的描述。起草名称是为了与其他标准的主题区分开来，不要加入不必要的细节。任何必要的附加细节应在范围中给出。标准名称是规范性要素，是必备要素。

名称由几个尽可能短的单独要素组成，其排列顺序由一般到具体，例如：

（1）引导要素，表明标准所属的总领域（通常可基于编制该标准的委员会的名称）；

（2）主体要素，表明在该总领域内所涉及的主要对象；

（3）补充要素，表明该主要对象的特定方面，或给出区分该标准与其他标准或同一标准的其他部分的细节。

使用的要素应不超过三项，应始终包含主体要素。

示例1：

引导要素对于表明应用领域是有必要的。

正确：*Raw optical glass—Grindability with diamond pellets—Test method*

不正确：*Grindability with diamond pellets—Test method and classification*

部分的名称应以同样的方式构成。在系列部分中各个部分的名称应包含相同的引导要素（如果有）和主体要素，而各自的补充要素应不同，以使各个部分相互区分。在各个补充要素之前应冠以"第……部分："字样。

示例2：

> IEC 60947-1 *Low-voltage switchgear and controlgear—Part 1：General rules*
>
> IEC 60947-2 *Low-voltage switchgear and controlgear—Part 2：Circuit-breakers*

标准名称中使用的术语应保持一致。

对于仅仅涉及术语的标准，应使用下列表述方式：

（1）如果包含术语的定义，则使用"Vocabulary"；

（2）如果只给出了不同语种中的等效术语，则使用"List of equivalent terms"。

对于涉及试验方法的标准，使用"Test method"或"Determination of..."而不使用诸如"Method of testing""Method for the determination of...""Test code for the measurement of...""Test on..."的表述方式。

在名称中，不应有描述文件的形式，例如"International standard technical specification，publicly available specification technical report or guide"。因此，不能使用诸如"International test method for...""Technical report on..."等表述。

示例3：

> 正确：Workplace air—Guidance for the measurement of respirable crystalline silica
>
> 不正确：Workplace air—Technical specification for the measurement of respirable crystalline

示例4：

> 正确：Test method on electromagnetic emissions—Part 1：［...］
>
> 不正确：International test method on electromagnetic emissions—Part 1：［...］

二、前言

前言提供关于下列内容的信息：负责出版该标准的组织、制定该标准的委员会、制定该标准的程序和规则、投票过程、免责声明（免除识别专利的责任）与当前标准和其他文件的关系。

前言是资料性要素，是必备要素，前言及其内容均不编号。

前言的通用部分是由 ISO 中央秘书处或 IEC 中央办公室提供的固定条文。它给出与负责组织以及标准总体有关的信息，法律条文和制定内容所依据的程序和规则。前言的特定部分由委员会秘书处提供，应视情况提供以下信息：

（1）制定该标准的委员会的代号和名称（在前言中不提及工作组及其他临时性的机构）；

（2）对制定该标准做出贡献的任何其他国际组织的说明；

（3）该标准废除和代替的全部或部分其他标准的陈述及与该标准的任何先前版本相比

的重大技术改动；

（4）该标准与其他文件的关系。

示例 1：

> The committee responsible for this document is ISO/TC 35, *Paints and varnishes*, Subcommittee SC9, *General test methods for paints and varnishes*.

示例 2：

> International Standard IEC 82045-2 has been prepared by IEC technical committee 3： Information structures, *documentation and graphical symbols*, in collaboration with ISO subcommittees SC 1：Basic conventions and SC 8：*Construction documentation* of ISO technical committee 10：*Technical product documentation*.

示例 3：

> This first edition of ISO 3233-3 cancels and replaces ISO 23811：2009, which has been technically revised and, in addition to the change in number, contains the following changes：
> —symbols have been harmonized with those used in ISO 3233-1and ISO 3233-2；
> —determination of dry film thickness has been added；
> ...

示例 4：

> This part of IEC 60704 is intended to be used in conjunction with IEC 60704-1：1997.

示例 5：

> A list of all parts in the ISO 7637 series can be found on the ISO website.

示例 6：

> A list of all parts in the IEC 60364 series, published under the general title *Low-voltage electrical in stallations*, can be found on the IEC website.

（5）对于包含使用官方语言之外的语言条文的标准，视情况给出下列条文以使其完整。

示例 7：

> In addition to text written in the official... ［ISO or IEC］...languages（English, French or Russian）this document gives text in... ［language］....This text is published under the responsibility of the member body/National Committee for... （...）and is given for information only. Only the text given in the official languages can be considered as... ［ISO or IEC］...text.

三、引言

引言给出关于该标准技术内容及促使编制该标准的原因的特定信息或解释。引言是资料性要素，是可选要素。若标准包含已识别专利时，引言成为条件要素。引言不编号，除非需要设立有编号的细分层次。在这种情况下，引言中各条编号为"0.1""0.2"等。

每当一个标准中提供了替代解决方案且给出了不同替代方案的优先次序时，在引言中应对优先次序的原因予以解释。当一个标准中已经识别出专利权时，引言应包括适当的告知，陈述有关专利信息。

四、范围

范围明确界定标准的对象和所覆盖的各个方面，从而指明该标准或其具体部分的适用界限。如必要，范围宜指明那些按常理推测可能会被覆盖但实际上被该标准排除在的对象。在分成部分的标准中，每个部分的范围只应界定该标准的那个部分的对象。

范围应简洁，以便能作为书目提要使用，例如作为摘要。如果陈述进一步的细节和背景信息，则应安排在引言或附录中。

范围是规范性要素。它不应包含要求、允许或推荐。范围是必备要素，是开始编号的要素，编号为1。

概括技术内容应在"This document"（本文件）后使用如下表达形式：

（1）"specifies the dimensions of..."（规定了……的尺寸）；

（2）"specifies a method of..."（规定了……的方法）；

（3）"specifies the characteristics of..."（规定了……的特性）；

（4）"establishes a system for..."（确立了……的体系）；

（5）"establishes general principles for..."（确立了……的一般原则）；

（6）"gives guidelines for..."（给出了……的指导）；

（7）"defines terms..."（定义了术语……）。

概括适用情况应使用如下表达形式：

（1）"This document is applicable to..."（本文件适用于……）；

（2）"This document does not apply to..."（本文件不适用于……）。

五、规范性引用文件

规范性引用文件一章列出那些在该文件中被规范性地引用了的文件，以供参阅。这些引用文件在文中都能找到。

规范性引用文件是资料性要素，是必备要素，即使标准中没有规范性引用文件，仍然要保留这一章，编号为2。

规范性引用文件清单应由下列措辞引导：

示例1：

> The following documents are referred to in the text in such a way that some or all of their content constitutes requirements of this document. For dated references，only the edition cited applies. For undated references，the latest edition of the referenced document （including any amendments）applies.

规范性引用文件清单示例如下：

示例2：

> ISO/TR12353-3：2013，*Road vehicles—Traffic accident analysis—Part 3：Guidelines for the interpretation of recorded crash pulse data to determine impact severity*
>
> ISO 14044：2006，*Environmental management—Life cycle assessment-Requirements and guidelines*
>
> ISO 17101-2：2012，*Agricultural machinery—Thrown-object test and acceptance criteria—Part 2：Flail mowers*

示例3：

> ISO 14617（all parts），*Graphical symbols for diagrams*
>
> ISO/IEC 17025：2005，*General requirements for the competence of testing and calibration laboratories*
>
> IEC 61175，*Industrial systems，installations and equipment and industrial products-Designation of signals*

如果不存在规范性引用文件，在章标题下写明以下语句：

示例4：

> There are no normative references in this document.

六、术语和定义

术语和定义一章提供用于理解标准中使用的某些术语所必需的定义。这一章仅应列出标准中使用的术语，不宜规定标准的专业使用者已经熟悉的通用术语。术语和定义是必备要素，即使标准中没有需要界定的术语及其定义，仍然要保留这一章，编号为3。

术语条目应按照 ISO 10241-1 起草。ISO 704 规定了术语工作的一般原则和方法。

术语可以加注，补充解释定义。

示例 1：

3.6

moisture content mass by volume

mass of evaporable water divided by volume of dry material.

Note 1 to entry：The method of evaporating water from a moist material shall be stated when "moisture content mass by volume" is used.

术语条目应予以编号。编号和结构应在所有语言版本中是相同的。这些号码不被视为条的编号。

示例 2：

3　Terms and definitions

For the purposes of this document，the following terms and definitions apply.

ISO and IEC maintain terminological databases for use in standardization at the following addresses：

● IEC Electropedia：available at http：//www.electropedia.org/

● ISO Online browsing platform：available at http：//www.iso.org/obp

3.1

management performance indicator

MPI

environmental performance indicator that provides information about the management efforts to influence an organization's environmental performance

［SOURCE：ISO 14031：1999，2.10.1］

术语和定义条的细分是准许的。术语和定义宜按照概念层级（即系统顺序）予以列出，至少按字母顺序编排。

示例 3：

3　Terms and definitions

［...］

3.2　Surface properties

3.2.1

abrasion

loss of material from a surface due to frictional forces

［...］

3.5　Optical properties

［…］

3.5.8

colour retention

degree of permanence of a colour

Note 1 to entry：Colour retention can be influenced by weathering.

术语可编制为单独的术语标准（词汇、命名法或不同语种等效术语对照表）或者纳入还包括其他内容的标准的"术语和定义"一章中。为方便起见，符号和缩略语可与术语和定义合并为一章，以使术语及其定义、符号和缩略语归在一个适当的综合标题下，例如"术语、定义、符号和缩略语"。

如果在第 3 章中仅给出本文件规定的术语和定义，使用以下引导语：

示例 4：

For the purposes of this document，the following terms and definitions apply.

ISO and IEC maintain terminological databases for use in standardization at the following addresses：

- IEC Electropedia：available at http：//www.electropedia.org
- ISO Online browsing platform：available at http：//www.iso.org/obp

---

如果在第 3 章中仅引用外部文件，使用以下引导语：

示例 5：

For the purposes of this document，the following terms and definitions given in ［external document reference ××× ］ apply.

ISO and IEC maintain terminological databases for use in standardization at the following addresses：

- IEC Electropedia：available at http：//www.electropedia.org
- ISO Online browsing platform：available at http：//www.iso.org/obp

---

如果在第 3 章中除引用外部文件之外，还给出了本文件规定的术语和定义，使用以下引导语：

示例 6：

For the purposes of this document，the following terms and definitions given in ［external document reference ××× ］ and the following apply.

> ISO and IEC maintain terminological databases for use in standardization at the following addresses：
> - IEC Electropedia：available at http：//www.electropedia.org
> - ISO Online browsing platform：available at http：//www.iso.org/obp

如果本文件没有规定术语和定义，则在第 3 章中使用以下引导语：

示例 7：

> No terms and definitions are listed in this document.
>
> ISO and IEC maintain terminological databases for use in standardization at the following addresses：
> - IEC Electropedia：available at http：//www.electropedia.org
> - ISO Online browsing platform：available at http：//www.iso.org/obp

此处引导语不是悬置段，因为术语和定义包含的是术语条目编号而不是条的编号。术语的类型包括：

（1）优先术语，是针对既定概念的基本术语。优先术语是条文主体自始至终使用的词形，以黑体书写（符号除外，符号应以在行文中使用的形式呈现）。

（2）许用术语，是公众所接受的优先术语的同义词，以常规形式书写。

（3）拒用术语，是优先术语的不再使用或不鼓励使用的同义词，以常规形式书写。每种类型可能有不止一个术语。缩略语或符号也能构成一个术语。

示例 8：

> **3.1**
>
> 优先术语　**chart datum**
>
> 许用术语　chart sounding datum
>
> 　　　　　reference level for soundings in navigation charts
>
> **3.2**
>
> 优先术语　**adhesive**
>
> 拒用术语　DEPRECATED：glue
>
> 　　　　　substance capable of holding materials together by adhesion

定义应以能够在上下文中代替术语的形式书写。它不应以冠词开头，也不应以句号结尾。

一个术语条目仅容许一个定义。如果一个术语用于界定不止一个概念，则应针对每个概念创建各自的术语条目且应在定义前的尖角括号内注明专业领域。

示例9:

> **2.1.17**
>
> **die**
>
> ＜extrusion＞metal block with a shaped orifice through which plastic material is extruded
>
> **2.1.18**
>
> **die**
>
> ＜moulding＞assembly of parts enclosing the cavity from which the moulding takes its form

术语条目中可包含图和公式。定义可表现为公式的形式。参考 ISO 10241-1。

条目的注提供补充术语数据的附加信息，例如与术语的使用相关的条款（陈述、指示、推荐或要求），关于适用于某个量的单位的信息，或者将缩略语选作优先术语的原因的解释。条目的注以"Note××to entry:"标示，且每个术语条目中从"1"开始编号，单个条目的注也应编号。

示例10:

> **3.1.4**
>
> **continuous scale**
>
> scale with a continuum of possible values
>
> EXAMPLE Interval scale and ratio scale.
>
> Note 1 to entry: A continuous scale can be transformed into a discrete scale, by grouping "values". This inevitably leads to some loss of information. Often the resulting discrete scale will be ordinal. Note 2 to entry: Scale resolution can be adversely affected by measurement system limitations. Such measurement limitations can, sometimes, give rise to measurements being represented on a discrete ordinal, scale.
>
> ［SOURCE: ISO 3534-2: 2006, 1.1.4］

示例11:

> **3.6**
>
> **moisture content mass by volume**
>
> mass of evaporable water divided by volume of dry material
>
> Note 1 to entry: The method of evaporating water from a moist material shall be stated when this term is used.

如果一个术语条目抄录另一个文件，则应在条目的最后给出来源。如果对原始的术语条目进行了任何改动，应予以指明，并随附所修改之处的描述。作为术语条目的来源给出文件是资料性引用。

示例 12：

3.1.2

terminological entry

part of a terminological data collection which contains the *terminological data*（3.1.3）related to one *concept*（3.2.1）.

Note 1 to entry：A terminological entry prepared in accordance with the principles and methods given in ISO 704 follows the same structural principles whether it is monolingual or multilingual.

［SOURCE：ISO 1087−1：2000，3.8.2，modified−Note 1 to entry has been added.］

术语条目中可包含其他数据类型，例如国家代码、语法信息、语音。关于一般要求和示例参考 ISO 10241−1。

七、符号和缩略语

符号和缩略语一章提供了标准中使用的符号和缩略语清单及其定义。符号和缩略语是规范性要素，是条件要素。符号不需要编号。为方便起见，符号和缩略语可与术语和定义合并，以使术语及其定义、符号和缩略语归在一个适当的综合标题下，例如"术语、定义、符号和缩略语"。

仅应列出条文中使用的符号。除了为反映技术准则而需要以特定次序列出符号外，所有符号均宜按照下列次序以字母顺序列出：

（1）大写英文字母位于小写英文字母之前（A，a，B，b 等）；

（2）不带角标的字母位于带有角标的字母之前，带有字母角标的字母位于带有数字角标的字母之前（B，b，C，C_m，C_2，c，d，d_{ext}，d_{int}，d_1 等）；

（3）拉丁字母位于希腊字母之前；

（4）任何其他特殊符号。

八、核心技术要素

不同类型标准的核心技术要素不同，例如术语类标准的核心技术要素是术语条目，试验方法类标准的核心技术要素是试验步骤 / 程序，规范类标准的核心技术要素是要求及其验证方法。在此以测量和试验方法为例陈述编写要求，其他核心技术要素的编写要求可参考相关标准。核心技术要素（一个或多个）均是规范性要素，是必备要素。其他技术要素是规范性要素，视情况为条件要素或可选要素。

以测量和试验方法为例，测量与试验方法规定测定特性值或校验符合规定要求的步骤。使用标准化的试验方法确保结果的可比较性。

测量与试验方法可作为单独的章，或者并入要求中，或者作为附录编排，或者作为单独的部分编制。如果测量与试验方法有可能被若干其他标准所引用，应作为单独的标准来编制。

测量与试验方法可按下列次序细分（在适当的情况下）：

（1）原理；

（2）试剂和／或材料；

（3）仪器；

（4）试样和试件的制备和保存；

（5）步骤；

（6）结果的表述，包括计算方法和试验方法的精密度，以及测量不确定度；

（7）试验报告。

当需要健康、安全或环境警示用语时，宜置于试验方法中相关内容之后。通用警示用语宜置于试验方法的起始。

示例1：

一般警示的示例：

WARNING—The use of this part of IEC 69999 can involve hazardous materials, operations and equipment. It does not purport to address all of the safety or environmental problems associated with its use. It is the responsibility of users of this standard to take appropriate measures to ensure the safe and health of personnel and the environment prior to application of the standard, and fulfil statutory and regulatory requirements for this purpose.

示例2：

特定警示的示例：

WARNING—Cyanide solutions are highly toxic. Appropriate measures shall be taken to avoid ingestion. Care should be taken in the disposal of these solutions.

WARNING—Too high a temperature increase may cause a vigorous, exothermic reaction in the digestion solution with a high pressure increase and blow-off of the security valve. Losses of analytes are possible.

WARNING—This test involves handling of hot apparatus. In addition, for some iron ores, spitting may occur when loading the sample into the hot container.

WARNING—The reagents used in this method are strongly corrosive and partly very toxic. Safety Precautions are absolutely necessary, not only due to the strong corrosive reagents, but also to high temperature and high pressure.

在适当情况下，试验应加以标示为型式试验、性能试验、取样试验、常规试验等。此外，如果试验次序能影响结果，标准应规定试验次序。

虽然不同的要素可在标准的单独条或单独标准中出现，但是要求、取样和试验方法是产品标准化的相互关联的要素，宜统筹考虑。

起草试验方法时，考虑通用试验方法的标准和其他标准中类似特性的相关试验是很重要的。在相同的置信水平下，只要能取代破坏性试验方法，就应选择非破坏性试验方法。如果正在使用的试验方法不同于最可接受的通用试验方法，这不应作为在标准中不规定最可接受的试验方法的理由。

试验方法宜符合 ISO/IEC 17025：2005 第 5 章中描述的有关验证、测量溯源性及测量不确定度的估算的计量原则。其他可能适用的标准为 ISO/IEC 指南 98-3（GUM：1995）和 ISO/IEC 指南 99（VIM）。与试验设备有关的要求宜遵守 ISO/IEC 17025：2005 第 5 章规定的关于准确度和校准的条款。关于化学分析方法的起草指导见 ISO 78-2，其中大部分内容亦适用于非化学品的产品试验方法。

规定涉及危险的产品、仪器或过程使用的试验方法的标准应包含通用警示用语和适当的特定警示用语。推荐的警示用语见 ISO/IEC 指南 51。关于这类警示用语适当位置的指导，见 ISO 78-2。

九、其他技术要素

以标志、标签和包装为例，标志、标签和包装是有关产品制造和采购所需标准化路径的重要方面，特别是在关乎安全的应用中。

标志、标签和包装是补充的方面，只要相关就应被包含，特别是有关消费品的产品标准。如果有必要，标志的方法也应予以规定或推荐。该要素可由给出对于采购所必需的信息的示例以资料性附录加以补充。

该要素不应规定或推荐合格标志。这类标志通常在认证体系的规则下应用，见 ISO/IEC 指南 23，在 ISO/IEC 17050-1 和 IS/IEC 17050-2 给出产品标志提及标准机构或其标准的信息。

如果标准要求使用标签，该标准还应规定标签的性质及如何将其附着、固定或应用到产品或其包装上。

规定用于标志的符号应符合 ISO 和 IEC 出版的相关标准。

注：有关包装的标准能够在 ISO 和 IEC 目录中的 ICS 第 55 类目下查到。

十、参考文献

参考文献列出那些在标准中资料性引用的文件及其他信息资源，以供参阅。参考文献是资料性要素，不应包括要求、允许或推荐。参考文献是条件要素，其存在取决于标准中是否存在资料性引用文件。参考文献应出现在最后一个附录之后。资料性引用文件和信息资源列项可予以编号，并且可以是注日期或不注日期的。

对于注明引用文件的信息来源（印刷的、电子的或其他方式的），应遵循 ISO 690 确定的相关规则。

示例 1：

印刷的书籍或专著：

GREAT BRITAIN. *Data Protection Act* 1984. Schedule 1，c35，Part 1，Clause 7. London：HMSO.

电子书或专著：

INTERNET ENGINEERING TASK FORCE（IETF）. RFC 3979：*Intellectual Property Rights in IETF Technology*〔online〕. Edited by S. Bradner. March 2005〔viewed 2015−12−21〕. available at http：//www.ietf.org/rfc/rfe3979.txt.

源自于印刷的连续性出版物的文章：

AMAJOR，L.C. The Cenomanian hiatus in the Southern Benue Trough，Nigeria. Geological Magazine 1985，122（1），39−50. ISSN 0016−7568.

源自于在线的连续性出版物的文章：

STRINGER，John A.，et al. Reduction of RF−induced sample heating with a scroll coil resonator structure for solid−state NMR probes. *Journal of Magnetic Resonance*〔online〕. Elsevier. March 2005，173（1），40−48〔viewed 201512−21〕. Available at：doi：10.1016/j.jmr.2004.11.015.

信息来源应包括访问所引用的文件的方法和网址全称，并与来源中给出的标点符号和使用的大小写字母相同，见 ISO 690。

示例 2：

ISO/IEC Directives. IEC Supplement. International Electrotechnical Commission. Available at http：//www.iec.ch/members_experts/refdocs/.

Statutes and directives. International Electrotechnical Commission，©2004−2010〔viewed 2011−02−09〕. Available at http：//www.iec.ch/members_experts/refdocs/.

ISO 7000/IEC 60417〔online database〕，Graphical symbols for use on equipment〔viewed 2016−04−18〕. Available at http：//www.graphical−symbols.info/.

第五节　国际标准内容的表达形式

一、列项

列项用于细分信息以帮助理解。列项没有标题，然而列项前面可以有标题或引导句。列项可以编号或不编号。列项能够细分，见如下示例。

示例 1：

> The following basic principles shall apply to the drafting of definitions.
>
> a）The definition shall have the same grammatical form as the term：
>
> 1）to define a verb，a verbal phrase shall be used；
>
> 2）to define a singular noun，the singular shall be used.
>
> b）The preferred structure of a definition is a basic part stating the class to which the concept belongs，and another part enumerating the characteristics that distinguish the concept from other members of the class.

示例 2：

> No switch is required for any of the following categories of apparatus：
>
> —apparatus having a power consumption not exceeding 10 W under normal operating conditions；
>
> —apparatus having a power consumption not exceeding 50 W，measured 2 min after the application of any of the fault conditions；
>
> —apparatus intended for continuous operation.

示例 3：

> Vibrations in the apparatus may be caused by
>
> —unbalance in the rotating elements，
>
> —slight deformations in the frame，
>
> —the rolling bearings，and
>
> —aerodynamic loads.

二、条文的注

条文注用于给出旨在帮助理解或使用该标准的条文的附加信息。没有注，标准应是可用的。在给定的章或条中，注应按顺序编号。在每个新的细分层次，编号重新开始。在一个细分层次中的单个注不需要编号。注不需要在条文中特别提及。如果提及注，使用如下形式，例如"7.1 中的注 2 提供了解释""见 8.6 注 3"。

注不应包含要求或认为对于该标准的使用必不可少的任何信息，例如指示、推荐或者允许。注宜书写成对事实的陈述。

示例1：

注的正确用法示例：

"Each label shall have a length of between 25 mm and 40 mm and a width of between 10 mm and 15 mm.

　　NOTE　The size of the label was chosen so that it will fit most sizes of syringe without obscuring the graduation marks."

示例2：

注的错误用法示例：

NOTE　In this context a part *shall* be regarded as a separate document...　　　　"应"构成了一个要求

NOTE　Alternatively，test at a load of....　　　　"试验"构成一个要求，在这里使用祈使语气以指示的形式表达

NOTE　Where a laboratory is part of a larger organization，the organizational arrangements *should* be such that departments having conflicting interests...　　　　"宜"构成一个推荐

NOTE　Individuals *may* have more than one function...　　　　"可"构成一个允许

三、示例

示例举例说明存在于标准中的概念。没有示例，该标准应是可用的。示例不需要有标题，但是如必要，它们能够归合成一个冠以"示例"标题的章或条。在给定的章或条中，示例应予以顺序编号。在每个新的细分层次，编号重新开始。在一个细分层次中的单个示例不需要编号。示例不需要在条文中特别提及。如果提及示例，使用如下形式，例如"见6.6.3，示例5""第4章示例2列出了……"。

示例不应包含要求或认为对于该标准的使用必不可少的任何信息，例如指示、推荐或者允许。示例宜书写成对事实的陈述。

示例1：

The generic model can be applicable to other possible manufacturing operations categories or for other operations areas within the enterprise.

　　EXAMPLE　A company could apply the model to receiving operations management and associated services.

示例2：

In national implementation of International Standards，the international designation shall be used without change. However，the national standard identification may be inserted between the Description block and the International Standard number block.

EXAMPLE　If the international designation of a screw is

Slotted pan screw ISO 1580－M5×20－4，8

its national designation can be

Slotted pan screw VN 4183－1SO1580－M5×20－48

if VN 4183 is the identification of the national standard corresponding to ISO 1580 which has bee adopted without change.

四、条文的脚注

标准条文的脚注用于给出针对条文中特定项目的附加上下文信息。没有脚注，标准应是可用的。除术语条目外，脚注能出现在标准条文中的任何地方。脚注应贯穿标准始终顺序编号。通常，脚注编号使用阿拉伯数字予以指明。在例外情况下，能够使用其他体系（"a""b""c"等；"*""**""***"等），例如当脚注有可能与上标数字混淆时。

脚注不应包含要求（例如使用"应"）或认为对于该标准的使用必不可少的任何信息，例如指示（祈使语气）、推荐（使用"宜"）或者允许（使用"可"）。脚注宜书写成对事实的陈述。

示例1：

C.1.1　Introduction

...multiplex real－time PCR method based on TaqMan®7.

───────────────

7　TaqMan® is a trademark of Roche Molecular Systems. This information is given for the convenience of users of this document and does not constitute an endorsement by ISO of the product named. Equivalent products may be used if they can be shown to lead to the same results.

示例2：

...such effects of salt mist on connectors has been demonstrated.

───────────────

5　Numbers in square brackets refer to the Bibliography.

五、数学公式

数学公式使用符号来表达量之间的关系。如果有交叉引用的需要，在标准中能够对数学公式予以编号。应使用从 1 开始的带圆括号的阿拉伯数字。

示例 1：

$$x^2+y^2<z^2$$

编号应是连续的，且不依赖于条、表和图的编号。不准许对数学公式进行细分。如果对一个公式进行了编号，则宜在条文中引用它。公式的目的宜由上下文予以明确，使用引导性的主题。使用以下方式引用数学公式，例如，"见 10.1，公式（3）""见 A.2，公式（A.5）"。

数学公式应以正确的数学形式表示。变量应由字母符号代表。除非字母符号列在了"符号和缩略语"条中，否则应解释这些符号在公式中的含义。

示例 2：

$$V = \frac{l}{t}$$

where：

V is the speed of a point in uniform motion；

l is the distance travelled；

t is the duration.

然而，在同一标准中绝不应使用相同的符号既表示量，又表示其对应的数值。例如在相同的上下文中，示例 2 中的方程式和示例 3 中的方程式的使用会暗含 $l=3.6$，这很显然是不正确的。在例外情况下，如果使用的公式中存在既代表量又表示数值的符号，示例 3 中所示的方式应紧跟其后。

示例 3：

$$V = 3.6 \times \frac{l}{t}$$

where：

V is the numerical value of the speed，expressed in kilometres per hour（km/h），of a point in uniform motion；

l is the numerical value of the distance travelled，expressed in metres（m）；

t is the numerical value of the duration，expressed in seconds（s）.

描述量的术语或名称不应列成数学公式的形式。量的名称或多字符的缩略语（例如以斜体或下标表示）不应在符号的地方使用。单位的符号不应用在数学公式中。

示例 4：

正确：	错误：

$$t_i = \sqrt{\dfrac{S_{\text{ME},i}}{S_{\text{MR},i}}} \qquad\qquad t_i = \sqrt{\dfrac{MSE_i}{MSR_i}}$$

where：

t_i　is the statistical value for the system i;

$S_{\text{ME},i}$　is the residual mean square for the system i;

$S_{\text{MR},i}$　is the mean square due to regression for the system i;

where：

t_i　is the statistical value for the system i;

MSE_i　is the residual mean square for the system i;

MSR_i　is the mean square due to regression for the system i;

六、图

当图是最有效的易于理解的表达方式时，则使用图片方式表达。如果不能使用线图来代表概念，可使用图片和其他媒介。

建议给出简明的图标题。只有一个图应标示为"图 1"。这一编号应独立于条和任何表的编号。在附录中，图编号重新开始并在号码前缀上附录字母（例如图 A.1）。当一个图延续几个页面时，重复图的标识，建议后接标题和"（1 of #）"，其中 # 是该图出现的页面的总数。

示例 1：

Figure *x*（1 of #）

每个图应在条文中明确地提及。使用以下形式提及图，例如"图 3 阐明了……"。

表 3-9 提供了有关图内容创建的相关标准。

图中用于表示通用角度量或线性量的文字符号应符合 ISO 80000-3，必要时使用下标以区分给定符号的不同用途。图中表示各种长度的系列符号使用"l_1""l_2""l_3"等，而不使用"A""B""C"等或"a""b""c"等。

技术产品文件上的字体应符合 ISO 3098 系列标准。斜体字应该用于可变参量。所有其他字体均应使用正体。当所有量的单位相同时，应在图的右上角予以适当陈述（例如"尺寸为毫米"）。

在曲线图中，坐标轴上的标记不应以关键词序号代替，以避免表示关键词序号的数字与代表坐标轴上数值的数字之间混淆。在曲线图中曲线、线条等的标记应以关键词序号代替。在流程图和组织系统图中，准许使用文字描述。

表 3-9　与图相关的标准

主题（Subject）	标准（Standard）	标题（Title）
通则	IEC 61082-1	*Preparation of documents used in electrotechnology—Part 1: Rules*
图形符号	IEC 62648	*Graphical symbols for use on equipment—Guidelines for the inclusion of graphical symbols in IEC publications*
	IEC 80416-1	*Basic principles for graphical symbols for use on equipment—Part 1: Creation of graphical symbols for registration*
	ISO/IEC 81714-1	*Design of graphical symbols for use in the technical documentation of products—Part 1: Basic rules*
线型	ISO 128-20	*Technical drawings—General principles of presentation—Part 20: Basic conventions for lines*
尺寸标注	ISO 129	*Technical drawings—Indication of dimensions and tolerances*
空间和几何产品规范	ISO 1101	*Geometrical product specifications（GPS）—Geometrical tolerancing—Tolerances of form, orientation, location and run-out*
射影	ISO 128-30	*Technical drawings—General principles of presentation—Part 30: Basic conventions for views*
流程图和组织系统图	ISO 5807	*Information processing—Documentation symbols and conventions for data, program and system flowcharts, program network charts and systemresources charts*

图中只有一个注时，应在该注的条文的第一行开头冠以"注"。当同一图中有几个注时，应以"注 1""注 2""注 3"等标示。对于每个新图，编号重新开始。图注不应包含要求或认为对于该标准的使用必不可少的任何信息。有关图的内容的任何要求应在条文中、在图的脚注中或在图及其标题之间的段中给出。图注不必提及。

图的脚注独立于条文的脚注予以编号。图的脚注应用从"a"开始的上标小写字母进行标识。脚注应通过在图中插入相同的上标小写字母予以提及。图的脚注可包含要求。

七、表

当表是最有效的易于理解的表达方式时，使用表。建议给出简明的表标题。只有一个表时，应标示为"表 1"。这一编号应独立于条和图的编号。在附录中，表编号重新开始且号码前缀上附录字母（例如表 A.1）。

表不准许进一步细分［例如表 1（a）］。不准许表内套表。不准许将表细分成带有新标题的子表。通常，创建几个表格比试图将太多信息整合成为一个表格更好。表述形式越简单越好。

当一个表延续几个页面时，指明表的延续性非常重要。

示例 1：

<table>
<tr><td align="center">Table x（continued）</td></tr>
</table>

在第一个页面之后的所有页面上，可以重复标题栏，连同关于单位的任何陈述。

每个表应在条文中明确地提及，可使用以下形式提及表，例如"表 3 列出了……""见表 B.1"。

表注应被安排在相关表框中，并应位于表的脚注之前。表中只有一个注时，应在该注的条文的第一行开头冠以"注"。当同一表中有几个注时，应以"注 1""注 2""注 3"等标示。针对每个新表编号重新开始。表注不应包含要求或认为对于该标准的使用必不可少的任何信息。有关表的内容的任何要求应在条文中、在表的脚注中或作为表内的段给出。表注不必提及。

表的脚注独立于条文的脚注之外予以编号。它们应置于相关表框中，并应出现在表的下部。表的脚注应用从"a"开始的上标小写字母进行标识。脚注应通过在表中插入相同的上标小写字母予以提及。表的脚注可包含要求。

示例 2：

在表中能出现的不同要素的陈列。

Dimensions in millimetres

Type	Length	Inside diameter	Outside diameter
	l_1^{a}	d_1	
	l^2	$d_2^{\text{b c}}$	

包含要求的段落。
注 1　表注文字。
注 2　表注文字。
a　表的脚注。
b　表的脚注。
c　表的脚注。

第六节　国际标准中的专利与版权

一、国际标准化组织的专利政策

（一）ISO、IEC 和 ITU 专利政策概况

ISO、IEC 和 ITU 于 2007 年 3 月正式发布了《ITU-T/ITU-R/ISO/IEC 的共用专利政策》，同时也发布了《ITU-T/ITU-R/ISO/IEC 共同专利政策实施指南》（Guidelines for

Implementation of the Common Patent Policy for ITU-T/ITU-R/ISO/IEC），自此，形成了在专利问题上的一致立场。《ITU-T/ITU-R/ISO/IEC 共同专利政策实施指南》在发布后共经历了 2012 年、2015 年、2018 年和 2022 年四次修订。

《ITU-T/ITU-R/ISO/IEC 共用专利政策》和《ITU-T/ITU-R/ISO/IEC 共同专利政策实施指南》构成了 ISO、IEC 和 ITU 共同专利政策的体系文件，其中，《ITU-T/ITU-R/ISO/IEC 共用专利政策》主要规定了有关专利的"行为法则"，《ITU-T/ITU-R/ISO/IEC 共同专利政策实施指南》的目的在于说明该专利政策并为其实施提供便利。

《ITU-T/ITU-R/ISO/IEC 共同专利政策实施指南》包括两个部分、三个附件：

（1）第 1 部分为共用指南；

（2）第 2 部分为各个组织的专用规定，包括 ITU 专用规定、ISO 和 IEC 的专用规定；

（3）附件 1 为"共用专利政策"；

（4）附件 2 为"ITU-T/ITU-R 建议书和 ISO/IEC 可交付使用文件的专利陈述和许可声明表"；

（5）附件 3 为"ITU-T/ITU-R 建议书的一般性专利陈述和许可声明表"。

（二）ISO、IEC 和 ITU 在标准中引用专利的原则

ISO、IEC 和 ITU 许可标准中包含企业的创新技术，前提是这种知识产权能够在合理的、非歧视性的条款和条件下获取，鼓励在标准制定完成之前，公开为执行标准所必需的专利技术。具体来说，在标准引用专利的过程中，坚持以下几个原则。

1. 在合理无歧视前提下在标准中引用专利

ISO、IEC 认为，如果有技术理由证明引用专利项目是合理的，原则上不反对制定含专利权所覆盖的专利项目条款的国际标准，即使在这些标准的条款中没有其他符合性方法可供选择。ITU 认为，ITU 的标准与创新和新技术紧密相关，在当今环境下，很难在制定技术标准中不采用专利，但必须同时考虑最终用户的利益。

《ITU-T/ITU-R/ISO/IEC 的共用专利政策》规定，在"专利持有人愿意与其他当事人在无歧视基础上以合理的期限和条件谈判免费专利许可事宜"，或"专利持有人愿意与其他当事人在无歧视基础上以合理的期限和条件谈判专利许可事宜"的情况下，可以在标准中引用专利，否则不应包含与专利有关的规定。因此，只有在合理无歧视前提下，才能在标准中引用专利。

2. 尽早披露标准中引用的专利信息

尽早披露和标识在标准中引用的专利信息，不仅能提高标准制定效率，还能避免潜在的专利权问题。例如部分知识产权人在参与标准制定工作时，故意隐瞒其知识产权状况，等待该标准出台并被广泛接纳时再以知识产权人的身份出现，向所有遵循该标准而使用其知识产权的企业请求权利，这种做法不仅会损害依据标准而采用相关技术的其他竞争企业的利益，而且还有害于标准本身的公正性和稳定性。

　　《ITU-T/ITU-R/ISO/IEC 的共用专利政策》中提出的专利信息尽早披露原则体现出向专利信息事前披露原则发展的趋势。《ITU-T/ITU-R/ISO/IEC 的共用专利政策》提出鼓励尽早披露和标识那些可能与正在制定的标准有关的专利，强调参加 ISO、IEC 或 ITU 工作的任何当事人一开始就应该提请注意自己所属组织或是其他组织已知的任何专利或已知的正在处理的专利申请，即在标准制定期间就尽可能早地披露上述信息。

　　3.确保容易获取标准中引用的专利

　　ISO、IEC 和 ITU 制定标准的目的是确保在世界范围内技术和系统的兼容性，应确保每个人都能方便地获取到标准并进行应用和使用等。因此，在标准中引用专利的情况下，应确保每个人都能够容易地获取到相关的专利，而不应有不适当的限制。

　　（三）ISO、IEC 和 ITU 在标准中引用专利的工作程序

　　ISO、IEC、ITU 的技术团体从事标准的制定工作。对 ISO、1EC 而言，技术团体包括 ISO 和 IEC 的技术委员会、分委员会和工作组，对 ITU 而言，技术团体包括 ITU-T 和 ITU-R 的研究组、分组和其他小组。ISO、IEC 和 ITU 及其技术团体在标准制定工作中或在标准出版后涉及专利问题时，应符合下述工作程序。

　　1.专利披露

　　尽早披露标准中引用的专利信息是《ITU-T/ITU-R/ISO/IEC 的共用专利政策》的新特点和重点之一，ISO、IEC 和 ITU 鼓励尽早和充分地披露相关专利有效信息，强调参加或未参加 ISO、IEC 或 ITU 技术工作的任何当事人都可以提请 ISO、IEC 或 ITU 注意已知的任何专利，进行专利披露的具体规定如下：

　　（1）在标准制定的各个阶段，标准制定建议的提出者、参与起草标准文件的任何相关团体或个人如果已经获知任何的专利权问题或正在处理的专利申请，都应尽早提请相关技术团体的注意，并且应诚实地尽最大努力来提供这方面的信息。

　　（2）技术团体主席在必要的情况下，可以在每次会议的适当时间，询问是否有人知道所讨论制定的标准可能使用的专利。应该在会议报告中记录询问问题的实际情况及任何肯定的答复。

　　（3）没有参与技术团体的任何当事人也可以提请 ISO、IEC 或 ITU 注意已知的任何专利，包括这些团体的专利或任何第三方的专利。

　　（4）任何团体或个人应以书面形式提请 ISO、IEC 或 ITU 注意已知的任何专利。

　　2.请求专利持有人提交专利许可声明

　　专利权的专有性质决定了专利权人之外的任何人非因法定理由未经专利权人许可，都不得实施其专利，即不得为生产经营目的制造、使用、许诺销售、销售、进口其专利产品，或者使用其专利方法，以及使用、许诺销售、销售、进口依照该专利方法直接获得的产品。也就是说，要使用专利，必须获得专利权人的许可。

因此，ISO、IEC 或 ITU 收到提请注意已知专利的信息后，就进入请求专利持有人提交专利许可声明的工作环节。该环节是确定是否在标准中引用专利的关键环节，所以 ISO、IEC 和 ITU 对提交专利许可声明的方式和内容有很具体的要求。

1）使用专用表格提供书面陈述

《ITU-T/ITU-R/ISO/IEC 的共用专利政策》规定，专利持有人必须使用相应的《专利陈述和许可声明表》（以下简称“声明表”）提供书面陈述，分别在 ISO、IEC 或 ITU-TSB/ITU-BR 的首席执行官办公室备案，除提供“声明表”中列出的信息外，不必再提供任何其他信息。由此可知，“声明表”是 ISO、IEC 和 ITU 接受专利许可声明的专用表格，也是必须采用的专利许可声明方式。

使用“声明表”的目的是确保专利持有人以标准化的形式向相应的 ISO、IEC 和 ITU 提交声明。并且更重要的，如果专利持有人声明其不愿意按照合理无歧视的原则授予专利许可。对于 ITU 而言，声明表的目的是要求必须提供支持信息和解释，对 ISO 和 IEC 而言，声明表的目的是强烈希望提供支持信息和解释。此外，声明表也为 ISO、1EC 和 ITU 建立专利信息数据库提供了清楚的信息。

“声明表”的格式包括《ITU-T/ITU-R 建议书 |ISO/IEC 可交付使用文件的专利陈述和许可声明表》[（详见《ITU-T/ITU-R/ISO/IEC 共同专利政策实施指南》附件 2（图 3-1）] 和《ITU-T/ITU-R 建议书的一般性专利陈述和许可声明表》[（详见《ITU-T/ITU-R/ISO/IEC 共同专利政策实施指南》附件 3（图 3-2）]，前者为 ISO、IEC 和 ITU 共用的“声明表”，后者为 ITU 专用的“声明表”。ITU 制定专用“声明表”的目的在于为专利持有人提供自愿性选择，声明其愿意对其拥有的专利授予许可，从而提高专利持有人在遵循专利政策方面的反应能力并促使其早期披露。

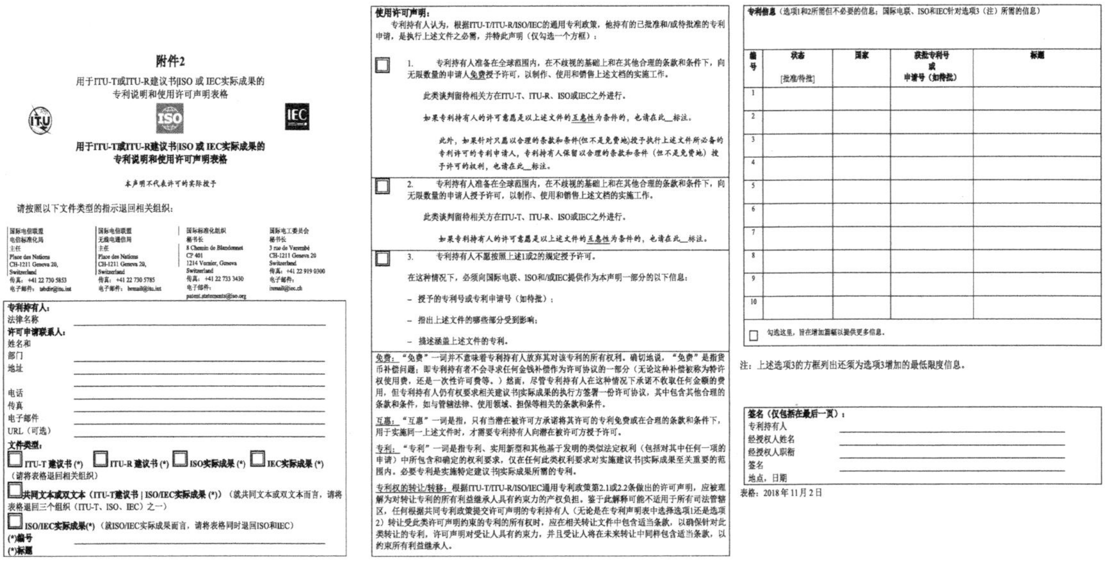

附件2

用于ITU-T或ITU-R建议书|ISO 或 IEC实际成果的
专利说明和使用许可声明表格

用于ITU-T或ITU-R建议书|ISO 或 IEC实际成果的
专利说明和使用许可声明表格

本声明不代表许可的实际授予

请按照以下文件类型的指示退回相关组织：

国际电信联盟 电信标准化局 主任 Place des Nations CH-1211 Geneva 20, Switzerland 传真：+41 22 730 5853 电子邮件：tsbdir@itu.int	国际电信联盟 无线电通信局 主任 Place des Nations CH-1211 Geneva 20, Switzerland 传真：+41 22 730 5785 电子邮件：brmail@itu.int	国际标准化组织 秘书长 8 Chemin de Blandonnet CP 401 1214 Vernier, Geneva Switzerland 传真：+41 22 733 3430 电子邮件： patent.statements@iso.org	国际电工委员会 秘书长 3 rue de Varembé CH-1211 Geneva 20 Switzerland 传真：+41 22 919 0300 电子邮件： inmail@iec.ch

专利持有人：
法律名称 ______
许可申请联系人：
姓名和
部门 ______
地址 ______
电话 ______
传真 ______
电子邮件 ______
URL（可选） ______
文件类型：
☐ **ITU-T 建议书** (*) ☐ **ITU-R 建议书** (*) ☐ **ISO实际成果** (*) ☐ **IEC实际成果** (*)
（请将表格退回相关组织）
☐ **共同文本或双文本（ITU-T建议书 | ISO/IEC实际成果 (*)）**（就共同文本或双文本而言，请将表格退回三个组织（ITU-T、ISO、IEC）之一）
☐ **ISO/IEC实际成果(*)**（就ISO/IEC实际成果而言，请将表格同时退回ISO和IEC）
(*)编号 ______
(*)标题

使用许可声明：

专利持有人认为，根据ITU-T/ITU-R/ISO/IEC的通用专利政策，他持有的已批准和/或待批准的专利申请，是执行上述文件之必需，并特此声明（仅勾选一个方框）：

☐ 1. 专利持有人准备在全球范围内，在不歧视的基础上和在其他合理的条款和条件下，向无限数量的申请人免费授予许可，以制作、使用和销售上述文档的实施工作。

此类谈判留待相关方在ITU-T、ITU-R、ISO或IEC之外进行。

如果专利持有人的许可意愿是以上述文件的互惠性为条件的，也请在此__标注。

此外，如果针对只愿以合理的条款和条件(但不是免费地)授予执行上述文件所必备的专利许可的专利申请人，专利持有人保留以合理的条款和条件（但不是免费地）授予许可的权利，也请在此__标注。

☐ 2. 专利持有人准备在全球范围内，在不歧视的基础上和在其他合理的条款和条件下，向无限数量的申请人授予许可，以制作、使用和销售上述文档的实施工作。

此类谈判留待相关方在ITU-T、ITU-R、ISO或IEC之外进行。

如果专利持有人的许可意愿是以上述文件的互惠性为条件的，也请在此__标注。

☐ 3. 专利持有人不愿按照上述1或2的规定授予许可。

在这种情况下，必须向国际电联、ISO和/或IEC提供作为本声明一部分的以下信息：

- 授予的专利号或专利申请号（如待批）；
- 指出上述文件的哪些部分受到影响；
- 描述涵盖上述文件的专利。

免费：“免费”一词并不意味着专利持有人放弃其对该专利的所有权利。确切地说，“免费”是指货币补偿问题；即专利持有者不会寻求任何金钱补偿作为许可协议的一部分（无论这种补偿被称为特许权使用费，还是一次性许可费等。）然而，尽管专利持有人在这种情况下承诺不收取任何金额的费用，但专利持有人仍有权要求相关建议书|实际成果的执行方签署一份许可协议，其中包含其他合理的条款和条件，如与管辖法律、使用领域、担保等相关的条款和条件。

互惠：“互惠”一词是指，只有当潜在被许可方承诺将其许可的专利免费或在合理的条款和条件下，用于实施同一上述文件时，才需要专利持有人向潜在被许可方授予许可。

专利：“专利”一词是指专利、实用新型和其他基于发明的类似法定权利（包括对其中任何一项的申请）中所包含和确定的权利要求，仅在任何此类权利要求对实施建议书|实际成果至关重要的范围内。必要专利是实施特定建议书|实际成果所需的专利。

专利权的转让/转移：根据ITU-T/ITU-R/ISO/IEC通用专利政策第2.1或2.2条做出的许可声明，应被理解为对转让专利的所有利益继承人具有约束力的产权负担。鉴于此解释可能不适用于所有司法管辖区，任何根据共同专利政策提交许可声明的专利持有人（无论是在专利声明表中选择选项1还是选项2）转让受此类许可声明约束的专利的所有权时，应在相关转让文件中包含适当条款，以确保针对此类转让的专利，许可声明对受让人具有约束力，并且受让人将在未来转让中同样包含适当条款，以约束所有利益继承人。

专利信息（选项1和2所需但不必要的信息；国际电联、ISO和IEC针对选项3（注）所需的信息）

编号	状态 [批准/待批]	国家	获批专利号 或 申请号（如待批）	标题
1				
2				
3				
4				
5				
6				
7				
8				
9				
10				

☐ 勾选这里，旨在增加篇幅以提供更多信息。

注：上述选项3的方框列出还须为选项3增加的最低限度信息。

签名（仅包括在最后一页）：
专利持有人 ______
经授权人姓名 ______
经授权人职衔 ______
签名 ______
地点，日期

表格：2018 年 11 月 2 日

图 3-1　ITU-T/ITU-R 建议书、ISO/IEC 可交付使用文件的专利陈述和许可声明表

附件3

ITU-T或ITU-R建议书的一般性专利说明
和使用许可声明表格

ITU-T 或 ITU-R 建议书的一般性专利说明
和使用许可声明

本声明不代表许可的实际授予

请退回相关局：

国际电信联盟
电信标准化局
主任
Place des Nations
CH-1211 Geneva 20,
Switzerland
传真：+41 22 730 5853
电子邮件：tsbdir@itu.int

国际电信联盟
无线电通信局
主任
Place des Nations
CH-1211 Geneva 20,
Switzerland
传真：+41 22 730 5785
电子邮件：brmail@itu.int

专利持有人：
法律名称 ______
许可申请联系人：
姓名和
部门 ______
地址 ______

电话 ______
传真 ______
电子邮件 ______
URL（可选） ______
使用许可声明：

如果上述专利持有人提交的文稿所含的部分或全部提案都已纳入ITU-T/ITU-R建议书，其所含的部分包括已申请专利的项目，而且是实施ITU-T/ITU-R建议书之必需，上述专利持有人则根据ITU-T/ITU-R/ISO/IEC的通用专利政策特此声明（仅勾选一个框）：

☐ 1. 专利持有人准备在全球范围内，在不歧视的基础上和在其他合理的条款和条件下，向无限数量的申请人免费授予许可，以制作、使用和销售ITU-T/ITU-R建议书的实施工作。

此类谈判留待相关方在ITU-T/ITU-R之外进行。

如果专利持有人的许可意愿是以上述 ITU-T/ITU-R 建议书的互惠性为条件的，也请在此__标注。

此外，如果针对只愿以合理的条款和条件(但不是免费地)授予执行上述文件所必备的专利许可的专利申请人，专利持有人保留以合理的条款和条件(但不是免费地) 授予许可的权利，也请在此__标注。

☐ 2. 专利持有人准备在全球范围内，在不歧视的基础上和在其他合理的条款和条件下，向无限数量的申请人授予许可，以制作、使用和销售与ITU-T/ITU-R建议书相关的实施工作。

此类谈判留待相关方在ITU-T/ITU-R之外进行。

如果专利持有人的许可意愿是以上述ITU-T/ITU-R建议书的互惠性为条件的，也请在此__标注。

免费：“免费”一词并不意味着专利持有人放弃其对该专利的所有权利。确切地说，“免费”是指货币补偿问题；即专利持有者不会寻求任何金钱补偿作为许可协议的一部分（无论这种补偿被称为特许权使用费，还是一次性许可费等。）然而，尽管专利持有人在这种情况下承诺不收取任何金额的费用，但专利持有人仍有权要求相关ITU-T/ITU-R建议书的执行方签署一份许可协议，其中包含其他合理的条款和条件，如与管辖法律、使用领域、担保等相关的条款和条件。

互惠：“互惠”一词是指，只有当潜在被许可方承诺将其许可的专利免费或在合理的条款和条件下，用于实施相关ITU-T/ITU-R建议书时，才需要专利持有人向潜在被许可方授予许可。

专利：“专利”一词是指专利、实用新型和其他基于发明的类似法定权利（包括对其中任何一项的申请）中所包含和确定的权利要求，仅在任何此类权利要求对实施建议书|实际成果至关重要的范围内。必要专利是实施特定建议书|实际成果所需的专利。

专利权的转让/转移：根据ITU-T/ITU-R/ISO/IEC通用专利政策第2.1或2.2条做出的许可声明，应被解释为对转让专利的所有利益继承人具有约束力的产权负担。鉴于此解释可能不适用于所有司法管辖区，任何根据共同专利政策提交许可声明的专利持有人（无论是在专利声明表中选择选项1还是选项2）转让受此类许可声明约束的专利的所有权时，应在相关转让文件中包含适当条款，以确保针对此类转让的专利，许可声明对受让人具有约束力，并且受让人将在未来转让中同样包含适当条款，以约束所有利益继承人。

签名：
专利持有人 ______
经授权人姓名 ______
经授权人职衔 ______
签名 ______
地点，日期

表格：2015 年 6 月 26 日

图 3-2　ITU-T/ITU-R 建议书的一般性专利陈述和许可声明表

2）专利许可声明的内容

“声明表”中列出的专利许可声明的内容包括专利权人联系信息、授予许可声明、专利权签字和专利说明信息，其中“授予许可声明”是最重要的内容。

专利权人可以对自己持有的两类专利进行授予许可声明，其一是已批准的专利，其二是正在处理的专利申请。ISO、IEC 和 ITU 提供了三种专利授予许可方式，专利权人只能选择其中的一种方式。三种专利授予许可方式如下：

（1）第一种方式：专利持有人愿意在无歧视基础上并在其他合理的期限和条件下免费向全世界数量不限的申请人授予许可，许可其按引用专利的相应标准进行生产使用和销售。许可谈判事宜由有关当事人在 ISO、IEC 或 ITU 以外进行。

需要说明的是，“免费”一词并不意味着专利持有人放弃必要专利有关的全部权利。更确切地说，“免费”是指金钱补偿方面的问题，即专利持有人不寻求将专利使用费、一次性授予许可费等任何金钱补偿作为专利许可协议的一部分。但是，尽管专利持有人承诺不收取任何费用，但专利持有人仍然有权要求有关当事人签署一项许可协议，其中包含其他合理的期限和条件，例如有关管制方法、使用领域、互惠、担保等。

（2）第二种方式：专利持有人愿意在无歧视的基础上并在合理的期限和条件下向全世界数量不限的申请人授予许可，许可其按引用专利的相应标准进行文件生产、使用和销售。谈判事宜留待有关当事人在 ISO、IEC 或 ITU 以外进行。

（3）第三种方式：专利持有人不愿意按照上述两种方式授予许可。在这种情况下，ISO 和 IEC 强烈希望得到下列信息，而 ITU 要求必须提供下列信息：

① 已批准的专利号或专利申请号（如果正在申请中）；

② 指出拟采用专利的标准中受影响的部分；

③ 专利主张的描述。

3. 确定是否在标准中引用专利

ISO、IEC 和 ITU 在获得专利持有人的专利许可声明后，开始进入是否在标准中引用专利的决策环节，也就是确定是否在标准中引用专利，分为两种情况：引用专利和不引用专利。

1）标准中引用专利的条件和相关要求

《ITU-T/ITU-R/ISO/IEC 的共用专利政策》规定，当专利持有人在"声明表"中选择第一种或第二种专利授予许可方式，即专利权人愿意按照合理无歧视原则免费或有偿授予专利许可的情况下，标准中可以考虑与专利有关的规定，也就是可以在标准中引用专利。

在标准引用专利的情况下，涉及专利本身及专利许可谈判的有关问题，为此，ISO、IEC 和 ITU 也做了相关规定。

《ITU-T/ITU-R/ISO/IEC 的共用专利政策》规定，技术团体可以不负责所主张的任何专利的必要性、范围、有效性或具体的许可期限，同时规定："ISO、IEC 和 ITU 及首席执行官办公室不负责针对专利或类似权利的证据、有效性或范围给出权威的或全面的信息，ISO、IEC 和 ITU 不能够验证任何这类信息的有效性。"

关于专利许可谈判事宜，《ITU-T/ITU-R/ISO/IEC 的共用专利政策》规定，当在合理无歧视前提下在标准中引用专利后，由专利权人与当事人进行专利许可谈判事宜，ISO、IEC 和 ITU 不介入有关标准的专利适当性或必要性评价，不干涉专利许可谈判，不参与解决关于专利的争端，所有这类事宜均由有关当事人在 ISO、IEC、ITU 之外进行。

2）在标准中不能引用专利的条件和相关要求

《ITU-T/ITU-R/ISO/IEC 的共用专利政策》规定，当专利持有人在"声明表"中选择第三种专利授予许可方式，即专利持有人不愿意按照合理无歧视原则授予专利许可的情况下，标准中不应包括与该专利有关的规定，也就是不应在标准中引用专利。此时，对于制定中的标准和已经出版的标准，应立即采取相应的措施。

当标准处于制定过程中时，ISO、IEC 或 ITU 立即通知负责标准制定的技术团体，使他们及时采取相应措施，例如审查标准草案、审查标准，以便消除潜在的矛盾，或者进一步检查并澄清引起矛盾的技术考虑。

当标准已经出版时，应将文件退回相关委员会进一步考虑。

（四）ISO、IEC 和 ITU 对标准中专利情况的表述

为了使所有使用其标准的成员都明晰标准中的专利情况，《ITU-T/ITU-R/ISO/IEC 的共用专利政策》还专门对标准中专利情况的表述做出了规定。

1. ISO 和 IEC 的表述规定

针对不同的标准文件类型，ISO 和 IEC 对标准中专利情况的表述有三种规定。

（1）所有提交征求意见的标准草案均须在其封面页上包含如下文字："请本草案的收件人将其了解的任何有关专利权的通告连同评论意见一起提交并提供支持文件。"

（2）对于那些已经出版，但在制定期间未确定是否有专利权问题的文件，在其前言中应包含以下注释："提请注意这样的可能性，即本文件的某些要素可能是专利权的主题。ISO［和／或］IEC不应该承担识别任何或全部这类专利权的责任。"

（3）对于那些已经出版的并且在其制定期间已经确认了与其有关的专利权的标准，在其引言中应该包含以下提示：

"国际标准化组织（ISO）［和／或］国际电工委员会（IEC）提请注意这样的事实，即声称符合本文件可能涉及使……中给出的有关……主题……的专利。

"ISO［和／或］IEC不承担这个专利权的证据、有效性和范围的相关责任。

"该专利权的持有人已经向ISO［和／或］IEC保证，愿意在合理、无歧视的期限和条件下与全世界申请者谈判许可授予事宜。为此，该专利权持有人向ISO［和／或］IEC登记其声明。可以从以下联系地址获得信息：

"专利权持有人姓名……地址……

"提请注意这样的可能性，即除了上面确定的专利权外，本文件的某些要素可能是专利权的主题。ISO［和／或］IEC不应该承担识别任何或全部这类专利权的责任。"

2. ITU的表述规定

ITU规定，在所有新制定和修订的ITU-T和ITU-R建议书的封面上应该增加文字说明，内容如下：

"ITU提请注意这样的可能性，即本建议书的实施或实现可能涉及使用已主张的知识产权。ITU不负责所主张的知识产权的证据、有效性或适用性，无论它们是ITU成员宣称的还是本建议书制定过程以外的其他当事人宣称的。

"截止到本建议书批准之日，ITU［已经／还没有］收到可能在实施本建议书时要求的受专利保护的知识财产的通知。不过，请实施者注意，这可能不代表最新信息，因此强烈催促你们查阅ITU专利信息数据库。"

（五）标准中引用专利信息的数据库及其检索

为了促进标准制定过程和标准的应用，方便标准制定者的工作并帮助用户执行含有专利技术的标准，ISO、IEC和ITU都建立了专利信息数据库，通过其网站向公众开放。

任何人想检索和查找相关的专利信息，均可访问ISO、IEC或ITU网站上的专利信息数据库，以获得最新的专利信息。

1. 专利信息数据库

ISO、IEC和ITU的专利信息数据库依据收到的"声明表"而建立，可能包含特定专利的信息，也可能没有包含此种信息而是包含针对某个具体标准符合专利政策的陈述。ISO、IEC和ITU声明，专利信息数据库不保证信息的准确性和完备性，仅仅反映已经传递给 ISO、IEC 或 ITU 的信息。因此，专利信息数据库可以看成是树起的一面旗帜，用于提醒用户，帮助用户查找专利信息，使这些用户可以查找到专利权人的信息并进行联系，确定在使用某个标准时是否必须获得专利使用许可。

2. 标准中专利信息的检索

用户登录 ISO 网站（www.iso.org）、IEC 网站（www.iec.ch）或 ITU 网站（http：//www.itu.int/ITU-T/ipr/index.html）后，查找与专利政策或专利信息相关的栏目或网页，进入到相应的数据库或检索系统后，就可以检索到 ISO、IEC 或 ITU 标准中的专利信息。

二、国际标准化组织的版权政策

ISO 和 IEC 历来重视其出版物的版权保护工作，在其开展标准制定、推广应用及维持正常运行等活动中都贯穿着版权保护的需求。

（1）随着参加 ISO 和 IEC 的国家的增多，ISO 和 IEC 有义务确保所有标准工作的透明度，包括应所有参加团体的要求，提供相关出版物的复印件。为了确保提供文件复印件的准确性，ISO 和 IEC 需要对出版物复制行为进行管理。

（2）随着 ISO 和 IEC 的影响的扩大，技术杂志、培训文件和数据库对复制使用 ISO 和 IEC 相关出版物的需求越来越多，ISO 和 IEC 需要考虑这方面的政策，满足对 ISO 和 IEC 出版物的使用需求。

（3）虽然 ISO、IEC 的经费主要依靠其成员的会费，但是出版物的销售收入也是重要的经费来源，而且许多成员组织也需要通过销售 ISO、IEC 出版物、采用 ISO、IEC 标准的国家标准或附加值产品及相关服务为 ISO、IEC 做出贡献。

因此，ISO 和 IEC 均很早就开始了版权政策的制定工作，并随着技术的发展和市场需求不断进行修订，以最大限度保护 ISO 和 IEC 的出版物。

（一）ISO 版权政策

ISO 版权政策通过对 ISO 及其成员的职责规定和要求实现了将 ISO 标准和 ISO 出版物的全部使用权利向所有 ISO 成员的转移，ISO 和 ISO 成员均负有保护 ISO 知识产权的职能。

1. ISO 版权政策概述

相对于专利政策而言，ISO 的版权政策出现较早。自 1951 年制定和出版其第一个"建议"起，即采取声明方式来宣布其标准的版权归 ISO 所有。1992 年，ISO、IEC 共同制定了共用的版权政策《ISO/IEC POCOSA 1993：ISO/IEC 共同版权、文本使用权和销售政策》（ISO/IEC POCOSA 1993：Common IEC and ISO copyright, text exploitation rights and sales policies），简称《ISO/IEC POCOSA 1993》。随后，ISO 对《ISO/IEC POCOSA 1993》进行多次修订和文件补充，于 2017 年推出 ISO 版权政策的最新版本《ISO 关于出版物分发、销售和复制及 ISO 版权保护政策》（ISO POCOSA 2017）。

ISO POCOSA 是 ISO 的商业政策，它规定了 ISO 成员和 ISO 中央秘书处（ISO/CS）所应采取的商业行动规则和程序，以及 ISO 成员在使用和销售 ISO 出版物时的权利和职责，并对使用、翻译、复制 ISO 出版物所应缴纳的版税等作出规定。自 1993 年 ISO 与 IEC 共同制定并发布了《ISO/IEC 共同版权、文本使用权和销售政策》以来，ISO 已对其进行了多次修订，从最初与 IEC 共同制定，到 1999 年、2000 年、2005 年、2012 年和 2017 年 ISO 的独立修订，名称也改为"ISO POCOSA"。

ISO POCOSA 2017 为"核心文件 + 附件"的模式。核心文件中规定了 ISO 标准版权保护政策的核心内容和 ISO 标准版权保护政策的基本原则，并对 ISO 的营销体系进行了描述；附件是针对核心文件作出的具体规定。ISO POCOSA 2017 中包括 8 章和 8 个附件。核心文件的 8 个章节包括"引言""定义""指导原则""ISO 版权和商标保护""版权所有和许可""ISO 出版物、国家采标标准、他们的草案和其他作品的经销""ISO 成员、第三方经销商、终端用户复制 ISO 出版物""汇报"等章节。8 个附件包括"ISO 出版物列表""ISO 出版物和国家采标标准版权声明""在制定过程中分发 ISO 标准的政策""ISO 成员获得的 ISO 中央秘书处在本国领土范围内销售 ISO 出版物的费用（返还费）""ISO 成员向 ISO 中央秘书处支付的向终端用户或通过第三方分销商分发的 ISO 标准的版税""关于报告销售 ISO 出版物和国家采标标准""关于终端用户内部网络许可使用 ISO 出版物的规定"和"关于许可终端用户复制并非用于公司内网的 ISO 出版物的规定"。这 8 个附件是作为核心文件内容的具体补充，分别对核心文件的具体规定作出详细阐述。

2. ISO 标准版权保护的指导原则

ISO POCOSA 2017 在"指导原则"中指出：

（1）ISO 出版物和国家采标标准的分发主要是由 ISO 成员在本国领土内经销；

（2）ISO 和 ISO 成员的工作和贡献使得 ISO 出版物中包含有经济价值的知识产权；

（3）ISO 中央秘书处、ISO 成员和第三方经销商有责任保护 ISO 出版物和国家采标标准的价值；

（4）除非经 ISO 理事会明确授权，否则不得向终端用户免费提供 ISO 出版物和国家采标标准或其中的部分内容，除了为进一步制定标准外；

（5）ISO 理事会可以制裁任何违反本政策的成员。

3. ISO 标准版权和商标保护措施

"ISO 版权和商标保护"首先强调了 ISO 标准是受版权保护的，因为"ISO 出版物及其国家采标标准是具有独特性和独创性的作品"，进而使 ISO 成员和 ISO 对 ISO 出版物和国家采标标准内容的使用进行控制，从而保证这些出版物的完整性和权威性不被削弱。为此，ISO 及其所有成员必须从商业角度做出合理努力，采取适当的措施保证对 ISO 的名称、商标、标识的正确使用，阻止本国未经授权对 ISO 知识产权进行复制或经销。为此提出要进行"版权宣传"，要求"利用一切机会提醒终端用户及第三方经销商，ISO 出版物、国家采标标准、他们的草案及其他作品都是受版权保护的"，并且要求定期提醒法律机关和规范机关，可以引用 ISO 出版物、国家采标标准、他们的草案和其他作品，但这并不意味着 ISO 或 ISO 成员丧失对他们的版权。

还要求"ISO 所有出版物、国家采标标准、他们的草案和其他作品必须在一个清晰、适当的位置附带版权声明"，采取"保护措施"，诸如添加水印，说明实际的购买者或终端用户等要求。并对 ISO 成员提出"对任何可能直接或间接影响 ISO 版权、影响成员遵守 ISO POCOSA 要求能力的新法律、法规及官方决定，或任何法院案件或司法裁决，ISO 成员一经获悉，必须马上向秘书长汇报"的要求。

4. ISO 出版物等版权所有和许可制度

ISO POCOSA 2017 对"ISO 成员的权利""向第三方经销商授予许可的协议"等做出规定。明确列出成员的权利，同时规定了成员在本国主动销售和在他国被动销售的权利的限度。

强调了标准版权的转移制度，明确指出，除在特殊情况下，版权为 ISO 和 ISO 成员或其他组织所共有，在其他情况下，ISO 和 ISO 出版物及其他产品和相关元数据的唯一版权持有者。因此有权在世界各地，以任何形式、在任何时间利用这些版权、有权将版权使用权授予 ISO 成员、第三方经销商或者终端用户。

在"ISO 成员的权利"中，ISO 成员享有非唯一的、可转让的、无限制的许可权，使他们可以在其国家领土范围内分发 ISO 出版物、国家采标标准、他们的草案及其他作品。并明确列出 ISO 成员在本国领土上的权利，即"复制或分发 ISO 标准""对 ISO 标准的翻译""制定和分发国家采标标准""制定 ISO 标准的衍生品""确定 ISO 标准、国家采用标准、其草案和其他作品的价格政策"及"收取返还的费用"等。

但 ISO 成员受制于 ISO 其他成员在该国领土范围内被动销售的权利，从而使 ISO 成员可以共同分享这种合作工作的成果，也为促进 ISO 出版物的制定和广泛分发做出贡献。ISO 成员还被赋予了与其他 ISO 成员签订合同的权力，"旨在使国家采标标准在国家领土外复制、翻译、分发、销售和租借"。

关于 ISO 对第三方经销商授予许可协议方面，ISO 允许各 ISO 成员与第三方经销商签署许可协议，但第三方经销商不得被赋予向其他第三方许可复制 ISO 出版物、国家采标标准、他们的草案和其他作品的权利。ISO 成员只能与第三方经销商签署最多三年期限的协议，之后按年度进行更新或撤销。并要求 ISO 成员必须向 ISO/CS 汇报其所签署的协议情况。

ISO POCOSA 2017 要求 ISO 成员确保其所指定的第三方经销商遵守 ISO POCOSA 的所有条款。并规定，如果第三方经销商不遵守本政策，则其权利可以被剥夺，并且 ISO 理事会可以阻止其与其他成员国签署协议。

5. ISO 出版物的复制规定

ISO POCOSA 2017 在 ISO 成员的产品中对国家采用标准的复制中明确了，只要这些产品不是除国家采标标准外的标准或规范性文件。国家采标标准的内容坚决不能直接作为

ISO 出版物的内容使用，含有该内容的产品坚决不能直接或间接作为 ISO 产品或者等同于 ISO 产品。ISO 成员和他们的第三方经销商坚决不能直接或间接将国家采标标准作为 ISO 标准或等同于 ISO 标准。除了国家采标标准之外的标准和标准文件的复制：ISO 成员在国家标准或第三方标准，或规范性文件中（而不是国家采标标准）未经 ISO 中央秘书处的书面许可不得复制 ISO 出版物或国家采标标准，或部分文件。必要时 ISO 中央秘书处将寻求 ISO 的商业政策顾问组（CPAG）的建议，或适当时参考 ISO 理事会的决定。

强调了国家采标标准不得与 ISO 标准内容的混淆，不得将国家采标标准视为 ISO 标准进行使用和采用。

6. ISO 标准出版物的版税制度

版税是 ISO POCOSA 关注的重点，也是 ISO 标准版权保护政策的重点内容。ISO POCOSA 2017 的附件 5 对 ISO 成员向 ISO 中央秘书处支付的向终端用户或通过第三方分销商分发的 ISO 标准的版税做出明确规定。该附件对销售 ISO 出版物复印件所需缴纳的版税、销售 ISO 出版物译本所需缴纳的版税、第三方以电子版形式或复印的方式复制 ISO 出版物的版税，以及销售 ISO 成员制定纳入 ISO 标准内容的出版物的版税等都做出明确规定。根据 ISO 出版物的不同类型，ISO 制定了不同的税率。

7. ISO 成员国的汇报制度

ISO POCOSA 2017 要求，ISO 成员必须按季度向 ISO 中央秘书处报告销售 ISO 出版物情况，并计算向 ISO 中央秘书处缴纳的版税，并对国家采用的 ISO 标准的销售情况进行年度报告。ISO 中央秘书处收集 ISO 成员销售 ISO 出版物销售信息的目的是计算并掌控 ISO 成员需向 ISO 中央秘书处缴纳的版税，以及评估 ISO 出版物及国家采用 ISO 标准的整体情况，以便 ISO 对市场趋势进行分析。

8. 违反 ISO POCOSA 规定的惩戒规定

ISO POCOSA 2017 对不实施 ISO POCOSA 的成员国提出了以下惩罚措施：

（1）ISO 理事会可以制裁任何违反该政策原则的成员国，这种制裁可以让其退出 ISO，丧失使用 ISO 版权的全部权利；

（2）当某个组织不再是 ISO 成员时，不论基于何种原因，许可权和所有的使用权将立即自动终止，包括销售国家采标标准及以这些资料为基础的产品的权利；

（3）不遵守本政策的 ISO 成员，或不愿意保护 ISO 出版物、国家采标标准、他们的草案和其他作品中的版权的 ISO 成员，将会受到制裁，其中包括取消这名成员的 ISO 成员资格。

为保证 ISO POCOSA 能够得到有效实施，ISO 成立了一个由 ISO 成员的代表组成的商业政策顾问组（CPAG），负责讨论商业和版权问题，以及实施 ISO POCOSA 的相关问题，该小组将就这些问题向 ISO 理事会提出建议。CPAG 将针对是否对某 ISO 成员产生重大不利影响的重要阈值给出书面指南，同时提供适用的计算方法，并负责监督 ISO

POCOSA 的实施，以及就与政策和实施解释有关的问题提出咨询意见。任何问题或投诉都必须向秘书长报告，秘书长可以要求 CPAG 向其提出意见或建议。

（二）IEC 版权政策

国际标准化组织（IEC）一直以来鼓励各国采用国际标准，同时为保证发行国际标准带来的财政收入，维护国际标准化活动的正常开展，IEC 允许以商业形式销售、使用和翻译国际标准，并为此制定了标准版权保护政策。

1. IEC 版权政策概述

早在 1993 年，IEC 与 ISO 共同制定并发布了《ISO/IEC 共同版权、文本使用权和销售政策》（简称《ISO/IEC POCOSA 1993》），2004 年 1 月 IEC 对 ISO/IEC POCOSA 1993 年版进行了首次修订，并发布了《IEC 销售政策》；2011 年 IEC 对该政策再次进行修订，2012 年起，IEC 开始启动对 IEC 知识产权保护的研究工作，2019 年底发布了 2019 版的《IEC 销售政策》和《IEC 销售政策的实施条件》。

《IEC 销售政策》是按"条"制定，总共分为 14 条，强调了 IEC 产品的销售目的、销售方式和版税的缴纳等原则性规定，如何实施和实现这 14 条，具体体现在所有 NC 与 IEC CO 签署的协议中，协议是按照这 14 条的原则性规定提出具体实施条款。《IEC 销售政策的实施条件》（以下简称《实施条件》）对 IEC、IEC 中央办公室（CO）、国家委员会（NC）和销售商在《IEC 销售政策》过程中各自的作用和职责做出了规定。《实施条件》是为了实施《IEC 销售政策》而做出的具体规定。《实施条件》共分为 9 章，包括定义、概述、适用的法律和争端解决、分销商、产品、格式、分销类型、价格和版税等章节。

2. IEC 产品销售模式

IEC 鼓励在全球范围内分发和使用 IEC 产品，国家委员会（NC）和 IEC 中央办公室（CO）是 IEC 产品的主要销售商，其所指定的销售商将与 NC 及 IEC CO 共同努力，推动 IEC 产品在全球范围内的分发和使用。所有国家委员会（NC）必须与 IEC 中央办公室（CO）签署协议，以便能够复制和销售产品，包括基于或使用 IEC 版权相关知识产权（IP）的衍生品，采用 IEC 出版物作为国家采标标准，并可以复制和销售。任何情况下使用 IEC 产品都必须与 IEC 签署协议后才可以行动，协议中包括了在具体实践中 NC 所应遵守的条款，即 IEC 许可 NC 使用 IEC 产品，诸如复制、销售、采用、翻译 IEC 产品都必须接受协议中的条款。

为了扩大 IEC 产品的销售，允许 NC 委托第三方进行销售，但 NC 有责任确保并监督第三方遵守 IEC 的销售政策。CO 有权指定销售商在世界各国销售，但其指定的销售商权力不得大于 NC。无论是 NC 还是 NC 指定的销售商，还是由 CO 指定的销售商，其每次销售 IEC 产品都应向 IEC 的 CO 支付版税。而版税是根据 IEC CO 目录价和销售类型、用户 / 站点的格式和数量用特定的计算方法计算并确定。IEC CO 目录价和计算均是由 CO 制定并分发的。《IEC 销售政策》对缴纳版税做出了明确指示。

　　IEC 为实现全球销售其产品已建立了独特的销售模式（图 3-3），IEC 产品的销售模式保证了 IEC 产品在全球范围内的分发和使用，推动了在全球范围内分发 IEC 产品目标的实现，通过缴纳版税等保证了 IEC 的收入，推动了 IEC 的可持续发展。

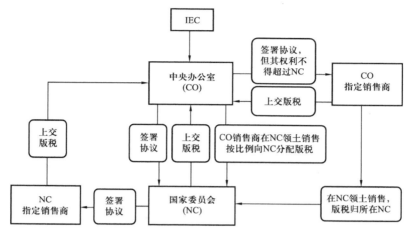

图 3-3　IEC 产品销售模式图

　　3. 关于《IEC 销售政策的实施条件》

　　1）明确了适用的法律和争端解决的方式

　　《实施条件》中规定，"NC 和 IEC CO 之间有关《IEC 销售政策》及其《实施条件》方面的所有事项都要遵守瑞士法律，除非另有约定"。从而明确了 IEC 产品所适用的法律。而销售商之间的任何争端都必须提交给秘书长，秘书长将与他们一起努力在法律范围内达成和解。并且指出，争端当事各方必须真诚地尽一切合理努力，以达成双方都能接受的解决方案。这为争端的解决提供了很好的方式。

　　2）明确了分销商的权利与义务

　　NC 和 CO 是 IEC 产品的主要销售分销商，但 CO 只开展被动销售，这表明，NC 是 IEC 产品在国内的主要销售商，CO 承担着按客户需求被动销售的职责。除此之外，NC 和 CO 都有权指定其销售商承担 IEC 产品的销售工作，但需遵守《实施条件》提出的要求。《实施条件》明确了 NC 指定的销售商所具有的权利和义务：

　　（1）法律上独立于 NC，但由 NC 签约；

　　（2）必须由 NC 指定代表 NC 分销产品；

　　（3）根据达成的协议类型，从 NC 或 CO 获得 IEC 产品的访问权；

　　（4）报告并直接将版税交给 CO，或通过 NC 交给 CO；

　　（5）被指定的销售商可以自主确定 IEC 产品的价格，以及相关的 NC 国家采标标准的价格；

　　（6）在与 NC 达成协议的限制范围内，可以自主为其客户制定前面提到产品的付款条件。

《实施条件》指出，NC 对其指定的销售商只限于上述 6 点，不允许再许可其他的发行权。针对 CO 指定的销售商，《实施条件》也对其权利和义务做出具体规定：

（1）在法律上独立于 CO；

（2）由 CO 指定其分发 IEC 产品；

（3）直接从 CO 获得对 IEC 产品的访问权；

（4）向 CO 报告并直接将版税交给 CO；

（5）销售商可以自主设定 IEC 产品的价格；

（6）在与 CO 达成协议的范围内，销售商可以自主为其客户规定 IEC 产品的付款条件。

以上是《实施条件》对 CO 指定第三方销售商的规定，CO 不得再许可其他发行权。

《实施条件》对版税缴纳也做出严格的规定，指出 NC 或 CO 必须确保他们各自指定的销售商遵守《实施条件》的相关条款。同时要求 NC 必须在指定销售商后的一个月内通知 CO。CO 对于其指定的销售商在 NC 领土内进行的任何销售，将根据有关规定向 NC 报告并支付版税。正如《IEC 销售政策》所指出的那样，IEC 产品是 IEC 的重要财产，因此，为保证 IEC 的可持续发展，销售 IEC 产品而向 IEC 缴纳版税成为了 IEC NC 及其指定销售商的重要义务。

3）规定了可销售产品的种类与格式

规定了可销售产品，包括 IEC 出版物（包括基础出版物、修正案、勘误表和解释表有效或已撤销的版本、修订、更正或解释等），还包括国际标准、技术规范、技术报告、可公开获取的规范和指南等的草案、增值产品（VAPs）、衍生产品，翻译文本和国家采标标准。并规定了对产品所应采取的必要预防措施，诸如水印、数字权管理和许可协议等适当的措施，以保护产品和 IEC 知识产权，以防任何未经授权的访问和未经授权的使用。NC、NC 指定的销售商和 CO 指定的销售商可以使用 IEC 图书馆服务器和数据源来更新其自己的图书馆和元数据。

同时，IEC 产品可以通过硬拷贝、PDF 电子版、数据库形式、XML 格式等格式获取，IEC 出版物有时可能附带其他文件，例如软件、电子表格、音频和 / 或视频文件。这些文件旨在用作补充，并不构成出版物的组成部分。IEC CO 将采用适当的分发机制和相应的许可来提供这些文件。

4）规定了销售的方式与价格机制

销售商可以通过零售或者用户订阅的方式进行销售，并且经销商可以在一定范围内灵活确定 IEC 产品的价格。CO 将更新 IEC 产品的 IEC CO 目录价、IEC CO 订阅计算方式和任何其他相关的计算方式。这些价格将至少每年进行一次复审，并且 CO 将至少在生效前 60 天通知 NC、NC 指定的销售商和 CO 指定的销售商。

并对教育机构销售和使用 IEC 出版物做出了明确的规定，指出教育机构特别重要，因为教育机构向新用户首次介绍 IEC 产品和 IEC，起到了宣传 IEC 产品和 IEC 的作用。因此，《实施条件》对教育机构销售 IEC 产品的价格要低于其他机构，如果教育机构使用或销售 IEC 产品，规定收取费用为 IEC CO 目录价的 50%，并在非约束性的基础上建议分销商收取的费用不超过 IEC CO 目录价的 50%。《实施条件》指出，"分销商仍可以自由确定价格。向教育机构销售的版权费是按 IEC CO 目录价的 50% 计算的"。由此可见，IEC 通过减半的价格鼓励各国的教育机构使用和销售 IEC 产品，旨在实现对 IEC 出版物的宣传和推广。

5）规定了版税的税率

《实施条件》对需缴纳的版税做出了具体规定。首先指出："通过 CO 获得 IEC 产品的 NC 和 NC 指定的销售商将直接向 CO 支付销售 IEC 产品的版税"。同时指出，为便于 NC 采用 IEC 国际标准，IEC CO 可以向 NC 免费提供可以修改格式的电子版出版物，也可以向国家委员会提供 PDF 格式的国际标准、技术规范、技术报告等。NC 对含有 IEC 原始 PDF 格式出版物的国家标准进行销售时，无须缴纳版税。但需每个季度向 IEC 提交销售报告。由此可见，IEC 鼓励各国采用 IEC 标准，国家采用 IEC 标准的使用和销售是不需要向 IEC 缴纳版税的。

6）对销售 IEC 产品提出报告规定

报告制度是为了更好地计算版税和了解整个市场动态，《实施条件》规定，"NC、NC 指定销售商和 CO 指定的销售商应每个季度向 CO 提交一份有关所有产品销售的详细报告，并应提及产品的销售格式"。并指出，NC 的报告应包括 NC 指定的销售商的销售情况。并指出获取需填写的 "Excel 格式的模板" 的网址在 IEC 的 MNet 上。除此之外，还应该关注《使用 IEC 产品的许可协议》，这是 IEC 对 NC 复制和销售 IEC 产品，翻译和采用 IEC 标准等要求签署的协议，具体的实施要求都在协议中做出规定，其中包括 "定义" "格式" "NC 使用 IEC 产品的权利" "翻译和公众评议" "内部图书馆使用" "国家采用" "复制和销售" "IEC CO 的职责" 及所依据的法律等内容。相关的知识产权保护等相关要求都在许可协议中做出规定。

第七节　国际标准编写的其他要求

一、商品名或商标的使用

标准中提及产品名称时，应给出产品的正确名称或描述，而不是商品名或商标。特定产品的专有商品名或商标，即使是通用的，也宜尽可能避免。在特殊情况下，如果不能避免商品名或商标，应指明其性质，例如对于注册商标通过符号 "®" 指明（见示例1），对未注册商标通过符号 "™" 指明。

示例 1：

> Instead of "Teflon®", write "polytetrafluoroethylene（PTFE）".

如果已知适合于该标准成功应用的产品目前只有一种，在该标准条文中可给出该产品的商品名或商标，但应附上示例 2 所示的脚注。

示例 2：

> ...［trade name or trademark of product］... is the［trade name or trademark］of a product supplied by...［supplier］... This information is given for the convenience of users of this document and does not constitute an endorsement by...［ISO or IEC］... of the product named. Equivalent products may be used if they can be shown to lead to the same results.

如果由于产品的特性难以详细描述，而认为有必要给出适合该标准成功应用的市售产品的实例（或多个实例），则在脚注中给出商品名或商标。可如示例 3 所示。

示例 3：

> ...［trade name（s）or trademark（s）of product（s）］... is（are）an example（s）of a suitable product（s）available commercially. This information is given for the convenience of users of this document and does not constitute an endorsement by...［ISO or IEC］...of this（these）product（s）.

二、合格评定内容

所有包含对产品、过程、服务、人员、系统或机构要求的标准应按照"中立原则"编写，这样制造商或供应商（第一方）、用户或采购方（第二方）或独立的机构（第三方）才能进行合格评定。这类标准仅包含为提供可重复和可再现的合格评定结果所必需的要求，不应包含与合格评定相关的要求。

委员会不应制定提供合格评定计划和体系一般要求的标准。制定这类标准是 ISO 合格评定委员会（ISO/CASCO）和 IEC 合格评定局（IEC/CAB）的职责。员会确立合格评定计划或体系，或者编制合格评定体系或计划的规定，或者供合格评定机构使用的特定部门操作程序的标准，应在工作开始之前与 ISO/CASCO 或者视情况与上述两个机构的秘书处协商，以保证制定的任何标准与 ISO/CASCO 和 IEC/CAB 秘书处或 IEC/CAB（如相关）批准的合格评定政策和规则一致。

三、质量管理体系、可靠性和抽样

由 ISO/TC 69（统计方法应用技术委员会）、ISO/TC 176（质量管理和质量保证技术委员会）和 IEC/TC 56（可靠性技术委员会）制定通用要素方面的标准。应查询由上述技术委员会制定的标准，以获指导。

四、管理标准（MS）和管理体系标准（MSS）

《ISO/IEC 导则 第 1 部分：ISO 补充部分》中的附录 SL 和附录 SP 给出了管理标准和管理体系标准的起草规则。

当某个 ISO 或 IEC 技术委员会希望为某一特定产品或行业 / 经济部门制定质量管理体系要求或指南时，应遵守下列规则：

（1）应全面规范性引用 ISO 9001 或根据 ISO 9001 范围中描述的"适用性"条款，规范性引用其中的章或条，或者逐字复制章或条；

（2）如果 ISO 9001 中的条文被复制在行业文件中，则应将所复制的 ISO 9001 条文与行业文件中的其他要素区别开来；

（3）ISO 9000 中规定的术语和定义应被规范性引用或逐字逐句复制；

（4）由 ISO/TC 176 批准的《质量管理体系 满足特定产品和行业 / 经济部门所需文件的起草指南和准则》中提供的指南和准则，不仅应在确定特定行业 / 部门要求或指南文件的需求时予以考虑，而且在文件制定过程中也要予以考虑。

对本部分政策指南或对 ISO 9000 术语和定义、ISO 9001 或 ISO 9004 相关解释的任何请求，都应提交给 ISO/TC 176 秘书处。

第八节 国际标准的翻译与审查

一、翻译

（一）要素的表述

1. 前言的表述

翻译关于标准结构的相关表述时，宜使用表 3-10 给出的方式。

表 3-10 标准结构的英文译本表述

类别	中文	英文
系列标准	GB/T ×××××《……［标准名称］……》与 GB/T ×××××《……［标准名称］……》、GB/T ×××××《……［标准名称］……》共同构成支撑……［内容］……的系列国家标准。	The GB/T ××××× (...title...)[a], GB/T ×××××. (...title...) and GB/T ××××× (...title...) together form a series of associated national standards supporting (...subject matter...).

油气管网国际标准化培训教材
应用与实践篇

续表

类别	中文	英文
分部分标准	GB/T ××××× 《……［标准名称］……》分为两部分： ——第 1 部分：……［标准名称］……； ——第 2 部分：……［标准名称］……。	The GB/T ××××× (...title...) consists of the following two parts under the general title....: —Part1: (...title....); —Part2: (...title...).
a 在翻译国家标准的名称时，去掉中文的书名号，标准名称以斜体表示。		

翻译关于起草规则、标准代替其他文件、关于专利识别、关于标准提出和归口信息的相关表述时，宜使用表 3-11 给出的方式。

表 3-11　起草规则、涉及标准代替其他文件、专利识别、标准提出和归口信息的英文译本表述

相关表述	中文	英文
起草规则	本标准按照 GB/T 1.1—2009《标准化工作导则 第 1 部分：标准的结构和编写》给出的规则起草。	This standard is drafted in accordance with the rules given in the GB/T 1.1—2009 *Directives for standardization—Part 1: Structure and drafting of standards*.
标准代替其他文件	本标准代替了 GB/T ×××××《……［标准名称］……》。本标准与 GB/T ×××××《……［标准名称］……》相比，除编辑性修改外主要技术变化如下：	This standard replaces the GB/T ×××× (...title...) in whole. In addition to a number of editorial changes, the following technical deviations have been made with respect to the GB/T ×××× (...title...) (the previous edition).
专利识别	请注意本文件的某些内容可能涉及专利。本文件的发布机构不承担识别这些专利的责任。	Attention is drawn to the possibility that some of the elements of this standard may be the subject of patent rights. The issuing body of this document shall not be held responsible for identifying any or all such patent rights.
标准提出和归口信息	本标准由……［机构名称］……提出。本标准由全国……［机构名称］……标准化技术委员会（SAC/TC ×××）归口。	This standard was proposed by (...name of the body...). This standard was prepared by SAC/TC ××× (...name of the body...).

翻译关于标准历次版本的发布情况的相关表述时，宜使用表 3-12 给出的方式。
翻译关于说明与国际、国外文件关系的相关表述时，宜使用表 3-13 给出的方式。

2.引言的表述

翻译关于已识别出涉及专利的相关表述时，宜使用表 3-14 给出的方式。

3.范围的表述

翻译关于标准化对象的相关表述时，宜使用表 3-15 给出的方式。

表 3-12　标准历次版本发布情况的英文译本表述

中文	英文
本标准于 2004 年 10 月首次发布，2009 年 1 月第一次修订，2014 年 9 月第二次修订。	This standard was issued in October 2004 as first edition, was first revised in January 2009, and the second revision was issued in September 2014.
本部分的历次版本发布情况为：——1992 年首次发布为 GB ××××—1992《……［标准名称］……》；——1996 年第一次修订时将 GB ××××—1990《……［标准名称］……》并入；——2000 年第二次修订，分为部分出版。本部分对应于 GB/T ××××—2000《……［标准名称］……》；2006 年第三次修订，本次为第四次修订。	The previous editions of this part are as follows： —The first edition was issued in 1992 as GB ××××—1992 (...*title*...)； —The first edition was revised in 1996, and the entire texts of GB ×××—1990 (...*title*...) were amalgamated； —The second revision was issued in 2000, published in several parts. This part corresponds to GB/T ××××—2000 ×××× (...*title*...)； —The third revision was issued in 2006. This is the fourth revised edition.
本标准代替了 GB/T ××××。GB/T ×××× 的历次版本发布情况为：GB/T ××××—1997、GB/T ××××—2004、GB/T ××××—2009；——GB/T ××××—1998。	This standard replaces GB/T ×××× in whole. The previous editions of GB/T ×××× are as follows： —GB/T ××××—1997, GB/T ××××—2004, GB/T ××××—2009；—GB/T ××××—1998.

表 3-13　说明与国际国外文件关系的英文译本表述

中文	英文
本标准等同采用 ISO ×××× 标准……	This standard is identical with International Standard ISO ××××...
本标准使用重新起草法修改采用 ISO ×××× 标准。为了方便比较，附录 ×× 中列出了本标准与 ISO ×××× 的章条编号对照一览表。 本标准与 ISO ×××× 标准相比存在技术性差异，附录 ×× 中给出了相应技术性差异及其原因的一览表。 本标准还做了如下编辑性修改：	This standard has been redrafted and modified adoption of International Standard ISO ××××. For comparison purposes, a list of the clauses in this standard and the equivalent clauses in the International Standard ISO ××××is given in the informative Annex ××. There are technical deviations between this standard and the International Standard ISO ××××.A complete list of technical deviations, together with their ustifications, is given in Annex ××. For the purposes of this standard, the following editorial changes have also been made：

表 3-14　已识别出涉及专利的英文译本表述

中文	英文
本文件的发布机构提醒注意，声明符合本文件时，可能涉及到……［条］……与……［内容］……相关的专利的使用。 本文件的发布机构对于该专利的真实性、有效性和范围无任何立场。该专利持有人已向本文件的发布机构保证，他愿意同任何申请人在合理且无歧视的条款和条件下，就专利授权许可进行谈判。该专利持有人的声明已在本文件的发布机构备案。相关信息可以通过以下联系方式获得： 专利持有人姓名：…… 地址：…… 请注意除上述专利外，本文件的某些内容仍可能涉及专利。本文件的发布机构不承担识别这些专利的责任。	The issuing body of this document draws attention to the fact that claims of compliance with this document may involve the use of a patent concerning（...subject matter...）given in（...subclause...）. The issuing body of this document takes no position concerning the evidence, validity and scope of this patent right. The holder of this patent right has assured the issuing body of this document that he/she is willing to negotiate licenses under reasonable and non-discriminatory terms and conditions with any applicant. The statement of the holder of this patent right is registered with the issuing body of this document.Information maybe obtained from： Name of holder of patent right：... Address：... Attention is drawn to the possibility that some of the elements of this document may be the subject of patent rights other than those identified above. The issuing body of this document shall not be held responsible for identifying anyor all such patent rights.

表 3-15　标准化对象的英文译本表述

中文	英文
本标准规定了……的尺寸……的方法……的特征	This standard specifies the dimensions of...a method/methods of...the characteristics of...
本标准确立了……的系统……的一般原则	This standard establishes a system for... general-principles for...
本标准给出了……的指南	This standard gives guidelines for...
本标准界定了……的术语	This standard defines terms ...

翻译关于标准适用性的相关表述时，宜使用表 3-16 给出的方式。

表 3-16　标准适用性的英文译本表述

中文	英文
本标准适用于……	This standard is applicable to...
本标准不适用于……	This standard is not applicable to...

4. 规范性引用文件的表述

翻译关于规范性引用文件清单的相关表述时，宜使用表 3-17 给出的方式。

表 3-17 规范性引用文件清单引导语的英文译本表述

GB/T 1.1 的历次版本	中文	英文
GB/T 1.1—2009 标准化工作导则 第1部分：标准的结构和编写	下列文件对于本文件的应用是必不可少的。凡是注日期的引用文件，仅注日期的版本适用于本文件。凡是不注日期的引用文件，其最新版本（包括所有的修改单）适用于本文件。	The following referenced documents are indispensable for the application of this document. For dated references, only the edition cited applies. For undated references, the latest edition of the referenced document（including any amendments）applies.
GB/T 1.1—2000 标准化工作导则 第1部分：标准的结构和编写规则	下列文件中的条款通过本标准（或 GB/T ××××× 的本部分）的引用而成为本标准（或本部分）的条款。凡是注日期的引用文件，其随后所有的修改单（不包括勘误的内容）或修订版均不适用于本标准（或本部分），然而，鼓励根据本标准（或本部分）达成协议的各方研究是否可使用这些文件的最新版本。凡是不注日期的引用文件，其最新版本适用于本标准。	The following normative documents contain provisions which, through reference in this text, constitute provisions of this standard（or this part of GB/T ×××××）.For dated references, subsequent amendments（excluding corrections）, or revisions, of any of these publications do not apply to this standard（or this part of GB/T ×××××）. However parties to agreements based on this standard（this part of GB/T ×××××）are encouraged to investigate the possibility of applying the most recent editions of the normative documents indicated below. For undated references, the latest edition of the normative document referre to applies.

5. 术语和定义的表述

翻译术语条目的引导语时，宜使用表 3-18 给出的表述方式。

表 3-18 术语条目引导语的英文译本表述

情况分类	中文	英文
仅标准中界定的术语和定义适用时	下列术语和定义适用于本文件。	For the purposes of this document, the following terms and definitions apply.
其他文件界定的术语和定义也适用时	……界定的以及下列术语和定义适用于本文件。	For the purposes of this document, the terms and definitions given in...and the following apply.
仅其他文件界定的术语和定义适用时	……界定的术语和定义适用于本文件。	For the purposes of this document, the terms and definitions given in...apply.

（二）条款的表述

1. 助动词的表述

表述要求型、推荐型、允许型、能力和可能型条款时，所使用的助动词是不同的，见表 3-19。

表 3-19 表述要求型、推荐型、允许型、能力和可能性型条款时使用的助动词情况

助动词类别	助动词 / 等效表述	中文	英文
要求类	助动词	应 / 应该	shall
		不应 / 不应该	shall not
	在特殊情况下使用的等效表述	要 要求 不得不 只准许 有必要	is to is required to/it is required that has to only...is permitted it is necessary
		不容许 不准许 不可接受 不允许 要求不 不要	is not allowed is not permitted is not acceptable is not permissible is required to be not/is required that...be not is not to be
推荐类	助动词	宜	should
		不宜	should not
	在特殊情况下使用的等效表述	推荐 建议	it is recommended that ought to
		不推荐 不建议	it is not recommended that ought not to
允许类	助动词	可 / 可以	may
		不必	need not
	在特殊情况下使用的等效表述	准许 容许 允许	is permitted is allowed is permissible
		不要求 无需，不需要	it is not required that no...is required
能力和可能性类	助动词	能 / 可能	can
		不能 / 不可能	cannot
	在特殊情况下使用的等效表述	能够 有可能，有……的可能性 可能的	be able to there is a possibility of it is possible to
		不能够 没有可能，没有……的可能性 不可能的	be unable to there is no possibility of it is not possible to

2.提及标准本身的表述

1）提及标准本身的整体内容

翻译关于提及标准本身整体内容的相关表述，宜使用表3-20给出的方式。

表3-20　提及标准整体内容的英文译本表述

中文	英文
本标准 本文件 本指导性技术文件	This standard This document This technical guidance document
GB/T ××××× 的本部分 本部分	This part of GB/T ××××× This part
GB/T ×××××	GB/T ×××××

2）提及标准本身的具体内容

翻译规范性提及标准本身的具体内容时，宜根据不同情况，选用表3-21给出的表述样例。

表3-21　规范性提及标准具体内容的英文译本表述样例

中文	英文
按第3章给出的要求	in accordance with the requirements given in Clause 3/according to the requirements given in Clause 3
按3.1.1给出的细节	details as given in 3.1.1
按3.1 b）的规定	as specified in 3.1b）
遵守附录C的规定	conform to ...in Annex C
符合表2的尺寸系列	comply with the dimensions series in Table 2

翻译资料性提及标准中具体内容，以及提及标准中资料性内容的相关表述时，宜根据不同情况，选用表3-22给出的表述样例。

表3-22　涉及资料性提及的英文译本表述样例

中文	英文
参见4.2.1	see 4.2.1
相关信息参见附录B	relevant information，see Annex B
见表2的注	see the Note in Table 2
见6.6.3的示例2	see 6.6.3，Example 2
（参见表B.2）	（see Table B.2）
（参见图B.2）	（see Figure B.2）

3. 引用其他文件的表述

1）注日期引用

翻译关于注日期引用的相关表述时，宜根据不同情况，选用表 3-23 给出的表述样例。

表 3-23　注日期引用的英文译本表述样例

中文	英文
……GB/T 2423.1—2008 给出了相应的试验方法……	...carry out the tests given in GB/T 2423.1—2008...
……按 GB/T 16900—2008 第 5 章……	...in accordance with GB 16900—2008, Clause 5...
……应符合 GB/T 10001.1—2012 表 1 中规定的……	...as specified in GB/T 10001.1—2012, Table 1...
……按 GB/T ××××—2011 的 3.1 中第二段的规定	...according to the provisions of the second paragraph in GB/T ××××—2011, 3.1
……按 GB/T ××××—2012 的 4.2 中列项的第二项规定	...according to the second item of the list in GB/T ××××—2012, 4.2
……按 GB/T ××××—2013 的 5.2 中第二个列项的第三项规定	...according to the third item of the second list in GB/T ××××—2013, 5.2

2）不注日期引用

翻译关于不注日期引用的相关表述时，宜根据不同情况，选用表 3-24 给出的表述样例。

表 3-24　不注日期引用的英文译本表述样例

中文	英文
……按 GB/T 4457.4 和 GB/T 4458 的规定……	...as specified in GB/T 4457.4 and GB/T 4458...
……参见 GB/T 16273……	...see GB/T 16273...

二、审查

国家标准翻译工作完成后，技术委员会或标准归口部门组织对外文版与中文版内容的一致性、表述的准确性、文本的编写格式等进行审查，并对国家标准外文版的文本质量负责。审查应成立专家组，专家组由标准和语言方面的专家共同组成。审查通过的项目，由技术委员会或标准归口部门行文报送国家标准化管理委员会。报批文件包括：

（1）国家标准外文版报批稿 1 份；

（2）专家组审查意见及专家名单各 1 份。

与国家标准制修订计划同步执行的翻译任务，应在国家标准批准发布后 90d 内完成报批。国家标准化管理委员会对国家标准外文版报批材料进行形式审查，审查通过后，国家标准化管理委员会发布国家标准外文版公告。

🔍 本章要点

本章对国际标准的结构和编写规则（包括基本规则、基本要求和其他要求、各个要素的编写要求和内容的表达方式）及国际组织的专利版权政策等内容进行了介绍，需掌握的知识点包括：

➢ 编写国际标准的基本规则；

➢ 国际标准的结构和各个要素的规定及表述；

➢ 国际标准编写的基本要求，包括表述时的动词形式、使用的语言、缩略语、数理表达等内容；

➢ 国际标准内容的表达形式，包括列项、注、示例、脚注、数学公式及图表等内容；

➢ ISO、IEC、ITU 的专利政策和 ISO、IEC 的版权政策；

➢ 国际标准编写的其他要求，包括商标的使用、合格评定内容、质量管理体系、管理标准及其体系标准；

➢ 国际标准的翻译规则和审查要求。

参 考 文 献

[1] 国家标准化管理委员会，国家市场监督管理总局标准创新管理司.国际标准化教程 [M].3 版.北京：中国标准出版社，2021.

[2] 国家标准化管理委员会.标准化工作指南　第 11 部分：国家标准的英文译本通用表述：GB/T 20000.11—2016 [S].北京：中国标准出版社.2017.

[3] 中国通信标准化协会.ISO 标准版权保护最新政策解析 [EB/OL].（2017-11-20）https：//ccsa.org.cn.

[4] 刘春青，马明飞.IEC 标准版权保护最新政策解析 [J].标准科学，2020（6）：46-52.

[5] 国家质量监督检验检疫总局.参加国际标准化组织（ISO）和国际电工委员会（IEC）国际标准化活动管理办法 [EB/OL].（2015-03-17）http：//www.china-cas.org/u/cms/www/202203/29193515oisp.pdf.

[6] 国际标准化组织 ISO/IEC 导则　第 2 部分：ISO 和 IEC 文件的结构和起草原则与规则（第 8 版，2018）[M].国家标准化管理委员会，国家市场监督管理总局标准创新管理司，译.北京：中国标准出版社，2019.

[7] 国际标准化组织 ISO/IEC 导则　第 2 部分：ISO 和 IEC 文件的结构和起草原则与规则（第 9 版，2021）.ISO/IEC Directives, Part 2—Principles and rules for the structure and drafting of ISO and IEC documents.

第一节 采 用 原 则

一、采用国际标准的发展

由于国际标准在国际贸易、技术转让和开展国际经济、技术交流与合作等方面具有重要的作用，世界各国对国际标准的制定和采用都非常重视，ISO 也把推行国际标准作为一项重要的战略任务。ISO、IEC 于 1999 年发布了国际指南 21《采用国际标准为区域或国家标准》，2005 年，ISO 技术管理局和 IEC 标准化管理局的特别技术咨询组重新编制了国际指南 21《区域或国家对国际标准和其他国际可提供使用文件的采用》，该指南取代了 1999 年编制的指南 21。国家市场监督管理总局于 2020 年 11 月发布了国家标准 GB/T 1.2—2020《标准化工作导则 第 2 部分：以 ISO/IEC 标准化文件为基础的标准化文件起草规则》，2001 年 11 月 21 日发布了新的《采用国际标准管理办法》，对采用国际标准做出了具体规定，其规定"采用国际标准是指将国际标准的内容，经过分析研究和试验验证，等同或修改转化为我国标准（包括国家标准、行业标准、地方标准和企业标准）并按我国标准审批发布程序审批发布"。为了提高我国标准水平和产品质量，我国除鼓励积极采用国际标准以外，还鼓励积极采用国外先进标准。

二、基本原则

采用国际标准（以下简称"采标"），应遵循以下基本原则：

（1）采标应当符合中国有关法律、法规的规定，遵循国际惯例，做到技术先进、经济合理、安全可靠。

（2）制定（包括修订）我国标准应当以相应国际标准（包括即将制定完成的国际标准）为基础。

（3）对于国际标准中通用的基础性标准、试验方法标准应当优先采用。

（4）采标中的安全标准、卫生标准、环保标准制定我国标准，应当以保障国家安全、防止欺骗、保护人体健康和人身财产安全、保护动植物的生命和健康、保护环境为正当目标；除非这些国际标准由于基本气候、地理因素或者基本的技术问题等原因而对我国无效或者不适用。

（5）采标时，应当尽可能等同采用国际标准。由于基本气候、地理因素或者基本的技术问题等原因对国际标准进行修改时，应当将与国际标准的差异控制在合理的、必要的并且是最小的范围之内。

（6）一个标准应当尽可能采用一个国际标准。当一个标准必须采用几个国际标准时，应当说明该标准与所采用的国际标准的对应关系。

（7）采标应当尽可能与相应国际标准的制定工作同步，并可以采用标准制定的快速程序。

（8）采标应当同中国的技术引进、企业的技术改造、新产品开发、老产品改进相结合。

（9）采标的中国标准的起草、审批、编号、发布、出版、组织实施和监督，同中国其他标准一样，按中国有关法律、法规和规章规定执行。

（10）企业为了提高产品质量和技术水平，提高产品在国际市场上的竞争力，对于贸易需要的产品标准，如果没有相应的国际标准或国际标准不适用时，可以采用国外先进标准。

第二节　采用程序

一、起草步骤

采取下述步骤，起草与国际标准化文件有一致性对应关系的国家标准化文件。

步骤一：翻译国际标准化文件。忠实于国际标准化文件的内容，形成准确的译文。

步骤二：研究并评估技术内容。研究步骤一的译文，包括正文、附录及涉及的所有规范性引用文件，若我国现行法律法规或强制性标准已有具体规定的，则做出删除相应技术内容的判断；评估技术内容（包括规范性引用文件）对我国的适用性，判断是否需要改变及改变的程度。

步骤三：改变相应的内容。根据步骤二做出的判断，进行必要的结构、技术内容或编辑性的改变。

步骤四：判定一致性程度。对比步骤一的译文，尽可能列出结构调整、技术差异对照表，并说明产生技术差异的原因；依据本章第三节中对一致性程度的界定，判定国家标准化文件与对应国际标准化文件的一致性程度。

步骤五：编写要素和附录。依据判定的一致性程度，按照本节第二部分和第三部分的规定编写具体要素和附录。

二、要素的编写

（一）封面

与国际标准化文件有一致性对应关系的国家标准化文件，应在封面上的国家标准化文件名称的英文译名下面，给出一致性程度标识并加圆括号。

若国家标准化文件的英文译名与对应的国际标准化文件名称不一致，则应在一致性程度标识中国际标准化文件编号后和一致性程度代号之间，给出该国际标准化文件英文名称，即使用"（国际标准化文件编号，国际标准化文件英文名称，一致性程度代号）"的形式（图 4-1）。

标准化工作导则
第 1 部分：标准化文件的结构和起草规则

Directives for standardization—
Part 1：Rules for the structure and drafting of standardizing documents

（ISO/IEC Directives．Part 2．2018．Principles and rules
for the structure and drafting of ISO and IEC documents．NEQ）

图 4-1　与国际标准化文件名称不一致的国家标准化文件的封面

（二）前言

1. 通则

与国际标准化文件有一致性对应关系的国家标准化文件，不应保留国际标准化文件的前言。依据判定的一致性程度，按照 GB/T 1.1 中规定的位置（即"文件与国际文件关系的说明"），应依次陈述下列内容（图 4-2）：

（1）与对应的国际标准化文件的一致性程度类别、该国际标准化文件的编号及其中文译名；

（2）文件类型的改变；

本文件按照 GB/T 1.1—2020《标准化工作导则　第 1 部分：标准化文件的结构和起草规则》的规定起草。
本文件使用翻译法等同采用 ISO 18488：2015《管道系统用聚乙烯材料　与慢速裂纹增长相关的应变硬化模量的测定　测试方法》。
与本文件中规范性引用的国际文件有一致性对应关系的我国文件如下：
——GB/T 1040.1—2018　塑料　拉伸性能的测定　第 1 部分：总则(ISO 527-1：2012，IDT)；
——GB/T 16825.1—2008　静力单轴试验机的检验　第 1 部分：拉力和（或）压力试验机测力系统的检验与校准(ISO 7500-1：2004，IDT)；
——GB/T 12160—2019　金属材料　单轴试验用引伸计系统的标定(ISO 9513：2012，IDT)。
本文件做了下列编辑性修改：
——为了避免混淆，本文件按实际技术内容对应变硬化模量的定义进行了订正，将"真应变"改为"拉伸比"(见 3.12)。

图 4-2　GB/T 40919-2021/ISO 18488：2015 的部分前言

（3）结构调整；

（4）技术差异及其原因；

（5）编辑性改动。

不论一致性程度为"等同（IDT）""修改（MOD）"还是"非等效（NEQ）"，均应陈述（1）中所列内容；若改变了文件类型，则应陈述（2）中所列内容。根据一致性程度的具体情况，应按照下述"等同""修改"和"非等效"的规定陈述上述（3）～（5）中所列内容。

2. 等同

一致性程度为"等同"时，根据所形成的国家标准化文件的具体情况，应在前言中陈述：

（1）允许的结构调整；

（2）本章第三节中在"等同"程度下所列的最小限度的编辑性改动。

3. 修改

一致性程度为"修改"时，根据所形成的国家标准化文件的具体情况，应在前言中陈述：

（1）允许的结构调整；

（2）结构调整；

（3）技术差异及其原因；

（4）本章第三节中在"修改"程度下所列的最小限度的编辑性改动；

（5）最小限度编辑性改动之外的其他编辑性改动，例如更改或删除国际标准化文件中的注、示例、条文脚注或资料性附录等。

陈述结构调整时，宜以列项的形式给出国家标准化文件与国际标准化文件结构编号对照情况。当结构调整较多时，宜将陈述结构调整的内容移作资料性附录，同时指明该附录。

陈述技术差异及其原因时，应以"增加""更改"或"删除"为引导，宜以列项的形式给出。当正文页边空白处有垂直单线标示时，应陈述"本文件与'国际×××××××'相比，存在较多技术差异，在所涉及的条款的外侧页边空白位置用垂直单线（|）进行了标示。这些技术差异及其原因一览表见附录X"。

4. 非等效

一致性程度为"非等效"时，不必说明结构调整、技术差异或编辑性改动。

（三）引言

可根据需要将国际标准化文件引言的内容纳入国家标准化文件的引言中，不应保留国际标准化文件的引言。

（四）规范性引用文件

应重新编写要素"规范性引用文件"中的文件清单。一致性程度为"等同"或者"修改"时，文件清单的编写应遵守下列规定。

（1）对于用国家标准化文件替换引用的国际标准化文件的情况，若两者有一致性对应关系，应在国家标准化文件名称后的括号中标示一致性程度标识（见示例1）：

示例1：

> GB/T 36243—2018　水表输入输出协议及电子接口　要求（ISO 22158：2011，IDT）

① 对于注日期引用文件之间的替换，若一致性对应关系为"修改"或"非等效"，并且国家标准化文件被引用的内容与国际标准化文件中被引用的内容没有技术上的差异，则应在注中予以说明（见示例2）；

示例2：

> GB/T 36525—2018　冲模　斜楔板（ISO 23481：2013，MOD）
> 注：GB/T 36525—2018 被引用的内容与 ISO 23481：2013 被引用的内容没有技术上的差异。

② 对于不注日期引用文件之间的替换，在一致性程度标识之前增加现行有效的国家标准化文件的编号（见示例3）；

示例3：

> GB/T 23704　二维条码符号印制质量的检验（GB/T 23704−2017，ISO/IEC 15415：2011，MOD）

③ 对于不注日期引用文件的所有部分的替换，在国家标准化文件名称后的方括号中列出国家标准化文件各部分与国际标准化文件各部分之间的一致性程度标识（见示例4）；当涉及的标准化文件所分部分较多时，宜编排一个附录列出各部分之间的一致性程度标识，并在"注"中指明该附录（见示例5）。

示例4：

> GB/T 27050（所有部分）　合格评定　供方的符合性声明［ISO 17050（所有部分）］
> 注：GB/T 27050.1—2006　合格评定　供方的符合性声明　第1部分：通用要求（ISO 17050−1：2004，IDT）；GB/T 27050.2—2006　合格评定　供方的符合性声明第2部分：支持性文件 ISO17050−2：2004，IDT）

示例 5：

> GB/T 6988（所有部分）电气技术用文件的编制［IEC 61082（所有部分）］
> 注：GB/T 6988（所有部分）与 IEC 61082（所有部分）各部分之间的一致性程度见附录 X。

（2）对于保留引用的国际标准化文件的情况，若存在有一致性对应关系的国家标准化文件，则应在其下方的"注"中给出国家标准化文件，并且：

① 对于注日期的国际标准化文件，不论存在的国家标准化文件对应的是否为当前版本的国际标准化文件，均应在国家标准化文件名称后的括号中标示一致性程度标识（见示例 6 和示例 7）；

示例 6：

> ISO 9235：2013 芳香族天然原料　词汇（Aromatic natural raw materials—Vocabulary）
> 注：GB/T 21171—2018 香料香精术语（ISO 9235：2013，MOD）

示例 7：

> ISO 8124-1：2022 玩具安全　第 1 部分：与机械和物理性能有关的安全方面（Saety of toys Part 1：Safety aspects related to mechanical and physical properties）
> 注：GB 6675.2—2014 玩具安全　第 2 部分：机械与物理性能（ISO 8124-1：2000，MOD）

② 对于不注日期的国际标准化文件，应在现行有效的国家标准化文件名称后的括号中标示一致性程度标识（见示例 8）；

示例 8：

> ISO 124 胶乳　总固体含量的测定（Latex，rubber-Determination of total solids content）
> 注：GB/T 8298—2017　胶乳　总固体含量的测定（ISO 124：2014，MOD）

③ 对于不注日期的国际标准化文件的所有部分，应在国家标准化文件顺序号后给出"（所有部分）"，并在国家标准化文件名称后的括号中列出"国际标准化文件代号、顺序号"和"（所有部分）"（图 4-3）。

一致性程度为"非等效"时，对于用国家标准化文件替换引用的国际标准化文件的情况，若两者有一致性对应关系，可不标示一致性程度标识。

（五）规范性要素

1. 引用文件的替换

对于国际标准化文件中引用的国际文件，可以用适用的我国标准化文件替换。若替换的是条款中引用的国际文件，则可能产生技术差异；若替换的是附加信息中引用的国际文件，则可能产生编辑性改动。对于国际标准化文件中引用的国际标准化文件，若在条款中引用，则以下处理不产生技术差异；若在附加信息中引用，则以下（1）和（2）的处理可能产生最小限度的编辑性改动。

GB/T 20001 (所有部分)　标准编写规则

GB/T 20002 (所有部分)　标准中特定内容的起草

ISO 80000 (所有部分)　量和单位(Quantities and units)

IEC 60027 (所有部分)　电工技术用文字符号(Letter symbols to be used in electrical technology)

IEC 80000 (所有部分)　量和单位(Quantities and units)

图 4-3　GB/T 1.1—2020 中的部分规范性引用文件

（1）对于注日期引用的国际标准化文件，用一致性程度为"等同"的国家标准化文件替换。

（2）对于注日期引用的国际标准化文件，同时提及了文件的具体内容编号，用一致性程度为"修改"或"非等效"的与国际标准化文件中被引用的内容没有变化的国家标准化文件替换。

（3）保留引用的国际标准化文件。

其余情形下替换国际标准化文件中引用的国际文件，若替换的是条款中引用的，则产生技术差异；若替换的是附加信息中引用的，则产生除最小限度编辑性改动之外的其他编辑性改动。

2. 技术内容变化的标示

修改采用国际标准化文件时，若存在较多的技术差异，则应在对应有技术差异条款的外侧页边空白位置用垂直单线（|）标示。具体标示位置为：

（1）若增加、更改或删除了段、条或附录中的一些条款，在涉及的段或条的外侧标示；

（2）若删除了某个附录，在正文中删除指明该附录的表述所涉及的段或条的外侧标示；

（3）若增加了一段、一条、一章或一个附录，在涉及的整段整条、整章或整个附录的外侧标示；

（4）若删除了一段或一条，在涉及的段或条的上一层次条（也可能是章）标题或附录编号连同标题的外侧标示；

（5）若删除了章，在正文首页文件名称的外侧标示。

采用国际标准化文件时，若将该国际标准化文件的修正案和 / 或技术勘误纳入了国家标准化文件中，则应在对应有变化条款的外侧用垂直双线（‖）标示。标示技术内容的变化时，单数页标示在条文右侧页边空白位置，双数页标示在条文左侧页边空白位置。

（六）参考文献

应重新编写要素"参考文献"中的文件清单。对于要素"规范性引用文件"的"注"中给出的资料性引用文件，可不列入参考文献的文件清单。对于其中与国际标准化文件有一致性对应关系的国家标准化文件，可不标示与国际标准化文件一致性程度标识。对于保留的参考文献中的国际文件的英文名称，不必译成中文。

三、附录的编写

一致性程度为"等同"的国家标准化文件，如果增加了资料性附录，那么这些附录应置于对应国际标准化文件的附录之后，并按照在条文中出现的前后顺序另行编号。每个增加的附录的编号由"附录"加上区别原有附录的标志"N"和随后表明顺序的大写英文字母组成，字母从"A"开始，例如"附录NA""附录NB"等。每个增加的附录中的条、图、表和数学公式的编号均应从1开始，编号前应加上区别原有附录的标志"N"和随后表明该附录顺序的大写英文字母，后跟下角点，例如附录NA中的条用"NA.1""NA.2"等表示；图用"图NA.1""图NA.2"等表示。

一致性程度为"修改"或者"非等效"的国家标准化文件，所有附录按照在条文中出现的先后顺序统一编号。当将前言中结构调整情况或技术差异及其原因移作附录时，宜分别形成表格。当将结构调整情况形成表格时，宜按全部国家标准化文件结构编号的顺序给出对应的国际标准化文件结构编号。

四、采用程序

对等同采用、等效采用国际标准的制（修）订项目，应使用中国标准制定的快速程序（FTP），即可直接由立项阶段进入征求意见阶段，省略起草阶段，将草案作为征求意见稿分发征求意见，具体程序见图4-4。

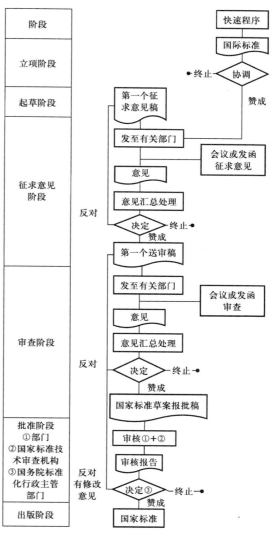

图4-4　采用国际标准的快速程序

第三节 采用方法

一、与国际标准的一致性程度的划分

中国标准与国际标准的一致性程度分为 3 种：等同、修改和非等效。与国际标准的一致性程度为"等同"和"修改"的中国标准，被视为采用了国际标准，而与国际标准的一致性程度为"非等效"的中国标准，不被视为采用了国际标准，仅表明该标准与国际标准的对应关系。

（一）等同

"等同"程度分如下两种情况：

（1）中国标准与国际标准在技术内容和文本结构方面完全相同；

（2）中国标准与国际标准在技术内容上相同，但可以包含小的编辑性修改。

这两种情况的任何一种都属于"等同"程度。为了适应中国的语言习惯，在采标时，不可避免地要进行一些编辑性修改，所以，中国标准等同采用国际标准属于第二种情况的较多。

"等同"程度的含义是：国际标准可以接受的内容在中国标准中也可以接受，反之，中国标准可以接受的内容在国际标准中也可以接受。因此，符合中国标准就意味着符合国际标准，这就是"反之亦然原则"。

"等同"程度下的编辑性修改可以包括：

（1）用小数点符号"."代替小数点符号","。

在国际标准中表示小数使用小数点符号","，而在中国则使用法定的小数点符号"."。

（2）对印刷错误的改正或页码变化。

印刷错误指由于出版印刷过程中引起的错误，例如拼写错误、章节顺序号的颠倒等。页码变化可能是由于各国标准的版式与国际标准有不同，还可能是由于中国标准增加了资料性内容（例如资料性附录、注）或由于采用翻译法的中国标准引起了文字所占页面多少的变化，从而导致页码的变化。

（3）从多语种发布的国际标准的版本中删除其中一种或几种语言文本。

一些国际标准是以多语种发布的。例如一个国际标准在一个文本中以英文、法文和俄文 3 种语言文字发布。而作为中国标准只能以 1 种语言文字为准，例如英文，则可能删除法文和俄文。

（4）为了与现有的系列标准一致而改变标准名称。

采标的中国标准如需纳入中国标准体系中已有的某一系列标准，或具有多个部分的某一标准中，而这一系列标准或具有多个部分的这一标准的名称的引导要素或主体要素可能与对应的国际标准的名称不同，为了与已有标准的名称一致，则需按已有标准的名称改变国际标准的名称。

（5）用"本标准"代替"本国际标准"。

国际标准中内容的表达在提及自身时往往用"本国际标准"表述，而采标的中国标准叙述的角度转化为从中国标准自身出发，在提及自身时，则需要改用"本标准"表述，当作为标准的部分发布时，则需要改用如"GB/T ××××× 的本部分"或"本部分"表述。

（6）增加资料性内容。

典型的资料性内容包括：对标准使用者的建议、培训指南、推荐的表格或报告等。这些资料性内容可以资料性附录或注等形式给出。需特别注意的是，这样的附录或注不应变更、增加或删除国际标准的规定，否则会使中国标准与国际标准产生技术性差异。

（7）删除国际标准中资料性概述要素。

这种情况在采标时较多见。资料性概述要素包括封面、目次、前言和引言。在中国标准中，为了符合本国标准惯例，往往删除国际标准中原有的资料性概述要素。如封面，由于各国标准的封面都另有规定，除采用认可法以外，均需改用本国封面式样。前言也需要重新编写，可能会增加编辑性修改内容。所以删除国际标准中原有的资料性概述要素是常见的做法。

（8）增加单位换算的内容。

中国标准中应采用中国法定的计量单位。如果使用与国际标准不同的计量单位制，则需在中国标准中增加单位换算的内容，例如增加一个有关单位换算的资料性附录。

（二）修改

"修改"采用的含义是：中国标准与国际标准之间允许存在技术性差异，这些差异应清楚地标明并给出解释。中国标准在结构上与国际标准相同，只有在不影响对中国标准和国际标准的内容及结构进行比较的情况下，才允许对文本结构进行修改。因此，对于结构的修改应当慎重。当确需对结构进行修改时，应在中国标准中列出与国际标准的结构对照表，例如中国标准与国际标准相应的章、条对照表。"修改"还可包括"等同"条件下的编辑性修改。

"修改"采用的中国标准与对应国际标准之间存在技术性差异，符合中国标准不表明符合对应的国际标准，即"反之亦然原则"不适用。

"修改"可包括如下情况：

（1）中国标准的内容少于相应的国际标准。例如中国标准的要求少于国际标准的要求，仅采用国际标准中供选用的部分内容。

（2）中国标准的内容多于相应的国际标准。例如中国标准的要求多于国际标准的要求，增加了内容或种类，包括附加试验。

（3）中国标准更改了国际标准的一部分内容。中国标准与国际标准的部分内容相同，还有些部分的要求不同。

（4）中国标准增加了另一种供选择的方案。中国标准中增加了一个与相应的国际标准条款同等地位的条款，作为对该国际标准条款的另一种选择。

另外还有一种情况，中国标准不仅包括相应国际标准的全部内容，还包括不属于该国际标准的一部分附加技术内容。在这种情况下，即使没有对所包含的国际标准做任何修改，其一致性程度也只能是"修改"或"非等效"。至于是"修改"还是"非等效"，取决于技术性差异是否被清楚地标明和解释。

（三）非等效

"非等效"的含义是：中国标准与相应国际标准在技术内容和文本结构上不同，同时它们之间的差异也没有被清楚地标明；还包括在中国标准中只保留了国际标准中少量或不重要的条款的情况。

（四）与国际标准一致性程度及其代号

与国际标准一致性程度及其代号见表 4-1。

表 4-1　与国际一致性程度及其代号

一致性程度	代号	是否属于采用
等同（Identical）	IDT	是
修改（Modified）	MOD	是
非等效（Not Equivalent）	NEQ	否

二、采用国际标准的方法

（一）认可法

如果区域标准或国家标准机构宣布国际标准具有区域标准或国家标准的地位，则可发布"认可通知"。认可通知可包含与该声明有关的信息或说明。只有第三节中"等同程度"（1）得到满足时，才应发布认可通知。每一份认可通知只应涉及一项国际标准（其中包括所有修改单和/或技术勘误）。对于每项被认可的国际标准，认可通知可分配给一个唯一的区域或国家编号。另外一种方法，宜采用国际标准编号。认可通知可刊登在官方公报上和/或可作为一个独立的文件存在。通常情况下，被认可的国际标准文本不宜附在认可通知上。

认可法是采用国际标准方法中最简单方法之一。它并不要求重印被采用的国际标准文本。然而，在没有国际标准情况下，不能使用认可通知，因此应以某种方式获得被采用的国际标准文本。此外，如果认可通知没有其自己的识别号，不可能轻易地查到该国际标准是否已被纳入区域标准或国家标准体系内。根据 ISO/IEC 有关原版标准和其他出版物的销售规则和政策处理被认可的国际标准的销售版权保护问题。

（二）重新出版

有三种重新出版方法，即重印、翻译和重新起草。无论是否选择重新出版方法，采用国际标准的组织的区域或国家标识符号都应写在区域或国家标准的封面页和其他所有页面上。

1. 重印

通过将已出版的文件直接重印（例如通过照相、扫描或从电子文件中复制）将国际标准重印为区域标准或国家标准。此外，该区域标准或国家标准可包括如下内容：

（1）区域标准或国家标准引言，序言或前言；

（2）对被采用的国际标准文本的翻译；

（3）不同的标题；

（4）被采用国际标准的修改单和 / 或技术勘误；

（5）在区域标准或国家标准前言、注或附录中的区域或国家的信息性材料；

（6）编辑性修改或技术性差异。

区域标准或国家标准引言，序言或前言可包括关于对区域标准或国家标准采用方面的信息和说明。这类信息通常包括如下内容：

（1）被采用的原出版物的标题、编号（带有出版年号），例如 ISO 9001：1994《质量体系—设计、研制、生产、安装和服务的质量保证模式》；

（2）负责该项标准的区域或国家机构（例如技术委员会编号和名称）；

（3）适用时，包括编辑性修改的细节；

（4）适用时，介绍技术性差异和文本结构更改及其原因的解释或给出这些信息的附录。

也有可能直接在所涉及的条款中增加技术性差异和任何信息、说明、注等，但是应清楚地标识所增加的内容，以区别于原标准。为了与已建立的区域标准或国家标准系列相一致，区域标准或国家标准的标题可以与被采用的国际标准标题不同。但是，应在封面页上清楚地标示出国际标准标题。建议在区域标准或国家标准的引言，序言或前言中提供更改标准标题的解释。国际标准的技术勘误和修改单通常在其被采用为区域标准或国家标准之前发布。当采用国际标准时，应包括该国际标准现有的全部修改和技术勘误（关于所包括的修改单和技术勘误的适用标识方法，见后面内容）。在区域标准或国家标准引言，序言或前言中宜包括对所包括的修改单的介绍及对标记的解释。

2. 翻译

如果区域标准或国家标准仅是国际标准的译文，它可以用双语种或单语种形式出版。在上述任一种情况下，通常包括区域或国家引言，序言或前言。如果已有译文，并且已经声明采用单语种的区域标准或国家标准是"等同"的，那么，与原国际标准一致也被视为与译文一致，即"反之亦然原则"适用。包含国际组织官方出版语言和另一种语言的标准文本的双语版本，可以包含关于原文或译文有效性的声明。未作声明之处，两种语言的版本同样有效。单语种和双语种版本均可包含说明对国际标准的编辑性修改／或技术性差异的注释。这些注释通常放在所涉及的条款之后和／或在区域或国家引言、序言或前言中加以陈述。其一致程度取决于所增加的编辑性修改和／或技术性差异。单语种版本应指明是依据哪种语言版本进行翻译的。

3. 重新起草

如果国际标准被发布为区域标准或国家标准，而且该标准不是相应国际标准的重印本也不是它的等同译文，这种情况则被视为重新起草。如果国际标准被重新起草为区域标准或国家标准，无论该区域标准或国家标准是否与相应国际标准有差异，都应声明该区域标准或国家标准是重新起草的。如果存在差异，则应说明存在这些差异的原因，并且还应在文本中标识这些差异。

尽管重新起草法是采用国际标准的有效方法，但是对重要的技术性差异有被忽略的可能，这些技术性差异可能被结构或措辞上的修改而掩盖起来。"重新起草"使区域标准与区域标准或国家标准之间的比较变得很困难，并且难以确定二者之间的一致程度。

（三）采用国际标准方法的选择

虽然对于其母语为 ISO/IEC/ 官方语言之一的那些国家来说，重印全文是推荐使用的方法，但是，若不进行编辑性修改或者没有技术性差异，采用认可法和重新出版法所述的任何方法均适宜。当采用译文时，该国家应考虑将原文文本附在译文上。如果编辑性修改或技术性差异不可避免，建议采用重印法或翻译法，同时将差异纳入到标准正文中或附录中，见表4-2。鉴于重新起草法的一些缺点，建议不使用重新起草标准的方法。

表4-2　一致程度与国际标准采用方法的关系

一致程度	采用方法	允许差异		
		按规定进行的编辑性修改	结构	技术性差异
等同	认可法	无	无	无
	重新出版（只包括重印、翻译）	有	无	无
修改	重新出版	有	有[1]	有[2]
非等效	重新出版	有	有	有

[1] 只要便于比较两个标准间的内容，或者如果当采用一个以上的国际标准时，以列表方式标识差异。
[2] 只要对技术性差异进行了标识并做了说明。

三、技术性差异和编辑性修改的标识方法

区域标准或国家标准应包括:

(1)区域或国家引言、序言或前言纳入对技术性差异和编辑性修改(如果有)的说明;

(2)描述任何编辑性修改和/或技术性差异、进行编辑性修改和/或有技术性差异的原因,以及在文本中怎样标识的附录。

当技术性差异(及其原因)或编辑性修改非常少时,可以将这些内容纳入区域或国家引言、序言或前言中。特殊差异或通知(连同相应对照表)也可以包括在区域或国家引言、序言或前言中。另外一种可选择的方法是纳入正文或专用的区域或国家附录中。如果在正文内包括任何区域或国家的说明性注释、编辑性修改和/或相对于国际标准产生的技术性差异时,应使这些内容放在正文中醒目位置,例如放在其相关条款后的方框内,或在相应正文的页边用一条竖直线标识。应以下述标题引入这些内容:

(1)如果其内容仅限于编辑性修改,用"区域或国家说明性注释"或"区域或国家说明";

(2)如果其内容不仅仅局限于编辑性修改,则应为"区域或国家差异"。

标识说明性注释、编辑性修改或技术性差异的另一种方法,不要求删节和编辑国际标准正文,而是在页边用一条竖直单线(|)标识出修改的国际标准的相应正文。然后将所有注释、修改和/或差异集中到文后附录中。每一处变化都对应于相应国际标准的相应条款。通常规范性差异及其原因放在一个附录中,而信息性注释和指南放在另外一个附录中。

采用国际标准时经常有修改单和/或技术勘误。可将这些修改单和技术勘误纳入正文中或将其附在文后。修改的内容应在标准的主体结构中用双线(‖)标识。这样还有利于区别区域或国家要求(单线)对国际标准的修改。

如果被采用的国际标准规范性引用了其他国际标准,无论这些标准在区域或国家采用中是否有效,也无论其是否为区域标准或国家标准,均应保持引用内容在正文内不变。如果不得不用其他文件代替原始引用文件,则应在区域或国家注释中标识。在区域或国家引言、序言或前言中做出标识是非常方便的做法。如果引用的国际标准已被采用为区域标准或国家标准,在区域或国家引言、序言或前言中应加以说明,并应列出其对应的区域或国家编号。同样,如果还没有有效的区域或国家文件,对此也应加以注明。标识出这些标准之间相互关系的简便方法就是在引言、序言或前言中列出一个细目表,标明相应标准编号和它们的一致程度。对于被引用的文件,应该严格根据在相应国际标准中引用的出处予以引用。负责该区域标准或国家标准的技术委员会应对所有列举的区域标准或国家标准进行审查,以便确保这些标准对于正在采用的标准是等效的,并具有有效性。

如果发现国际标准中有错误,则区域或国家标准宜用脚注提供正确的参考信息,同时通知有关国际组织。

如果某些被引用的国际标准在该区域或国家尚未被采用为区域标准或国家标准，并且认为引用该项国际标准不合适，则在区域或国家引言、序言或前言中应标明被认为能有效代替它们的文件，还应给出区域或国家文件与所替代的国际标准的任何技术性差异的信息。如果用非等同的区域标准或国家标准文件替代引用的国际标准，引用了该文件的标准则被视为存在技术性差异，因此被认为其一致程度为"修改"采用。

四、等同采用国际标准的区域标准或国家标准的编号方法

当区域标准或国家标准与国际标准等同时，应使读者一目了然，而不是在查阅内容之后才能明白。

若在区域标准或国家标准中采用了国际标准的全部内容，因此，完全重印、引用（如果是认可通知）或等同翻译所采用的国际标准，在这种情况下可采用下述两种编号方法中的任一种。

推荐的等同采用国际标准的标识方法是国际标准编号（字母和数字）与区域或国家编号相结合或毗连［见下述（1）和（2）］。可能的话，为了提高透明度，应将该国际标准的出版年号和／或区域标准或国家标准出版年号加到编号之后，这取决于所选用的编号方法。

下述编号方法是可接受的，方法（1）是优选方案。

（1）只与区域或国家字母相结合，可用一个空格或任何方便符号（例如短线）把区域或国家字母与国际编号（字母和数字）分开。

示例：如果 XYZ 标准等同 IEC 61642，区域或国家标准的编号将是"XYZ IEC 61642：1998"。

很明显，这种方法通常称作"单编号法"，也就是说区域或国家标准的编号即是 IEC 61642。使用这种方法，可以直观和明显地标识所采用的国际标准。

（2）与区域或国家字母和数字毗连。

示例：XYZ 87878：1998

ISO 13616：1996

这种方法通常称作"双编号法"。根据双编号法的编号还可以写成单行，用一空格把编号的两个部分隔开。例如"XYZ 87878：1998 ISO 13616：1996"。

如果区域或国家标准拟以系列的分立部分发表的，其中只有某些部分等同国际标准，在这种情况下本方法可能特别有用。

这两种编号方法（单行编号法和双行编号法）仅适用于等同采用国际标准。对于"修改"采用，只容许使用区域或国家编号，即不允许使用上述规定的任何编号方法。

🔍 本章要点

本章介绍了国际标准的采用原则、程序及方法，需掌握的知识点包括：

➤ 采用国际标准时遵守的基本原则；

➤ 采用国际标准的程序，包括起草步骤、要素及附录的编写和具体的采用程序；

➤ 采用国际标准的方法，对于等同、修改和非等效三种情况需采用相应的方法。

参 考 文 献

［1］国家标准化管理委员会，国家市场监督管理总局标准创新管理司.国际标准化教程［M］.3版.北京：中国标准出版社，2021.

［2］国家质量监督检验检疫总局.采用国际标准管理办法［EB/OL］.（2001-12-04）［2023-08-23］.https://www.samr.gov.cn/cms_files/filemanager/samr/www/samrnew/samrgkml/nsjg/bgt/202106/W020211118568605615312.pdf.

［3］国家标准化管理委员会.标准化工作导则　第2部分：以ISO/IEC标准化文件为基础的标准化文件起草规则：GB/T 1.2—2020［S］.北京：中国标准出版社，2020.

［4］国家标准化管理委员会.国家标准制定程序的阶段划分及代码：GB/T 16733—1997［S］.北京：中国标准出版社，1997.

▷▷▷ 第五章　国际及国外标准化组织的管理机制

第一节　国际标准化组织（ISO）的管理与活动

一、国际标准化组织（ISO）的管理

国际标准化组织（ISO）的主要机构为大会、理事会、技术管理委员会、各技术委员会和中央秘书处，具体管理结构如图 5-1 所示，其中组织的主要官员包括一名主席（包括在担任当选主席期间）、三名副主席、一名财务长和一名秘书长。

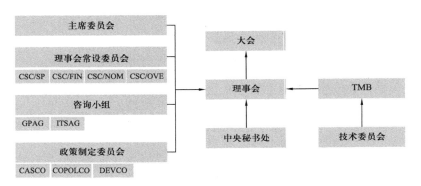

图 5-1　ISO 组织管理结构

大会（General assembly）类似于公司的股东大会，由国际标准化组织的主要官员和成员机构提名的代表出席。通信成员和用户成员可以作为观察员出席。大会每年 9 月举行一次，通常由国际标准化组织的一个成员机构主办。

理事会（Council）一般每年召开三次会议，管理国际标准化组织的运作，就像董事会管理公司的运作一样。理事会由国际标准化组织主席担任主席，由 20 名国际标准化组织成员和国际标准化组织政策制定委员会主席组成。理事会任命财务主管、技术管理委员会成员和国际标准化组织政策制定委员会主席，发展中国家事务委员会（DEVCO）、消费者政策委员会（COPOLCO）和合格评定委员会（CASCO）的主席均向理事会报告工作。

主席委员会（President's committee）由主要官员组成，就理事会决定的执行向理事会提出建议，它还确保国际标准化组织理事会、技术管理委员会和四个理事会常设委员会之

间的有效沟通与协调。战略与政策委员会（CSC/SP）、财务委员会（CSC/FIN）、管理职位提名（CSC/NOM）和本组织管理实践监督（CSC/OVE）。主席委员会全年根据需要举行会议，通常为4～5次。

技术管理委员会（TMB）向国际标准化组织理事会报告，负责技术工作的全面管理。TMB 由一名主席和 15 个成员机构组成，负责决定技术委员会的成立，并任命其秘书处和主席。它还监督技术工作的进展情况，并负责制定《ISO/IEC 导则》，这些导则是制定国际标准和其他 ISO 可交付成果的规则。该委员会每年举行三次实际会议（2月、6月和9月），并在闭会期间根据需要以通信方式开展工作。

ISO 的日常运作由秘书长管理，秘书长任期五年，领导位于瑞士日内瓦的国际标准化组织中央秘书处及其新加坡办事处。

（一）主席（President）与副主席（Vice-presidents）

《ISO 组织章程》第十六条中明确规定了主席的职责与任期，其中：

16.1　主席是本组织的最高官员，负责领导标准化组织成员和理事会。

16.2　主席应在各种场合积极推动国际标准化，包括与国际组织和决策者互动。主席代表标准化组织参加高级别国际、地区或国家活动，定期访问标准化组织成员并支持他们的宣传活动。

16.3　主席的任期为执行主席一年，然后担任主席两年或三年。这一选择应由候选人做出，并按照《议事规则》的规定进行通报。

16.4　如主席在任期最后一年去世、辞职或无法履行其职责，当选主席应立即接任主席一职，并完成离任主席的任期。这一例外任命应视为对两年或三年主席任期的补充。

16.5　主席由成员机构根据《议事规则》在大会上或通过通信方式选举产生。

16.6　主席应为在本组织拥有成员机构的国家的公民。

16.7　主席应主持大会、理事会和主席委员会及理事会决定的任何其他机构。如果主席无法主持上述任何机构的会议，则应按照第 17.3、17.4 和 17.5 条的规定，由一名副主席主持会议。

《ISO 组织章程》第十七条中明确规定了副主席的职责与任期，其中：

17.1　三位副主席（一位负责政策，一位负责财务，一位负责技术管理）由大会任命为本组织的官员。

17.2　他们应为在本组织成员机构所在国家的公民。

17.3　政策副主席协助主席和理事会制定与本组织战略和政策有关的建议和决定，并在主席不能履行职责时代理其职务。政策副主席应担任理事会设立的任何常设委员会的主席，就战略和政策问题提供咨询意见。

17.4　技术管理副主席应担任技术管理委员会主席，并在政策副主席无法履行职责时代理其职务。

17.5 财务副主席应主持理事会设立的任何常设委员会的工作，就财务问题提供咨询意见，并在技术管理副主席无法履行职责时代理其职务。如果财务副主席无法履行职责，则由政策副主席代理。

17.6 三位副主席的任期均为两年。

17.7 技术管理副主席和财务副主席的任期与政策副主席的任期隔年开始。当选技术管理副主席将与政策副主席在同一年确定。

17.8 根据《议事规则》，三位副主席可连任一届。

17.9 除第 16.4 条另有规定外，在主席去世、辞职或无法履行职责时，政策副主席应接替主席的职责，直至选出新的主席。

17.10 如果主席和政策副主席死亡、辞职或无法履行职责，技术管理副主席应接替他们的职责，直至选出新的主席和 / 或任命新的政策副主席。

17.11 如果主席和副主席（政策和技术管理）死亡、辞职或无法履行职责，财务副主席应接管其职责，直至选出新的主席和 / 或任命新的副主席（政策或技术管理）。

（二）ISO 委员会

国际标准化组织技术委员会及其小组委员会或项目委员会负责制定国际标准和其他国际标准化组织应交付的成果。技术委员会和项目委员会由技术管理委员会设立，负责在其批准的范围内制定国际标准或其他国际标准化组织应交付的成果。小组委员会的工作范围必须在上级技术委员会的范围之内。技术委员会、项目委员会和小组委员会可以成立工作组，专注于特定任务，如制定标准或可交付成果的初稿。还可以根据需要成立咨询小组、研究小组、特设小组和编辑委员会，以支持相关活动。与技术委员会和小组委员会不同，上述小组在完成特定任务后即解散。技术委员会必须制定战略业务计划，其中也涉及小组委员会的活动。战略业务计划的目的是分析市场需求，并说明技术委员会的工作将如何满足这些需求。项目委员会也可以制定标准，其运作方式与技术委员会相同。唯一不同的是，项目委员会只负责制定一项标准，之后，如果需要在其范围内进一步制定标准，项目委员会就会解散或转变为技术委员会。根据定义，项目委员会除非转变为技术委员会，否则不能设立小组委员会。ISO 委员会管理结构如图 5-2 所示。

图 5-2 ISO 委员会管理结构

1. 委员会经理（Manager）

每个国际标准化组织技术委员会、项目委员会或分会都由一个国际标准化组织成员机构（秘书处）提供行政支持。由技术管理委员会任命担任委员会秘书处的成员机构，默认情况下也是该委员会的参与成员（P 成员）。并且担任委员会秘书处的成员机构任命一名经理，负责委员会的所有行政事务。经理必须保持中立，并与本国的立场保持一致。经理与委员会主席密切合作，管理委员会的工作，其中经理的主要职责包括：

（1）管理委员会的综合事务；

（2）监督指定委员会的工作量，必要时与主席合作；

（3）向委员会建议工作项目的优先次序；

（4）检查国家方案表格的内容（清晰度、理解力、完整性等），必要时在启动国家方案投票前与提案人讨论；

（5）起草项目计划（与提案人、主席、项目负责人 / 召集人合作）；

（6）为有效开展工作创造基本条件和结构：与主席合作，建议将工作项目分配给相关工作组（可能会设立），确保有效决策（在可能的情况下，在闭会期间以通信方式做出决定，并确保在委员会会议前及时分发文件，避免因等待会议做出决定而延误项目）；

（7）就《ISO/IEC 导则》和正式程序的应用向专家提供建议；

（8）对照项目计划，积极主动地经常监测、衡量和控制项目进度（针对整个委员会的项目组合）；

（9）根据利益相关者的需求，对项目组合和项目采取或建议采取预防和纠正措施，以实现商定的目标日期，并确保项目的高效发展；

（10）筹备委员会会议，确保及时落实会议成果；

（11）准备和管理委员会文件；

（12）支持主席（必要时支持召集人和 / 或项目负责人）。

2. 委员会主席（Chair）

主席提名由担任委员会秘书处的成员机构提交。技术管理委员会任命技术委员会和项目委员会的主席。上级技术委员会任命其小组委员会的主席。主席任期最长为六年。主席的职责是帮助委员会达成国际公认的协议。这就要求主席引导委员会达成共识，并在达成共识时予以确认。主席必须保持中立，因此不能继续在其主持的委员会中担任国家代表。

主席的主要职责包括：

（1）确定优先事项、市场和利益相关者的期望，评估委员会用于规划协调的可用资源；

（2）评估与项目有关的潜在风险，帮助确定项目发展的潜在障碍（共识、市场分歧等）；

（3）支持工作组达成共识的活动，例如主席可以参加工作组会议，回顾目标、愿景等，帮助工作组向前迈进；

（4）与委员会经理合作，协助起草项目计划。

3. 工作组秘书（WG Secretary）

工作组秘书的角色不是强制性的，由国家机构确认召集人提议一名工作组秘书，在活动中支持召集人。工作组秘书可由另一个国家机构提供。建议由工作组秘书支持召集人 /项目负责人。当没有工作组秘书时，委员会经理应确保将职责分配给召集人和项目负责人。在大多数没有工作组秘书的情况下，委员会经理将就《ISO/IEC 导则》和项目管理支持和指导召集人和项目负责人。工作组秘书的主要职责包括：

（1）确保草案尊重 ISO/IEC 起草规则；

（2）为有效的工作创造基本条件（对召集人和专家的支持，行动的主动性和及时性，准备充分的工作组会议，整理意见以确保最关键的问题首先得到解决等）；

（3）就应用《ISO/IEC 导则》和官方程序向专家提供咨询意见；

（4）准备工作组会议并及时地跟进工作；

（5）准备文件并管理分发给工作组成员；

（6）跟踪项目计划：主动、频繁地监控、测量、控制项目进度，确保项目开发在约定的时间范围内完成；

（7）经常与委员会经理沟通；

（8）协助委员会经理起草项目计划；

（9）支持召集人。

4. 召集人（Convenor）

工作组召集人由技术委员会、项目委员会或小组委员会任命，任期三年，在任期满后的下一次全体会议结束。这些任命必须由召集人所在国的国家机构或提名召集人的联络组织进行确认。召集人可重新任命，最多可延长三年。召集人的作用是领导工作组专家的工作，其还可以根据需要得到一个秘书处的协助。当没有工作组秘书时，召集人还需承担工作组秘书的职责，或确保这些职责被分配给项目负责人和委员会经理，并确保这些人具备所需的能力，召集人的主要职责包括：

（1）负责本项目的开发工作；

（2）有效地领导会议，以期在工作组内就该文件达成共识；

（3）确保在其工作组下开发的项目符合商定的计划；

（4）主动向 PL 和 WG 提出解决方案和行动，包括工作组会议（线下或线上）或通过通信协商，以有效推进草案的进展；

（5）向委员会经理更新项目的状态；

（6）在委员会会议期间向委员会经理汇报；

（7）与委员会经理合作，起草项目计划。

5. 项目负责人（Project leaser）

项目负责人可以与召集人为同一人，当没有工作组秘书时，项目负责人承担工作组秘书的职责，或确保这些职责被分配给召集人和委员会经理，项目负责人的主要职责包括：

（1）项目组的领导；

（2）领导和推动项目工作；

（3）确保草案遵守 ISO/IEC 的起草规则；

（4）与委员会经理合作，起草项目计划；

（5）跟踪项目计划：主动、频繁地监控、测量、控制项目进度，确保项目开发在约定的时间范围内完成；

（6）支持召集人；

（7）更新项目状态；

（8）向 WG 会议报告。

案例一：张强担任国际标准化组织起重机技术委员会（ISO/TC 96）主席

长期以来，我国持续投入巨大的人力、物力和财力，不断地参与起重机国际标准化工作，让更多的中国起重机技术和方案融入了国际标准，为国际标准化工作贡献了中国智慧和中国力量。北京起重运输机械设计研究院有限公司（以下简称"北起院"）作为国际标准化组织 ISO/TC 96 起重机技术委员会的国内技术对口单位，也在不断地参与各项国际标准化活动，取得了诸多工作成效，提升了我国起重机的标准国际化水平，有力推动了我国起重机产业的高质量发展。

ISO/TC 96 起重机技术委员会成立于 1960 年，主要工作任务是负责起重机械包括流动式起重机、桥式及门式起重机、臂架起重机、塔式起重机等的设计、术语、测试方法、钢丝绳、操作、使用及维护相关的国际标准的制修订工作。工作范围是借助于取物装置，用于吊运悬吊载荷的起重机及其相关设备领域的标准化工作，着重于术语、额定载荷、试验、安全、通用设计原则、维护、操作和起重吊具方面。

截至 2023 年 6 月底，ISO/TC 96 共有积极成员 23 个，包括澳大利亚、中国、芬兰、法国、德国、日本、英国和美国等；观察成员 29 个，包括阿根廷、奥地利等。下设 SC 2 术语，SC 3 绳的选择，SC 4 试验方法，SC 5 使用、操作和维护，SC 6 流动式起重机，SC 7 塔式起重机，SC 8 臂架起重机，SC 9 桥式和门式起重机，SC 10 设计原则和要求共 9 个分技术委员会。已发布的可交付使用文件 108 个（包括国际标准，国际标准的修改单、更正版及修订版，技术规范，可公开提供的规范和技术报告），正在进行的起草项目有 12 项。

根据 ISO 导则规定，主席任期最多 9 年。2021 年是张喜军先生担任 ISO/TC96 主席届满结束的最后一年。张喜军先生在担任 ISO/TC 96 主席以来，不但圆满地解决了各分技术委员会交叉重复等历史遗留问题，推动了 ISO/TC 96 各项国际标准化工作的高质量发展，还积极为我国起重机国际标准化工作的发展拓展了友好的国际朋友圈，营造了良好的国际工作环境，并成功推动我国取得了牵头制修订 11 项起重机国际标准等重大国际化标准工作成绩，实现了我国参与起重机国际标准化工作的重大突破。

2022 年 1 月，是张强接任 ISO/TC 96 主席工作的第一年。这一年，起重机国际标准化工作得到持续地高质量发展，在 ISO/TC 96 系列会议中，中国代表团取得了丰硕的会议成果，包括新参与 ISO 4301-5：1991《起重机　分级　第 5 部分：桥式和门式起重机》、ISO 11660-1：2008《起重机　通道及安全防护设施　第 1 部分：总则》和 ISO 8566-1：2010《起重机　司机室和控制站　第 1 部分：总则》等 3 项国际标准修订工作；新承担 ISO 4302《起重机　风载荷估算》两项国际标准的牵头修订工作和 ISO 10972-1《起重机　对机构的要求　第 1 部分：总则》；新承担 3 个国际工作组召集人，全力为起重机国际标准化事业的发展，贡献了中国力量、发挥了中国作用。图 5-3 为张强主席主持 ISO/TC 96 起重机技术委员会国际会议。

图 5-3　张强主席主持 ISO/TC96 起重机技术委员会国际会议

二、国际标准化组织（ISO）的活动

（一）会议

1. 大会

大会是 ISO 的主要审议机构和最终权威，由成员机构组成。大会的一般程序包括：应批准秘书长向大会提交的关于当前业务和未来规划的报告；应经理事会建议批准成员的年度会费；应经理事会建议批准本组织经审计的财务报表；应批准理事会成员的排名标准、有关理事会成员的组成、任期和理事会成员的选举程序；应选举或任命主席、副主席、理事会成员、ISO 账目的财务审计员；应处理理事会提交的任何事项。

大会会议应由成员机构和官员提名的代表组成，除不可抗力情况外，应遵守：

（1）每个成员机构可提名不超过三名正式代表，但正式代表可由观察员陪同。

（2）每个成员机构也可以提名虚拟参与者作为观察员。

（3）大会的主席是组织主席（President）。如果主席不能主持大会，应由副主席主持，大会会议每年举行一次。

（4）在大会会议期间，大会可处理一些项目，即使这些项目未列入议程，但须得到至少五个成员机构的同意。

（5）如果以正式书面通知秘书长，则允许在大会会议上进行代理投票。成员机构只能由其他成员机构来代表。成员主体除了自身外，只能代表一个成员主体。

（6）除非另有规定，大会会议做出决定的法定人数为成员机构的过半数。

（7）除非另有规定，大会的任何决定均应由出席会议的成员机构的多数票通过。

（8）通讯记者和订户成员可以以观察员身份出席大会。

（9）由成员提名的代表的生活和交通费用不由 ISO 支付。

以通信方式提交成员机构决定的事项，在所有有权投票者均已投票时，或在四周期限届满时（以较早者为准），投票即被视为完成。成员机构以通信方式做出决定时，不允许代理投票；除非章程另有规定，通信表决的法定人数应由发起表决之日的过半数成员机构构成；任何以通信方式做出的决定均应在发起通信表决之日由成员机构的多数票通过。

在大会期间或对总统、副总统和理事会成员的选举的投票时：

（1）选举总统或副总统时，应选出票数最多的候选人。

（2）理事会的空缺应由在大会根据议事规则设立的小组内获得最多票数的成员机构来填补。

2. 委员会会议

委员会尽可能使用网络手段，例如电子邮件或网络会议，来开展其工作。会议只在必要时召开，讨论不能通过其他方式解决的实质性事项。ISO 的官方语言是英语、法语和俄语，委员会的通信工作可以使用这些语言中的任何一种，但是会议默认使用英语进行。会议一般分为两类，技术委员会、分委员会和项目委员会全体会议，以及工作组会议。

技术委员会、分委员会和项目委员会的全体会议均是提前计划好的，考虑到了将处理相关主题的委员会会议分组、加强沟通和减轻代表出席会议的负担等。会议的日期和地点由主席、管理人、国际标准化组织中央秘书处和作为东道主的国家标准机构商定。《ISO/IEC 导则》第 1 部分要求委员会秘书处在技术委员会、分委员会或项目委员会会议召开前至少四个月提供会议通知、议程草案和所有基本文件。最终议程和所有其他文件，尤其是与行动项目有关的文件，必须至少在会议召开前六周提供。

P 成员通常由其国家标准委员会的代表团代表。出席技术委员会、分委员会或项目委员会会议的代表必须获得其成员机构的认可，并且必须通过会议注册。代表团团长是代表团的官方发言人。他确保代表团成员代表本国立场。参加委员会会议的代表可以与国际标准化组织成员机构提名担任工作组专家为同一人。然而，联络代表不能就委员会事项进行投票。P 成员和联络组织指定的专家出席工作组会议。召集人必须在会议召开前至少六周通知专家。ISO 委员会结构如图 5-4 所示。

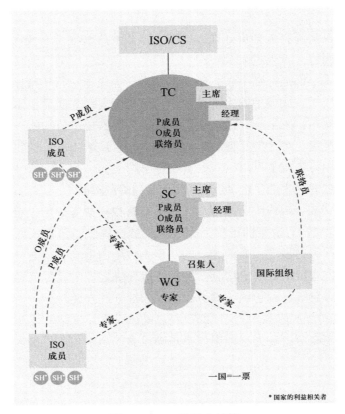

图5-4 ISO 委员会结构

案例二：ISO/TC 67 会议

2022 年 3 月 3 日，ISO/TC 67 咨询会议就标准中的质量、一致性、可靠性和成本方面的问题进行了讨论（图5-5）。来自巴西、中国、法国、德国、荷兰、挪威和英国的 ISO/TC 67 项目负责人分享了起草标准的关键原则。

会议期间讨论的主要信息包括：

（1）起草要求：

①逐项明确要求；

②了解指令并使用有助于 OBP 的 ISO 工具。

（2）ISO/TC 67/WG 4 可靠性工程与技术，从现有可靠性和成本标准中获益的关键信息：

①各种术语的术语表，以便在其他标准中适当使用；

②可根据需要引用的多学科分析技术。

（3）ISO/TC 67/WG 2 运行完整性管理。促进以下方面标准化的关键信息：

①"质量"一致性管理要求；

②可验证的技术要求；

③针对技术要求的验证（检查测试等）活动。

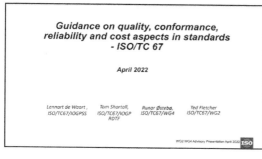

图 5-5 ISO/TC 67 咨询会议

案例三：ISO/TC 67/SC 2 WG 26 线上工作组会议

2021 年 9 月 30 日，ISO/TC 67/SC 5（套管、油管和钻杆分委会）组织召开第 31 届年会视频会议。来自中国、英国、德国、法国、日本、加拿大、意大利、荷兰 8 个 SC 5 成员国的 17 名代表参加了会议。ISO/TC 67 主席 Philip Smedley 和项目经理 Van den Brink Framcoise 列席会议。另有 6 名中国石油集团石油管工程技术研究院技术人员旁听了会议（图 5-6）。

图 5-6 线上会议现场

会上，TC 67/SC 5/WG 5 召集人、中国石油集团石油管工程技术研究院非金属所副所长李厚补在会上做了工作组报告，对研究院牵头制定的 ISO 24565《石油天然气工业陶瓷内衬油管》的进展进行了汇报，ISO 24565 已根据 ISO 中央秘书处反馈的编辑性意见进行了修改，待发布。随后，对 ISO 国际标准新项目提案 ISO/NWIP《石油天然气工业超高分子量聚乙烯内衬油管》进行了宣讲，会后将根据专家意见，对提案进行修改完善，按照程序，进行下一步工作。

随后，在进行 TC 67 名称和范围讨论时，中国石油集团石油管工程技术研究院徐婷作为 SC 5 委员进行发言，提出扩大 SC 5 的范围的建议，建议在 SC 5 领域增加钛合金管、非金属管及复合管、涂层等，提高 SC 5 的活力和竞争力。ISO/TC 67 主席 Philip Smedley 对此表示认同，并建议细化方案。最后会议决定，SC 5 秘书处组织在 2022 年 1 月之前完成关于扩大 ISO/TC 67 和 ISO/TC 67/SC 5 及其工作组范围的讨论。SC 5 分委会主要负责石油管材领域油井管核心产品套管、油管和钻杆相应标准的制修订工作，主席和秘书处由日本承担。中国石油集团石油管工程技术研究院作为 SC 5 国内技术对口单位，会后将按照会议决议，准备资料，积极参加 ISO/TC 67 年会和 ISO/TC 67/SC 5 研讨会等，推动管材国际标准化的工作进展。

（二）ISO 标准制定

ISO 标准制定流程如图 5-7 所示。

图 5-7　ISO 标准制定流程

1. 预研阶段

制定 ISO 标准的第一步是确认该主题领域确实需要新的国际标准（参见国际标准化组织的全球相关性政策）。

2. 提案阶段

新工作项目提案（NP）使用表格提交至委员会表决。投票应使用电子投票门户。如果可能存在版权、专利或符合性评估方面的复杂问题，应在这一早期阶段提出。对于已经发布的 ISO 标准的修订和修正，可跳过这一阶段。

3. 准备阶段

通常情况下，上级委员会会成立一个工作组来编写工作草案（WD）。工作组由专家和召集人（通常是项目负责人）组成。在这一阶段，专家们将继续关注与版权、专利和符合性评估有关的问题。可以连续分发工作组文件，直到专家们认为他们已经制定了最佳解决方案。然后，草案会被提交给工作组的上级委员会，由其决定下一步进入哪个阶段（委员会阶段还是征询意见阶段）。ISO/TC（也称电子委员会）平台可用于在标准制定的这一阶段和其他阶段共享文件。

4. 委员会阶段

此阶段为可选阶段。有关何时可跳过该阶段的指导，请参阅《ISO/IEC 导则》第 1 部分的 ISO 综合补编附件 SS。在此阶段，工作组的草案将与上级委员会的成员共享。如果委员会使用此阶段，委员会草案（CD）将分发给委员会成员，然后由他们通过电子投票门户发表意见和 / 或进行投票。可连续分发 CD，直至就技术内容达成共识。

5. 征询意见阶段

国际标准草案（DIS）由委员会经理提交给国际标准化组织中央秘书处（ISO/CS）。然后将其分发给国际标准化组织的所有成员，他们有 12 周的时间对其进行表决和发表意见。如果三分之二的委员会成员赞成，且反对票不超过投票总数的四分之一，则 DIS 获得批准。如果 DIS 获得批准，项目将直接进入出版阶段。但是，如果需要，委员会领导可以决定将批准阶段（FDIS）包括在内（更多信息，可参照《ISO/IEC 导则》第 1 部分中的 2.6.3 和 2.6.4 款）。

6. 批准阶段

如果国际标准草案（DIS）已获批准，该阶段将自动跳过。但是，如果草案在 DIS 阶段提出意见后进行了重大修改，或有技术性改动（即使 DIS 已获批准），委员会必须执行此阶段（FDI 不再是可选项）（具体可参照《ISO/IEC 导则》第 1 部分第 2.6.4 款）。如果使用该阶段，委员会秘书应将国际标准最终草案（FDIS）提交给 ISO 中央秘书处（ISO/CS）。然后将 FDIS 分发给所有 ISO 成员，进行为期两个月的投票，以决定该标准是否适合发布。（如果三分之二的委员会成员赞成，且反对票不超过总票数的四分之一，则标准获得批准（更多信息，可参照《ISO/IEC 导则》第 1 部分的 2.7）。

7. 出版阶段

在此阶段，管理者通过提交界面提交最终文件以供出版。在 FDIS 之后，只对最终文本进行编辑更正。该文件将由国际标准化组织中央秘书处作为国际标准发布。在标准发布前，委员会经理和项目负责人有两周的签批时间。

第二节　国际电工委员会（IEC）的管理与活动

一、国际电工委员会（IEC）的管理

国际电工委员会的主要机构包括大会、IEC 理事会、业务咨询委员会（BAC）、主席委员会（Pres Com）、咨询小组、市场战略委员会（MSB）、标准化管理委员会（SMB）、合格评定委员会（CAB）、秘书处（SEC）等（图 5-8）。

其中，大会是委员会的最高管理机构，大会将委员会所有工作的管理和监督委托给 IEC 理事会，并且大会由委员会的正式成员国家委员会组成。IEC 理事会是委员会的核心执行机构，向大会报告，IEC 理事会由主席团成员（无表决权）和 15 名个人成员组成，理事会主席由 IEC 主席担任，IEC 理事会成员对委员会及其成员负有信托责任。IEC 理事会委托业务咨询委员会（BAC）协调财务规划和展望、商业政策和活动，以及组织（信息技术）基础设施，以支持 IEC 理事会，业务咨询委员会由 IEC 理事会的 4 名成员、国

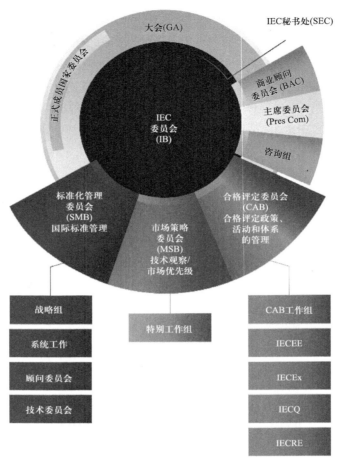

图 5-8　IEC 组织管理结构

家委员会的 15 名成员和主席团成员（无表决权）组成。主席委员会的任务是就委员会最佳运作所必需的事项向 IEC 理事会提供建议和支持，主席委员会由主席团成员组成，由 IEC 主席担任主席。IEC 理事会可设立咨询小组，处理向 IEC 理事会报告的其他机构未处理的具体事项，或就非经常性和有时限的项目或具体事项提供咨询意见。IEC 理事会应确定此类咨询小组的组成、职权范围和任何其他议事规则，常设咨询小组包括治理审查和审计委员会（GRAC）、多样性咨询委员会（DAC）、IEC 论坛（IF）。IEC 理事会委托市场战略委员会（MSB）确定和调查委员会活动领域的主要技术趋势和市场需求，市场战略委员会与 CAB 和 SMB 及向 IEC 理事会报告的其他相关机构合作，它可以设立特别工作组（SWGs），深入调查某些主题或制定专门文件。IEC 理事会委托标准化管理委员会（SMB）管理委员会的标准工作，标准化管理委员会与 CAB 和 MSB 及向 IEC 理事会报告的其他相关机构合作。IEC 理事会委托合格评定委员会（CAB）管理委员会的合格评定（CA）活动，包括业务和财务管理。CAB 与 SMB 和 MSB 及其他向 IEC 理事会报告的相关机构合作。IEC 合格评定系统包括：CAB 工作组、IECEE、IECEx、IECQ、IECRE。秘书处负责委员会的运作，并提供实现委员会目标所需的支助职能，秘书处设在委员会所在地（瑞士日内瓦）。秘书处在秘书长的领导下开展工作。

（一）主席与副主席

IEC 组织章程第十八条中明确规定了主席的职责与任期，其中：

委员会主席应根据《议事规则》第 7.2 条第 2 款的规定通过投票选举产生。选举应在前任主席任期的第二年进行。当选主席在担任代理主席一年后，即成为主席。主席任期为三年。前任主席任期届满后，当选主席即成为主席。任期届满后，主席（现为前任主席）应保留干事和副主席的职能，任期为两年。两年期满后，副主席将成为前任主席。前任主席应终身受邀参加大会会议，并应在有时间时受邀与本国代表团一起出席会议。

主席的职责是：

（1）代表委员会；

（2）根据《议事规则》主持大会、独立选举委员会理事会、主席委员会和咨询机构；

（3）在大会上投决定性一票（如有必要）；

（4）决定大会提交主席的事项，包括调解冲突；

（5）在大会、独立选举委员会理事会或主席委员会闭会期间采取必要行动。

除非大会另有指示，主席可将主席的部分职能委托给任何其他官员。主席可参加所有会议，但无表决权，上述（3）条规定的情况除外。如果主席去世、丧失能力或辞职，副主席应为代理主席。

在主席任期第二年的大会会议之前至少 24 周，秘书处应邀请正式成员国家委员会在 8 周内提交提名，以便选举未来的委员会主席，他（她）将在担任三年主席之前先担任一年的副主席。被提名参加选举的候选人一经接受，其姓名和资格应由秘书处分发给所有正式成员国家委员会。如果提名的候选人超过一名，则应根据《议事规则》第 7.2 条第 2 款的规定，在下一次大会会议上通过实际或虚拟方式进行无记名投票。当选主席应于当选次年的 1 月 1 日就任副主席。此后，副主席应在其一年副主席任期之后的 1 月 1 日就任主席，任期三年。如果主席在各自任期的前两年内死亡、丧失能力或辞职，秘书处应立即邀请正式成员国家委员会在八周内提交提名，以便选举继任者。在选举之前，上届主席应担任代理主席，同时保留副主席的职能。如果主席在各自任期的第三年去世、丧失能力或辞职，当选主席应立即就任主席。但是，三年任期应从下一年 1 月 1 日开始，大会可要求上届主席担任第三年的副主席。

IEC 组织章程第十九条中明确规定了副主席的职责与任期，其中：

市场战略委员会（MSB）主席、标准化管理委员会（SMB）主席和合格评定委员会（CAB）主席在其任期内担任委员会副主席。副主席经选举或任命产生，任期三年。他们有资格立即连选连任或再被任命一个完整的任期。

委员会副主席是国际电工委员会理事会正式成员和主席委员会成员。如有要求，副主席除履行标准化管理委员会（SMB）、合格评定委员会（CAB）或市场战略委员会

（MSB）主席的职能外，还应代表主席行事或承担主席团成员商定的任何其他职能。在副主席（SMB 主席和 CAB 主席）任期结束前的大会会议召开前 24 周，秘书处应邀请所有正式成员国家委员会在 8 周内提交提名。管理事务委员会主席应由 IEC 理事会《议事规则》第 13.1 条任命。秘书处应向所有正式成员国家委员会分发接受竞选的被提名者的姓名和资格。如果提名的候选人超过一名，则应根据《议事规则》第 7.2 条第 2 款的规定，在下一届大会上以无记名投票方式进行表决。副主席于当选后次年的 1 月 1 日就职。如副主席因故不能任满相应任期，应立即选举或任命一名新的副主席任满上一任期的剩余时间。如果任期为一年或一年以下，则视为初步任期；如果超过一年，则视为完整任期。如果一名副主席死亡、丧失能力或辞职，秘书处应立即邀请正式成员国家委员会在 8 周内提交提名，以便选举或任命继任者。在选举或任命之前，主席应立即任命另一名官员为代理副主席。新任副主席应完成上一任期的剩余部分。如果任期为一年或一年以下，则视为初步任期；如果超过一年，则视为完整任期。

（二）标准化管理委员会（SMB）

IEC 理事会授权标准化管理委员会（SMB）管理委员会的标准工作。标准化管理委员会应采取其认为必要的任何行动，以确保标准工作的正常和迅速运作。

标准与质量管理委员会由以下人员组成：

（1）一名主席（无表决权）；

（2）15 名委员，由大会选举产生，其候补委员由相关国家委员会根据《议事规则》第 14 条的规定任命；

（3）财务主任（无表决权）；

（4）秘书长（无表决权）。

标准化管理委员会应向 IEC 理事会报告其行动。根据 IEC 理事会决定的程序，标准化管理委员会应与合格评定委员会（CAB）和市场战略委员会（MSB）及向 IEC 理事会报告的其他相关机构合作。

1. 委员

在标准化管理委员会（SMB）委员选举前至少 24 周，秘书处应邀请正式成员国家委员会提出候选人，并提交其希望提名的人员（和候补人员）的姓名和资格。如果个别高级管理委员会委员已完成两个任期，相关国家委员会可提出新的候选人供大会选举。

会费缴纳最高的七个国家委员会均应提名一名候选人。

同意提名候选人的国家委员会名单及其被提名者的姓名和资格应由秘书处分发给所有正式成员国家委员会，在大会下次会议上以无记名投票方式进行表决。

适用于 SMB 成员的规则如下：

（1）大会应根据会费缴纳比例最高的七个国家委员会的提名，结合其在技术委员会和分委员会（TC/SC）秘书处中所占的最高比例，选出七名成员，这些委员被称为"自动任命委员"。经核实其所属国家委员会仍符合上述规定的标准后，个人委员的任期将在三年后自动重新确认。委员的任期不得超过两个完整任期。如果其所属国家委员会在其第二个任期届满时仍符合相关标准，这些国家委员会应提名新委员，供大会批准。

（2）大会应根据正式成员国家委员会的提名选举8名成员，选举时应考虑具有代表性的地理分布及各国家委员会所担任的技术合作/科学委员会秘书处的数目。根据上文当选的委员任期为三年，委员的任期不得超过两届。所有委员均应根据其个人资历提名。委员的任期自当选后次年的1月1日起生效。

国家委员会只有在经IEC理事会批准的情况下，才能在成员任期内更换其SMB成员。新成员的任期直至前任成员的任期结束。如果任期为一年或更短，则视为初步任期；如果超过一年，则视为完整任期。

有一名SMB成员的国家委员会应任命一名候补成员。候补委员的任期次数不受限制，只要相关国家委员会继续有一名SMB成员。国家委员会可通知秘书处，要求在相应任期内更换候补委员。候补委员可陪同委员出席SMB的会议，但不得代替委员出席任何会议，除非获得特别授权。SMB主席由大会选举产生，任期三年，可连选连任一届。在任期内，SMB主席应为委员会副主席。

2. 会议

15名有表决权的专家咨询委员会委员或其候补委员或指定的替代委员中的8人出席会议即构成法定人数。通常情况下，SMB每年至少召开三次会议，一次是通过实际或虚拟方式与大会会议同时召开，但也可应主席或三分之一当选成员的要求召开会议。秘书处应在会议前至少四周将议程草案分发给SMB成员及其代理人，以及所有国家委员会。需要在会议上做出决定的文件应在会议召开前至少六周分发给专家组成员及其代理人。未按上述规定分发的文件或未列入议程的任何其他事项，只有在与会成员均无异议的情况下，方可由专家咨询机构审议。

只有SMB委员及其代理人有权出席会议。如果某位委员因正当理由无法出席某次会议，可由相关国家委员会提议替补委员或其他人出席该次会议，但须经SMB其他委员批准。国家委员会可请求主席批准一名专家出席某次会议，但每个国家委员会最多只能有两人出席。此外，主席经与秘书长协商，可邀请个人参加与其技术专长相关的具体项目。

对于与大会会议同时举行的工作人员和管理层会议，每个国家委员会允许两名事先通知人员作为观察员出席。各国家委员会可提出增派观察员的请求，如果会议是通过实际方式举行的，只要主办国家委员会能够提供足够的会议设施，则应允许增派观察员。准会员国家委员会如希望向常设咨询委员会或其咨询委员会提交建议，应至少在会议召开前八周将建议送交秘书长。在会议期间，经与主席磋商后，秘书长可介绍这些提案供审议。主席可邀请准会员国家委员会的代表参加对其提案的讨论。

秘书处应保存专家咨询组会议的记录，未经确认的会议报告应在分发后四周内提交专家咨询组成员征求意见。主席和秘书处应处理收到的全部意见。如果没有评论意见，或在对收

到的评论意见进行处理后，报告应被视为得到确认，并应分发给所有国家委员会供其参考。

3. 表决权

对于会议之外做出的决定，只有 15 名当选的专家咨询委员会委员拥有表决权。在会议期间，如果一名 SMB 委员缺席，相关候补委员或指定的替补委员可以投票。在会议上或通过信函，决定应由参加表决的成员的三分之二多数通过，除非参加表决的成员少于八人，在这种情况下，决定应推迟到下次会议。弃权不视为投票。

SMB 委员和候补成员必须参加 SMB 会议。如果 SMB 委员连续两次不参加 SMB 会议，则 SMB 可建议 IEC 理事会终止该国家委员会的高级管理委员会成员资格，并按照正常程序重新选举该职位。

二、国际电工委员会（IEC）的活动

（一）会议

1. IEC 大会

大会是管理会议和技术会议的独特结合。来自世界各地的利益相关者齐聚一堂，就当前的问题以及 IEC 的未来发展方向和战略做出决定。

2022 年 10 月 28 日，第 86 届 IEC 大会在美国旧金山召开，来自世界各地的工商界领袖与旧金山的技术专家共同参与（图 5-9）。代表 90 多个国家的约 2000 名参与者参加了此次活动。主旨发言人包括美国商务部负责标准和技术的副部长劳里·E·洛卡西奥（Laurie E.Locascio）。

Industry leaders and technology experts in San Francisco for IEC General Meeting
2022-10-28, IEC Editorial Team

图 5-9　IEC 大会

2022 年 IEC 大会着重于标准化对支持全球商业和消除贸易壁垒的重要性。例如国际标准和合格评定使美国的企业能够进入新市场，并在产品上进行创新，使其可在世界各地消费。IEC 的标准化工作也有助于保护人和环境。在此背景下，代表们将进一步了解 2022 年早些时候启动的 IEC 全球影响基金，以及该基金将如何利用国际标准和合格评定帮助解决具体的环境、社会和治理挑战。

同时，代表们将审查国际标准和合格评定在建立一个以安全、合乎道德和值得信赖的技术及普遍获得负担得起、清洁和可持续能源为特征的数字化和全智能社会方面所能发挥的作用。

2022 年 IEC 全球机制的亮点之一是关于联合国可持续发展目标的交互式国际圆桌会议。代表广泛利益相关者的杰出演讲者探讨了 IEC 标准和合格评定系统如何帮助实现可持续发展目标。他们还研究了公司在实现目标方面的作用和责任。

2. 委员会会议

数以千计的专家参与 IEC 技术委员会和分委员会（TC/SC）的标准化工作。他们由各自的国家委员会（NC）选出，在 IEC 中分享其技术专长，并在全球范围内代表工业、政府、测试和研究实验室、学术界或用户群体的国家要求。

IEC 为这些专家提供了一个中立和独立的平台，使他们能够讨论和商定具有全球相关性和影响力的最新技术解决方案。这些解决方案以自愿、协商一致的国际标准形式发布。每个技术合作委员会确定其活动范围和领域，并提交 IEC 标准化管理委员会（SMB）批准。一个技术委员会可根据其工作计划的范围组建一个或多个标准委员会。每个科学委员会确定其工作范围，并直接向上级技术委员会报告。标准化管理委员会还设立项目委员会，负责制定不属于现有技术合作委员会或标准委员会工作范围的单项标准。标准出版后，项目委员会即解散。

当前 IEC 共有 TC/SC 总计 214 个，其中技术委员会（TC）112 个，小组委员会（SC）102 个，另有工作组（WG）总计 1630 个，其中工作组 753 个，项目小组 194 个，维护小组 683 个（图 5-10）。

技术委员会和分委员会定期召开会议，以商讨与标准有关事宜（图 5-11）。

Committee		Title	Publications	Work Programme	SBP
TC 1	▼	Terminology	271	13	📄
TC 2	▼	Rotating machinery	80	19	📄
TC 3	▼	Documentation, graphical symbols and representations of technical information	42	10	📄
SC 3C	▼	Graphical symbols for use on equipment	12	2	
SC 3D	▼	Classes, Properties and Identification of products - Common Data Dictionary (CDD)	9	6	
TC 4	▼	Hydraulic turbines	36	11	📄
TC 5	▼	Steam turbines	6	1	📄
TC 7	▼	Overhead electrical conductors	17	2	
TC 8	▼	System aspects of electrical energy supply	16	24	📄
SC 8A	▼	Grid Integration of Renewable Energy Generation	6	6	
SC 8B	▼	Decentralized electrical energy systems	6	13	
SC 8C	▼	Network Management in Interconnected Electric Power Systems	1	5	
TC 9	▼	Electrical equipment and systems for railways	159	30	📄
TC 10	▼	Fluids for electrotechnical applications	63	11	📄
TC 11	▼	Overhead lines	14	1	📄
TC 13	▼	Electrical energy measurement and control	78	10	📄
TC 14	▼	Power transformers	53	6	📄
TC 15	▼	Solid electrical insulating materials	228	19	📄
TC 17	▼	High-voltage switchgear and controlgear	7	4	📄
SC 17A	▼	Switching devices	37	6	
SC 17C	▼	Assemblies	31	9	

图 5-10　TC/SC 列表节选

Start Date	End Date	Meeting	Committee	City	Country	Agenda	General Meeting	Registration
2023-08-25	2023-08-25	TC 2/MT 6	TC 2/MT 6		Virtual only		No	
2023-08-29	2023-08-29	IB	IB		Virtual only		No	
2023-08-31	2023-08-31	ACSEC	ACSEC	Paris	France		No	
2023-09-04	2023-09-08	TC 100 Plenary, AG, TA, WG, PT/MT	TC 100	Frankfurt am Main	Germany		No	
2023-09-04	2023-09-06	SyC LVDC Plenary meeting	SyC LVDC	Selangor	Malaysia		No	
2023-09-04	2023-09-06	SyC LVDC Plenary meeting	SyC LVDC	Selangor	Malaysia		No	
2023-09-04	2023-09-07	ISO/IEC JTC 1/SC 43	ISO/IEC JTC 1/SC 43	Hangzhou City	China		No	Register
2023-09-04	2023-09-07	ISO/IEC JTC 1/SC 43	ISO/IEC JTC 1/SC 43	Hangzhou City	China		No	Register
2023-09-04	2023-09-07	ISO/IEC JTC 1/SC 43	ISO/IEC JTC 1/SC 43	Hangzhou City	China		No	Register
2023-09-05	2023-09-05	PC 128/WG 1	PC 128/WG 1		Virtual only		No	Register
2023-09-05	2023-09-05	TC 37/SC 37A/PT 61643-06	TC 37/SC 37A/PT 61643-06		Virtual only		No	Register
2023-09-05	2023-09-06	TC 105/MT 208	TC 105/MT 208		Virtual only		No	Register
2023-09-06	2023-09-07	TC 23/MT 6	TC 23/MT 6	Delft	Netherlands		No	Register

图 5-11　委员会会议计划节选

（二）标准制定

1. 预研阶段（Preliminary stage）

技术委员会或分委员会可通过其 P 成员的简单多数表决，在其工作计划中引入尚未成熟到进一步处理阶段且无法确定目标日期的初步工作项目（例如与涉及新兴技术的主题相对应）。所有初步工作项目均应列入工作计划。

委员会应定期审查所有初步工作项目。委员会应评估所有此类项目的市场相关性和所需资源。所有初步工作项目，如在委员会规定的日期之前未在国际电工委员会中进入提案阶段，且在三年内未在国际标准化组织中进入提案阶段，则将自动从工作计划中取消。该阶段可用于拟定新的工作项目建议（可参见《ISO/IEC 导则》第 1 部分 2.3）和编写大纲或初稿。在进入筹备阶段之前，所有此类项目均应按照《ISO/IEC 导则》第 1 部分 2.3 所述程序获得批准。

2. 提案阶段（Proposal stage）

新工作项目提案（NP）是关于新的国际标准或新的技术规范的提案。新的国际标准或技术规范应单独或作为现有系列的一部分分发。

在现有技术委员会或分会范围内的新工作项目提案可通过以下方式在相关组织内提出：

（1）国家机构；

（2）该技术委员会或分会的秘书处；

（3）另一个技术委员会或分会；

（4）A类联络组织；

（5）技术管理委员会或其咨询小组；

（6）首席执行官。

如果同时涉及 ISO 和 IEC 技术委员会，首席执行官应安排必要的协调。

每项新工作项目提案均应使用适当的表格提交，并应充分说明理由和妥善记录。新工作项目建议的提出者应尽一切努力提供第一份工作草案供讨论，或至少提供一份工作草案大纲并提名一位项目负责人；对于在现有委员会范围内提出的提案，应将表格提交首席执行干事办公室或相关委员会秘书处。

首席执行官办公室或相关委员会主席和秘书处应确保根据国际标准化组织和国际电工委员会的要求妥善制定提案，并提供足够的信息，以支持国家机构做出知情决策。首席执行官办公室或相关委员会主席和秘书处还应评估提案与委员会范围、现有工作的关系，并可咨询有关各方，包括技术管理委员会、其咨询小组或开展相关现有工作的委员会。必要时，可成立一个特设小组来审查提案。对提案的审查不应超过 2 周。在所有情况下，首席执行干事办公室或相关委员会主席和秘书处也可在提案表中添加意见和建议。填好的表格应分发给委员会成员，供 P 成员投票表决，并分发给 O 成员和联络成员，供其参考，表格上应注明建议的出版日期。

对新工作项目提案的决定应以通信方式做出，投票应在 12 周内返回，委员会可根据具体情况，通过决议决定将新工作项目提案的投票时间缩短为 8 周。在填写投票表格时，国家机构应就其反对票的决定提供一份理由说明，如果没有提供说明，国家机构的反对票将不予登记和考虑。

如果提案只提供了一个大纲，而工作又分配给了一个现有的小组，委员会成员经与提案人和首席执行干事办公室协商，可建议进行为期 4 周的反对票表决，这一程序仅在特殊情况下使用，默认情况仍为正常的 12 周表决。

接受提案的要求为：

（1）参加投票的技术委员会或小组委员会 P 成员的三分之二多数批准该工作项目，在计票时，弃权票不计在内。

（2）承诺积极参与项目的制定，即在筹备阶段通过提名技术专家和对工作草案发表意见做出有效贡献，在有 16 个及以下 P 成员的委员会中至少有 4 个 P 成员承诺；在有 17 个或更多 P 成员的委员会中至少有 5 个 P 成员承诺。在进行这一统计时，只有同时批准将工作项目纳入工作计划的 P 成员才会被考虑在内。如果专家未在批准投票的表格中提名，则国家机构的积极参与承诺将不予登记，在确定该投票是否符合批准标准时也不予考虑。

个别委员会可提高提名专家的最低要求，如果有文件证明只有极少数 P 成员具备行业和/或技术知识，则委员会可请求技术管理委员会允许提名的技术专家少于 4 或 5 人；如果在投票期结束时仍未获得所需的提名专家人数，则已批准工作项目但尚未任命专家的 P

成员可在投票结果发布日期后 4 周内提名更多他们认为将对工作做出有效贡献的专家，而无需重新提交新的工作项目提案进行投票。

新工作项目提案一经接受，即应作为具有适当优先权的新项目列入相关委员会的工作计划，应在适当的表格中注明商定的目标日期。投票结果将在投票结束后 4 周内报告给国际标准化组织中央秘书处或国际电工委员会秘书处，同时将项目列入工作计划即结束提案阶段。

3. 准备阶段（Preparatory stage）

准备阶段包括编写符合《ISO/IEC 导则》第 2 部分的工作草案（WD）。当新项目被接受时，项目负责人应在审批期间与项目成员提名的专家合作。秘书处可在会议上或通过信函向委员会建议设立一个工作组，工作组召集人通常为项目负责人。工作组应由委员会设立，并由委员会确定任务和向委员会提交草案的目标日期。工作组召集人应确保所开展的工作不超出已投票表决工作项目的范围。如果一致认为需要扩大范围或进行重大技术修改，应由委员会以三分之二多数决定予以确认。在回应成立工作组的建议时，同意积极参与的 P 成员应各自确认其技术专家。其他 P 成员、O 成员或联络员也可提名专家。

项目负责人负责项目的开发，并通常召集和主持与项目有关的工作组会议。对于直接在委员会下登记的项目，项目负责人向委员会官员报告。对于在工作组下登记的项目，项目负责人向工作组召集人报告。工作一直持续到就建议文本达成共识为止。项目负责人可邀请一名工作组成员担任其秘书。应尽一切可能准备文本的法文版和英文版，以避免项目后期发展阶段的延误。如果要编写三语（英语、法语、俄语）文件，则应包括俄语版本。

当工作草案作为第一份委员会草案（CD）分发给委员会成员并由首席执行干事办公室登记时，筹备阶段结束。委员会还可决定将最终工作草案作为 TS 或 PAS 发布，以满足特定的市场需求。

4. 委员会阶段（Committee stage）

委员会阶段是考虑国家机构意见的主要阶段，目的是就技术内容达成共识。因此，国家机构应认真研究委员会草案文本，并在此阶段提交所有相关意见。委员会阶段之后可能会出现零散的 CD（多份征求意见文件）。委员会草案一经提出，应立即分发给委员会所有 P 成员和 O 成员审议，并明确指出提交答复的最晚日期。国家机构可在委员会商定的 8 周、12 周或 16 周内提出意见。应将意见送交，以便根据指示编制意见汇编。

在每份委员会草案提交答复的截止日期后不超过 4 周，秘书处应编制意见汇编，并安排将其分发给委员会所有 P 成员和 O 成员。在编制该汇编时，秘书处应说明其在与委员会主席和项目负责人协商后提出的继续开展项目的建议，即：

（1）在适当小组的下一次会议上讨论委员会草案和意见，该小组通常是委员会为此确定的项目所属工作组。

（2）分发经修订的委员会草案供审议。

（3）将委员会草案或修订后的委员会草案登记到征询意见阶段。如果是技术规范、公开发布的规范或技术报告，则不存在征询意见阶段。

（4）在（2）和（3）的情况下，秘书处应在意见汇编中说明对收到的每条意见所采取的行动。必要时，应通过分发经修订的意见汇编，将其提供给所有 P 成员，最迟不得晚于提交经修订的 CD 供委员会审议的同时［情况（2）］，或向首席执行干事办公室提交草案定稿（由秘书处编写的委员会草案或经修订的委员会草案）供其在问询阶段登记的同时［情况（3）］。

委员会须对收到的所有意见做出回应，如果在发送之日起 8 周内，有两名或两名以上 P 成员不同意秘书处的（2）或（3）项建议，则应召开会议讨论委员会草案。

如果在会议上审议了委员会草案，但未能达成一致意见，则应在 12 周内分发另一份委员会草案供审议，其中应纳入会议做出的决定。经委员会同意，国家机构可在 8 周、12 周或 16 周内对草案及其后的任何版本发表意见。

应继续审议历次草案，直至主席判断委员会 P 成员达成共识，或决定放弃或推迟项目。对委员会历次草案的审议应侧重于解决国家机构和联络员提出的意见，以便在委员会 P 成员之间达成共识。委员会主席应在 P 成员达成共识的基础上决定是否分发征询意见草案。

委员会主席有责任与委员会秘书／委员会经理协商，并在必要时与项目负责人协商，根据《ISO/IEC 导则》第 2 部分（2004 年版）给出的共识定义，判断是否达成共识。

以下内容适用于共识的定义：

在达成共识的过程中，许多不同的观点将随着文件的发展而得到表达和处理。然而，"持续反对"是指在委员会、工作组或其他小组（如特别工作组、咨询小组等）的会议记录中表达的观点，这些观点由相关利益方的重要部分所坚持，并且与委员会的共识不一致。相关利益集团的概念因委员会的动态而异，因此应由委员会领导层根据具体情况确定。持续反对的概念不适用于成员机构对调查或批准投票的表决，因为这些表决须遵守适用的表决规则。

表达持续反对意见者有权发表意见，建议在宣布持续反对意见时采用以下方法：领导层应首先评估反对意见是否可被视为"持续反对"，即反对意见是否得到了有关利益集团重要部分的支持。如果情况并非如此，领导层将对反对意见进行登记（如在会议记录、记录等中登记），并继续领导有关文件的工作。如果领导层确定存在持续的反对意见，则必须本着诚意努力解决。然而，持续反对并不等同于否决权。处理持续反对意见的义务并不意味着成功解决这些问题的义务。

评估是否达成共识的责任完全在于领导层。这包括评估是否存在持续的反对意见，或任何持续的反对意见是否可以在不影响对文件其余部分的现有共识水平的情况下得到解决。在这种情况下，领导层将登记反对意见并继续开展工作。如果对委员会修订草案的共识存在疑问，可认为委员会三分之二 P 成员投票通过即可接受委员会修订草案，将其登记为征询意见草案；但应尽力解决反对票问题。对于技术规范、公开发布的规范或技术报告，不存在征询意见阶段。负责委员会草案的委员会秘书处应确保征询意见草案充分体现会议或通信中做出的决定。

在达成共识后，委员会秘书处应在最多 16 周内，将草案定稿以适合分发给国家委员进行调查的电子形式提交给首席执行干事办公室（如果是分会，则抄送上级委员会秘书处）。

当所有技术问题均已解决，委员会草案作为问询草案被分发，并由首席执行干事办公室进行登记时，委员会阶段结束。不符合《ISO/IEC 导则》第 2 部分的文本应在登记前退回秘书处并要求更正。

如果国际标准项目的技术问题不能在适当的时限内全部解决，各委员会可考虑在就国际标准达成一致意见之前，以技术规范的形式发布一份中间文件。

5. 征询意见阶段

在征询意见阶段，首席执行干事办公室应将征询意见草案（ISO 为 DIS，IEC 为 CDV）分发给所有国家机构，进行为期 12 周的表决，应告知国家机构首席执行干事办公室收到填妥选票的日期。在投票期结束时，委员会主席和秘书处可查阅投票结果，以及收到的任何意见，以便采取进一步的快速行动。零散的 CDV（多份文件，每份文件只表决一次）可在征询意见阶段之后提交。

国家机构提交的投票应明确：赞成、反对或弃权。赞成票可附带编辑或技术意见，但秘书/委员会经理应与委员会主席和项目负责人协商，决定如何处理这些意见。如果国家机构认为征询意见草案不可接受，则应投反对票并说明技术原因。它可以表示，如果接受特定的技术修改，它将把反对票改为赞成票，但不得投以接受修改为条件的赞成票。

在下列情况下，征询意见草案获得批准：技术委员会或分会 P 成员三分之二多数票赞成，且反对票不超过投票总数的四分之一。正常投票期结束后收到的意见将提交给委员会秘书处，以便在下一次审查国际标准时进行审议。

在收到投票结果和任何意见后，委员会的一个适当小组（通常是指派给该项目的工作组）将在一次会议上处理收到的任何意见，并根据需要编写修订版。工作组将就可能采取的行动向主席提出建议。委员会主席应与委员会秘书处和项目负责人或工作组召集人合作，并与首席执行干事办公室协商，采取以下行动之一：

（1）如果符合批准标准，且不包括任何技术变更，则直接进行出版。

（2）如果符合批准标准，但需要进行技术修改：将修改后的征询意见稿作为国际标准草案定稿登记，或将修订后的征询意见草案分发表决。经修订的征询意见草案的分发表决期为 8 周。在符合批准标准的情况下，委员会只能获得一份经修订的征询意见草案。

（3）不符合的批准标准：分发经修订的征询意见草案，投票期为 8 周，或分发经修订的委员会草案以征求意见，或将修订后的草案作为"数据交换计划"或"数据收集与分析计划"分发，或根据委员会的决定取消项目。

在表决期结束后 12 周内，委员会秘书处应编写一份全面报告，并由首席执行干事办公室分发给各国家机构。报告应显示表决结果、陈述委员会主席的决定转载收到的意见文本，以及包括委员会秘书处对提交的每项意见的看法，应尽力解决反对票问题。

如果在发出之日起 8 周内，有两名或两名以上 P 成员不同意主席的决定，则应召开会议对草案进行讨论，委员会必须对收到的所有意见做出回应。

当主席决定进入批准阶段或出版阶段时，委员会秘书处应在表决结束后最多 16 周内，在其编辑委员会的协助下，编写一份最终文本，并将其送交首席执行干事办公室，以便编写和分发国际标准的最终草案。秘书处应向首席执行干事办公室提供可修订电子格式的文本，以及可对可修订格式进行验证的格式。

不符合《ISO/IEC 导则》第 2 部分的文本在登记前应退还秘书处，并要求更正。零散项目不能跳过审批阶段直接出版。对于已决定进入审批阶段的所有零散 CDV，委员会秘书处应编制一份合并文件。

在上述（1）和（2）的情况下，征询意见阶段以首席执行干事办公室将文本登记为国际标准最终草案或作为国际标准出版而结束。

6. 批准阶段

在批准阶段，国际标准最终草案（FDIS）应由首席执行干事办公室在 12 周内分发给所有国家机构，供其进行为期 8 周的表决（国际电工委员会为 6 周），首席执行干事办公室应告知国家机构收到选票的日期。

国家机构提交的投票应明确：赞成、反对或弃权。国家机构可就任何 FDIS 表决提出意见，如果国家机构认为某项国际标准最终草案不可接受，则应投反对票并说明技术理由。国家机构不得投以接受修改为条件的赞成票。

在下列情况下，经分发表决的国际标准最后草案获得批准：技术委员会或分会 P 成员三分之二多数票赞成，且反对票不超过所投票数的四分之一。计票时不包括弃权票和无技术理由的反对票。

委员会秘书处有责任在投票结束前将草案编制过程中可能出现的任何错误提请首席执行官办公室注意，在此阶段不接受进一步的编辑或技术修正。所有收到的意见将保留到下一次审查，并在表决表上记录为"注意到，供今后考虑"。然而，秘书/委员会经理和首席执行干事办公室可设法解决明显的编辑错误。不允许对已批准的文件分发信息系统进行技术修改。在表决期结束时，所有国家机构均可获得表决结果，表明是国家机构正式批准发布国际标准，还是正式否决国际标准最终草案。

如果最终的国际标准草案获得批准，则应进入出版阶段；如果国际标准草案定稿未获得批准，则应将该文件发回有关委员会，根据为支持反对票而提交的技术理由重新审议。委员会应决定：将修改后的草案作为委员会草案、征询意见草案或国际标准化组织和 JTC1 的国际标准最终草案重新提交，或公布技术规范或可公开获得的规范，或取消项目。

批准阶段结束时，分发表决报告，说明 FDIS 已被批准作为国际标准出版，或出版技

术规范，或将文件发回委员会。

7. 出版阶段

首席执行官办公室应在 6 周内纠正委员会秘书处指出和确认的任何错误，并出版和分发国际标准，出版阶段随着国际标准的出版而结束。

第三节　美国石油学会（API）的管理与活动

一、美国石油学会（API）的管理

API 成立于 1919 年，是一个标准制定组织，也是召集各领域主题专家制定、维护和发布石油天然气行业共识标准的全球领导者（图 5-12）。在成立最初的 100 年中，API 制定了 800 多项标准，以提高整个行业的运营安全、环境保护和可持续发展，特别是通过在全球范围内采用这些标准。API 由董事会管理，董事会负责选任 API 的官员，董事会通过指定分部委员会、资源委员会和战略委员会来执行 API 的任务，API 成员可参与他们拥有资产和利益的任何委员会。

图 5-12　美国石油学会

（一）分部委员会（Segment Committees）

API 的组织模式反映了美国的石油和天然气行业，并确保每个成员都有发言权。API 的成员包括生产商、炼油商、供应商、管道运营商和海运商。成员既有最大的石油公司，也有最小的独立公司。

1. 上游委员会（The Upstream Committee）

上游委员会面向在美国生产石油或天然气的公司开放（纵向一体化公司可成为 API 多个部门的成员）。其重点关注上游监管政策、立法问题及行业技术标准和建议实践，并强调努力确保以安全、高效和对环境负责的方式开展业务。

2. 天然气市场委员会（The Natural Gas Markets Committee）

天然气市场委员会对在美国生产石油或天然气的公司开放（纵向一体化公司可成为 API 多个部门的成员）。其重点关注点位确定政策机遇和障碍，以维持和增加目标市场对美国天然气资源的需求，倡导立法和监管政策，以及充分利用天然气价值的市场设计，并向潜在客户和决策者宣传天然气的丰富性、可靠性、经济性和环保优势。

3. 中游委员会（The Midstream Committee）

中游委员会向在美国收集、加工、储存和运输石油和天然气的公司开放（纵向一体化公司可成为一个及以上 API 分部的成员）。其制定有关收集、加工、储存和运输的政策立场，并监督对相关联邦、州和地方法律法规的审查；确定技术调查和研究的机会，以解决与美国基础设施发展、设备使用、操作程序开发及安全、健康和环境绩效相关的问题。

4. 下游委员会（The Downstream Committee）

下游委员会向在美国提炼和销售石油产品的公司开放（纵向一体化公司可成为 API 多个部门的成员）。其就立法和监管提案对下游业务的影响提供指导，并就相关问题提供科学、经济、环境和风险分析信息；制定标准、推荐实践，使行业能够以最安全、高效和对环境负责的方式向消费者提供产品。

5. 气候委员会（The Climate Committee）

气候委员会向 API 董事会成员公司开放，专注于管理 API 的气候行动框架；制定和维护 API 的气候原则，并以符合这些原则的方式管理 API 的气候政策立场；确定、促进和协调执行委员会批准的针对温室气体减排工作的各种行业倡议，以及开发新的研究或行业计划。

6. 服务、供应和技术委员会（The Service，Supply and Technology Committee）

服务、供应和技术委员会（SSTC）致力于满足非石油公司会员的需求，如服务公司、钻井承包商及石油和天然气行业的其他供应商。会员可以向任何行业部门提供服务，包括上游、下游、海洋或管道。委员会与所有其他行业部门密切合作，促进行业的共同利益，重点关注国内和国际问题，尤其是国际贸易问题，因为该分会的许多会员在全球范围内提供产品和服务。

（二）资源委员会（Resource Committees）

1. 传播委员会（The Committee on Communications）

传播委员会负责监督 API 与媒体和其他外部受众的联系，以确保他们掌握事实和信息，从而对能源和行业问题形成明智的观点。这包括媒体关系、外部沟通、材料和出版物开发、基于互联网的沟通、社区参与和其他教育外联活动。

2. 经济与统计委员会（The Committee on Economics and Statistics）

经济与统计委员会负责监督 API 的政策部和统计部。委员会成员在政策分析和统计准备方面为 API 员工提供指导。委员会审核基本政策立场，并为 API 的其他部门提供指导。

3. 联邦关系委员会（The Committee on Federal Relations）

联邦关系委员会负责在国会和行政部门实施 API 有关行业问题的政策和计划，并协调 API 及其成员公司的政府关系工作。该委员会由成员公司驻华盛顿特区办事处负责联邦政

府关系的负责人组成。

4. 财务委员会（The Committee on Finance）

财务委员会重点关注与审计、会计、保险和风险管理有关的内部和外部问题。它针对监管和立法举措及行业财务领域的发展制定行业对策。该委员会由石油行业的首席财务官组成，赞助 API 的财务与会计计划。

5. 信息管理与技术委员会（The Committee on Information Management and Technology）

信息管理与技术委员会负责监督 API 在信息技术、电子商务和电信系统与管理、网络安全、数据隐私及不断发展的信息系统行业级项目方面的利益。该委员会赞助 API 的信息技术计划。

6. 法律委员会（The Committee on Law）

法律委员会确保 API 的法律事务得到妥善有效的处理。该委员会负责审查和批准 API 涉及的任何诉讼，并与其他委员会密切合作，以确保在行业问题上法律立场的一致性。该委员会由成员公司的总法律顾问组成。

7. 州关系委员会（The Committee on State Relations）

州关系委员会为 34 个州的州立法和监管问题制定行业政策，并确保对这些州的立法和监管问题进行妥善管理。该委员会就州一级的政策和优先事项与 API 其他委员会进行协调。

8. 全球行业服务委员会（The Global Industry Services Committee）

全球行业服务委员会对所有非费用计划（如创收和成本回收计划及特别招标）拥有管辖权。该委员会提供财务监督，与 API 分部委员会合作，并确保新机会符合 API 政策。

9. 税务委员会（The Committee on Taxation）

税务委员会制定 API 税务政策，并向 API 总裁和董事会提供税务建议。委员会确定立法和监管方面的优先税务问题，并为各税务小组委员会和 API 税务部制定总体议程。委员会由会员公司的高级税务专业人员组成。

（三）标准委员会（Standards Committees）

API 标准委员会由小组委员会和工作组构成，这些小组负责确定需求，然后制定、批准和修订标准及其他技术出版物，新项目必须满足有效的业务和安全需求。标准编写小组委员会和工作组向受标准重大影响的团体代表开放，这些团体包括石油和天然气公司、制造商和供应商、承包商和顾问及政府机构和学术界的代表。API 出版标准、推荐实践、设备规格、规范和技术出版物、报告和研究报告，涵盖了该行业的所有领域。在上游领域，API 出版物涵盖海上结构和浮式生产系统、管材、阀门和井口设备，以及钻探和生产设备；在下游领域，API 出版物涉及营销和管道运营及炼油设备，包括储油罐、减压系统、压缩机、涡轮机和泵（表 5-1）。API 还有一些跨行业的出版物，涉及消防和安全保护及石油测量。

API 标准编写组通过会议（通常每年两次）、邮件、传真、电话、电子邮件和网络会议开展工作。API 公司会员资格不是参与该过程的必要条件。受正在制定的标准影响最大的组织（受重大影响方）的代表可以参加标准制定会议，他们可以审阅标准草案并对其意见进行审议。

API 标准化委员会所做的工作确保了 API 产品标准与 API 质量和认证计划相结合，为企业提供了采购规范，从而大大减少了企业用于制定和维护自身内部采购规范的资源。

此外，API 委员会还发现，引入由 API 为行业管理的第三方见证计划也能提高可靠性。通过这种方法，企业可以为可被视为真正行业标准的文件提供技术意见，从而充分利用其工程资源。标准一旦确立，整个行业都会受益，终端用户可以以较低的成本采购到标准的、随时可用的设备，并获得行业的"经验教训"和最佳实践，从而节约成本。

为满足行业需求而制定的行业标准为最大限度地减少公司内部规格奠定了重要基础，从而降低了资本和运营成本。制造商也能节省开支，因为他们需要更少的生产实践和相关质量体系来满足要求。如果没有适当的标准，就无法实现这些节约。

表 5-1　活跃的 API 标准委员会

标准委员会		
油田设备和材料标准化委员会（COMMITTEE ON STANDARDIZATION OF OILFIELD EQUIPMENT AND MATERIALS）	生产设备（Production equipment）	管材产品（Tubular goods）
		阀门（Valves）
		现场生产设备（Field production equipment）
		塑料管（Plastic pipe）
	钻井标准（Drilling standards）	钻杆元件（Drill stem elements）
		钻井和维修设备（Drilling and servicing equipment）
		固井材料（Well cements）
		钻井液（Drilling fluids）
		钻通设备（Drill through equipment）
	海上 / 海底标准（Offshore/Subsea standards）	海上结构（Offshore structures）
		海底设备（Subsea equipment）
	竣工设备（Completion equipment）	
	供应链管理（Supply chain management）	
	质量标准（Quality standards）	API Spec Q1®
		API Spec Q2™

续表

标准委员会			
石油计量委员会（COMMITTEE ON PETROLEUM MEASUREMENT）	蒸发损失估计（Evaporative loss estimations）
	气体流体测量（Gas fluid measurement）
	液体测量（Liquid measurement）
	测量责任（Measurement accountability）
	测量质量（Measurement quality）
	生产计量与分配（Production measurement and allocation）
	计量教育与培训（Measurement education and training）
炼油厂设备委员会（COMMITTEE ON REFINERY EQUIPMENT）	腐蚀和材料（Corrosion and materials）
	传热设备（Heat transfer equipment）
	管道和阀门（Piping and valves）
	检查（Inspection）
	仪表和控制系统（Instruments and control systems）
	机械设备（Mechanical equipment）
	压力容器和储罐（Pressure vessels and tanks）
	电气设备（Electrical equipment）
	减压设备（Pressure relieving equipment）
	工艺安全（Process safety）
	安全防火（Safety and fire protection）

二、美国石油学会（API）的活动

（一）会议

1. API 勘探与开发标准会议（Exploration and Production Standards Meeting）

API 勘探与开发标准大会是 API 在全球举办的最大规模的石油天然气上游标准会议之一，每年冬季与夏季各举办一次，每次约有上千人的行业专家从全球各地赴美参会。会议期间，各技术分委会下设的各不同工作组举办的研讨会将同期展开。研讨会内容对标准更新、项目测试、服务要求和工作流程等均设有细分专场，同时也针对不同的参会人群（如作者、终端用户、采购商等）设有专场研讨会，适合所有的行业利益相关者参与学习、交流和讨论。

2023 年会议内容主要包括：

（1）API 油田设备和材料标准化委员会（CSOEM）各技术分委会会议。

油田设备和材料标准化委员会（CSOEM）负责制定约 275 项标准，这些标准是 API Monogram 计划的基础。向 CSOEM 汇报工作的技术小组委员会有：

① 第 2 小组委员会：海上结构（Offshore structures）；

② 第 5 小组委员会：管材（Tubular goods）；

③ 第 6 小组委员会：阀门和井口设备（Valve & wellhead equipment）；

④ 第 8 小组委员会：钻井结构（Drilling structures）；

⑤ 第 10 小组委员会：固井材料（Well cements）；

⑥ 第 11 小组委员会：油田作业设备（Field operating equipment）；

⑦ 第 13 小组委员会：钻井、完井和流体（Drilling, completion and fluids）；

⑧ 第 15 小组委员会：玻璃纤维和塑料管（Fiberglass and plastic pipe）；

⑨ 第 16 小组委员会：钻井控制设备（Drilling well control equipment）；

⑩ 第 17 小组委员会：海底生产设备（Subsea production equipment）；

⑪ 第 18 小组委员会：质量（Quality）；

⑫ 第 19 小组委员会：完井设备（Completion equipment）；

⑬ 第 20 小组委员会：供应链管理（Supply chain management）；

⑭ 第 21 小组委员会：材料（Materials）。

（2）绿色低碳相关技术讲座，包括氢能基础设施、地下储氢等。

参会人员除了包含 API 勘探与生产标准委员会和分委员会成员外，以下人员也可报名参会：石油国家管材产品的用户和制造商、钻通和井控设备的用户和制造商、油井水泥用户和制造商、钻井液用户和制造商、钻井和提升设备的用户和制造商、海底生产系统的用户和制造商、材料工程师、质量管理系统专业人员、供应链管理和专业人员。

2. API 炼油与设备标准会议（Refining and Equipment Standards Meeting）

API 炼油与设备标准大会是 API 在全球举办的最大规模的石油天然气下游标准会议之一，每年春季与秋季各举办一次，会议面向所有感兴趣的炼油与石化行业专业人士开放，会议期间，API 下设的炼油设备委员会（CRE）各技术分委会将同期举办专场研讨会，会议内容涉及新版标准、检验规范、仪器测量、设备完整性等诸多下游热点话题，适合所有的下游行业利益相关者学习、交流和讨论。

2023 年会议内容主要包括：

（1）API 炼油设备委员会（CRE）各技术分委会会议。

炼油设备委员会（CRE）负责制定约 160 项标准，这些标准是 API 个人认证（ICP）和工艺安全现场评估（PSSAP）计划的基础。

向 CRE 汇报工作的技术小组委员会包括：传热设备小组委员会、机械设备小组委员会、管道和阀门小组委员会、地下储罐小组委员会、电气设备小组委员会、降压系统委员

会、仪器及控制系统委员会、耐火材料委员会、检查与机械完整性委员会、腐蚀与材料委员会、石油精炼技术数据委员会。

2023 Exploration and Production Winter Standards Meeting & API/AGA Joint Committee on Pipeline Welding Practices

Monday, January 23 – Friday, January 27, 2023 | Hyatt Regency New Orleans | New Orleans, Louisiana
Current as of Monday, January 23rd, 2023 | Subject to change | Final program will be available in Cvent Events App.

Sunday, January 22	Time (Central)	Location
API 5CRA / ISO 13680 Work Group (SC 5/TGOCTG/RGMT)	8:00 AM- 4:00 PM	Imperial 12 – 4th Floor
Registration	1:00 PM – 5:00 PM	Celestin Foyer – 3rd Floor
Sponsor & Exhibitor Display	1:00 PM – 5:00 PM	Celestin Foyer – 3rd Floor

Monday, January 23	Time (Central)	Location
Welcome Breakfast	7:00 AM – 8:30 AM	Celestin D – 3rd Floor
Registration	7:00 AM – 5:00 PM	Celestin Foyer – 3rd Floor
Sponsor & Exhibitor Display	7:00 AM – 5:00 PM	Celestin Foyer – 3rd Floor
API 16AS Work Group, BOP Systems (SC 16)	8:00 AM – 10:00 AM	Imperial 5AB – 4th Floor
Morning Coffee Service	8:30 AM – 9:30 AM	Celestin Foyer – 3rd Floor
Subcommittee 5 on Tubular Goods Conference program for SC5 product-specs, related standards and committee business (SC 5)*	8:30 AM – 9:30 AM	Celestin E – 3rd Floor
Orientation for New Committee Members and First-Time Attendees	9:00 AM – 10:00 AM	Celestin H – 3rd Floor
SC 5 Manufacturers Advisory Group -Manufacturers and service-suppliers, relevant committee business and community updates (SC 5/MAG)	9:30 AM – 12:00 PM	Celestin E – 3rd Floor
SC 5 Users Advisory Group Operators and end-users, relevant committee business and community updates (SC 5/UAG)	9:30 AM – 12:00 PM	Celestin F – 3rd Floor
Mid-Morning Coffee Service	10:00 AM – 10:30 AM	Celestin Foyer – 3rd Floor
API 16D, Work Group, Control Systems for Drilling Well Control Equipment and Diverter Equipment (SC 16)	10:00 AM – 12:00 PM	Imperial 5CD – 4th Floor
API 16AR Work Group, Repair/Remanufacture of Drill-Through Equipment (SC 16)	1:00 PM – 5:00 PM	Imperial 5AB – 4th Floor
SC 5 OCTG, Casing and Tubing Work Groups (SC 5/TGOCTG/RGMT)	1:00 PM – 6:00 PM	Celestin E – 3rd Floor
	1:00-1:50: 2360; 5CT, Stress Relief of Cold-worked Ends 2:00-2:15: 2451; 5C1, 9th Edition Development	

Monday, January 23	Time (Central)	Location
	2:20-2:30: 2456; 5CT, Coupling Acceptable Marking Depth 3:00-3:50:2390;5CT, Addition of Grade C125 4:00-4:50: 2455; 5C3, Annex I Alternative Geometry 5:00-6:00: 2404;5CT, Clarify Accessory Material NDT Requirement's [time;work item;standard, topic]	
SC 5 Line Pipe Work Groups (SC 5/TGLP)	1:00 PM – 6:00 PM	Celestin F – 3rd Floor
	1:00-1:50: 4253;5L, SSC Guidance for TMCP Pipe 2:00-2:30: 4257;5L, Energy Transition Fuel Pipe (CO2 Service) 3:00-3:50: 4257;5L, Energy Transition Fuel Pipe (H2 Service) 4:00-4:50: 4256;5L, Tensile Strain Capacity 5:00-6:00: 4244;5L, HFW Weld Seam Quality [time;work item;standard, topic]	
Afternoon Coffee Service	2:00 PM – 2:30 PM	Celestin Foyer – 3rd Floor
Special Networking Break	2:30 PM – 3:00 PM	Celestin A – 3rd Floor
Task Group on Materials Performance for H2 Service (SC21)	2:00 PM – 4:00 PM	Celestin A – 3rd Floor
SC 13 Drilling, Completion, and Fracturing Fluids - Low Carbon/Sustainability (SC 13)	2:00 PM – 5:00 PM	Celestin D – 3rd Floor
Subcommittee and Task Group Chairs Training	3:30 PM – 5:30 PM	Celestin H – 3rd Floor

Tuesday, January 24	Time (Central)	Location
Early Morning Coffee Service	7:00 AM – 8:30 AM	Celestin Foyer – 3rd Floor
Registration	7:00 AM – 4:00 PM	Celestin Foyer – 3rd Floor
Sponsor & Exhibitor Display	7:00 AM – 5:00 PM	Celestin Foyer – 3rd Floor
Std 1104 Interpretations Task Group	8:00 AM – 10:00 AM	Celestin D– 3rd Floor
API 16F, 16FR Work Group, Repair & Remanufacture of Marine Drilling Riser Equipment (SC 16)	8:00 AM – 12:00 PM	Foster 1 – 2nd Floor
API 16B Work Group, Coiled Tubing, Snubbing, and Wireline Well Control Stack Equipment (SC 16)	8:00 AM – 12:00 PM	Foster 2 – 2nd Floor
SC 5 Drill Stem Elements Work Groups (SC 5/TGDSE)	8:00 AM – 12:00 PM	Celestin GH – 3rd Floor
	8:00-8:20: 7038; 7-2, Double-shoulder Connections 8:30-8:50: 7058; 7-2, Pitch Diameter Measurement 9:00-10:00: 7052; 7-1, 3rd Edition Development 10:30-10:50: 7049; 7G-3, 1st Edition	

图 5-13 2023 年 API 勘探与开发标准冬季会议议程（节选）

（2）技术讲座：
① API 全球行业服务部（GIS）新项目：气候行动框架、标准数字化及能源卓越计划。
② 生物燃料圆桌会议（材料、腐蚀等）。

参会人员除了包含 API 炼油设备委员会和分委员会成员外，炼油和石化行业的专业人员也可报名参会，如运营和工程经理、工艺装置工程师和专家、炼油设备专家。

3. API 计量标准委员会会议（Committee on Petroleum Measurement Standards Meeting）

API 计量标准委员会会议每年春季与秋季各举办一次。会议期间，API 石油计量标准委员会（COPM）各技术分委会研讨会将同期举办。会议内容涉及液体计量、气体流体计量、计量质量、计量责任、蒸发损失评估、生产计量和分配等行业标准更新和热点话题，为确定和测量天然气、液化天然气、液化石油气、石化产品、原油、石油产品和其他石油或碳氢化合物相关流体的数量和质量提供可靠的方法。

2023 年会议内容主要包括 API 石油计量委员会（COPM）各技术分委会会议（图 5-14）。石油计量委员会（COPM）负责制定全球约 180 项用于监管转移操作的标准。向 COPM 汇报工作的技术小组委员会包括：液体测量委员会、气体流体测量委员会、生产测量和分配委员会、测量质量委员会、测量责任委员会、蒸发损失估计委员会、测量教育与培训委员会。

参会人员除了包含 API 石油计量委员会和分委员会成员外，以下人员也可报名参会：工程师、损失/控制专家、销售和营销经理、测量专家、测量审核员、化学家、任何与石油测量有关的人员（其公司为石油生产商、运输商、炼油和销售公司）。

2023 Spring Committee on Petroleum Measurement Meeting
Monday, March 6, 2023- Friday, March 10, 2023 | Grand Hyatt San Antonio River Walk | San Antonio, Texas
Current as of Tuesday, February 28, 2023 | Subject to change | Final program will be available in Attendee Hub App.

Sunday, March 5	Time (Central)	Location
Registration	1:00 PM - 5:00 PM	Lonestar Prefunction
Sponsor & Exhibitor Display - Setup	3:00 PM - 5:00 PM	Lonestar Prefunction
Chairman's Orientation	5:30 PM - 7:30 PM	Bowie AB

Monday, March 6	Time (Central)	Location
Registration	7:00 AM - 5:00 PM	Lonestar Prefunction
Sponsor & Exhibitor Display	7:00 AM - 5:00 PM	Lonestar Prefunction
Breakfast and General Session: API's Standards Ballots: Reballot vs. Recirculation Presenter: Paula Watkins, Senior Director, API	7:00 AM - 8:30 AM	Lonestar AB
Morning Coffee Service	8:30 AM - 9:30 AM	Lonestar Prefunction
COPM Orientation (Open to new attendees and anyone who wishes to expand their knowledge of COPM procedures for standards development and committee structure.)	8:30 AM - 10:00 AM	Lonestar D
Mid-Morning Coffee Service	10:00 AM - 10:30 AM	Lonestar Prefunction
New Leadership Development Committee (NLDC)	10:30 AM - 12:30 PM	Lonestar E
Production Measurement and Allocation of Oil and Natural Gas (CPMA CH 20.1 & 20.4)	1:00 PM - 2:00 PM	Lonestar C
COLM Ch. 12.4 Base Prover Volume Determination WG	1:00 PM - 2:00 PM	Lonestar D
Temperature Determination (COMQ Ch. 7)	1:00 PM - 2:30 PM	Travis CD
Ad-Hoc Group on Produced Water Quality (COMQ)	1:00 PM - 2:30 PM	Travis AB
COMA Ad Hoc Group on Emerging Issues/New Standards	1:00 PM - 3:00 PM	Lonestar F
COGFM Ch. 21.1 - Electronic Gas Measurement Work Group	1:00 PM - 4:00 PM	Bowie ABC
Afternoon Coffee Service	2:00 PM - 2:30 PM	Lonestar Prefunction
Special Networking Break	2:30 PM - 3:00 PM	Lonestar Prefunction

COLM TR 25XX Produced Water Quantity Measurement	2:00 PM - 3:00 PM	Lonestar C
COMET Terms and Definitions (Ch. 1 Database) Work Group	3:00 PM - 5:00 PM	Lonestar D
Physical Properties Data - Volume Correction Factors (COMQ Ch. 11)	3:00 PM - 5:00 PM	Travis CD
COLM Ch. 5 Metering Work Group	3:00 PM - 5:00 PM	Lonestar F

Tuesday, March 7	Time (Central)	Location
Registration	7:00 AM - 4:00 PM	Lonestar Prefunction
Sponsor & Exhibitor Display	7:00 AM - 5:00 PM	Lonestar Prefunction
Breakfast and General Session: Online Water Monitoring: Water-cut Meter Testing Program Presenter: Dr. Amy McClaney, Senior Research Engineer, Southwest Research Institute	7:00 AM - 8:30 AM	Lonestar AB
Morning Coffee Service	8:30 AM - 9:30 AM	Lonestar Prefunction
Automatic Sampling of Refrigerated Hydrocarbon Liquids and Chemical Gases Work Group (COMQ Ch. 8.X)	8:30 AM - 9:30 AM	Lonestar D
Test Method for Water in Crude Oils by Coulometric Karl Fischer Titration (COMQ Ch. 10.9)	8:30 AM - 10:00 AM	Lonestar C
CPMA Wet Gas Sampling Work Group	8:30 AM - 10:00 AM	Travis AB
COLM Ch. 6.4A Lease Automatic Custody Transfer (LACT) Systems Work Group	8:30 AM - 10:00 AM	Travis CD
COGFM Ad Hoc Group on Emerging Issues & New Standards	8:30 AM - 10:00 AM	Bowie ABC
Mid-Morning Coffee Service	10:00 AM - 10:30 AM	Lonestar Prefunction
COMA Ch. 23.1 Reconciliation of Liquid Pipeline Quantities Work Group	10:00 AM - 11:00 AM	Lonestar C
COLM Ch. 12 Calculation of Petroleum Quantities	10:00 AM - 11:00 AM	Lonestar D
Bubble Point Liquids (CPMA TRXXXX)	10:00 AM - 11:30 AM	Travis CD
Temperature Correction for the Volume of NGL and LPG Tables 23E, 24E, 53E, 54E, 59E, 60E (COMQ 11.2.4)	10:00 AM - 11:30 AM	Travis AB
COGFM Ch. 14.3.2 Concentric, Square-edged Orifice Meters - Specification and Installation Requirements	10:30 AM - 12:00 PM	Lonestar F

图 5-14　2023 年 API 计量标准委员会春季会议议程（节选）

4. API/APG 管道焊接操作联合委员会会议（API/AGA Joint Committee on Pipeline Welding Practices）

API/APG 管道焊接操作联合委员会会议每年一月举办，会议期间，API/APG 管道焊接操作委员会下设备分委员会的研讨会将详细介绍最新的标准更新情况，同时新成立的氢燃料气体管道工作组也分享了最新进展。通过此会议，可以了解管道标准、最佳做法，以及行业的最新研究和进展。

2023 年会议内容主要包括工作组会议和两个 API 小组的技术会议。这两个小组在制定和维护油井水泥、钻井液和完井液、油管产品和质量计划的最新标准方面处于行业领先地位，同时包含标准变更解释和相关政策、机械化焊接、焊接程序和焊工资格、维护焊接、断裂力学等（图 5-15）。

参会人员除了包含 API/AGA 石油和天然气管道现场焊接实践联合委员会和分委员会

成员外，以下人员也可报名参会：石油和天然气焊接主管、无损检测专家、管道焊接专家、管道制造商、管道承包商、服务和供应公司人员。

图 5-15　2023 年 API/APG 管道焊接操作联合委员会会议

5. API/AFPM 操作做法专题研讨会（API/AFPM Operating Practices Symposium，OPS）

API/AFPM 操作做法专题研讨会每年春季与秋季各举办一次，该研讨会由 API 与美国燃料和石化制造商协会（AFPM）联合举办，旨在通过一天的会议，为炼油和石化企业提供一次相互交换行业安全操作流程信息并分享行业最佳做法的机会。会议期间，来自全球各石油石化公司的专家将围绕改进操作、提高可靠性和其他先进做法展开交流，同期的圆桌会议也将讨论行业热点话题。

2023 年会议内容主要包括：从设施事故或险情中吸取的经验教训，并讨论如何避免炼油厂和石化厂发生事故。OPS 还为炼油厂和石化厂提供了一个交流安全操作实践和程序信息及分享"最佳实践"的论坛。

参会人员主要包括炼油厂和石化工厂管理层、工厂运营和维护负责人、"最佳实践"小组负责人、过程安全管理专家，其中运营实践研讨会只对炼油和石化运营公司开放。

（二）API 标准制定

1. 标准制定机构

在 API《标准制定程序》2022 版的第 4 节中明确规定了 API 标准委员会在 API 标准

制定过程中的权利及委员会的具体运作，具体如下：

4　API 标准委员会

4.1　标准化权力

API 董事会已授权 API 分部和标准政策委员会制定标准。该权力可授予负责标准制定的下属委员会。

4.2　委员会运作

负责标准制定的 API 委员会可针对各委员会的组织、范围、成员和行为制定书面程序。此处规定的程序不得因个别委员会的程序或为联合委员会活动制定的程序（见 4.3）而修改。

4.3　与其他组织的联合委员会

与其他标准制定组织（SDOs）联合成立的标准委员会应制定书面程序，规定联合委员会的结构、范围、成员和运作。与其他标准制定组织（SDOs）的联合委员会也可选择按照本程序开展标准制定活动。除非按照 API《标准制定程序》第 6 节规定的程序获得批准，或其他 SDO 获得 ANSI 对联合标准活动的认可，否则 API 不得发布标准。

2. 标准命名

在 API《标准制定程序》2022 版的第 5 节中明确规定了 API 标准的命名方法，以及不同类型标准具体包含的内容，具体如下：

5.1　总则

5.1.1　API 标准应使用字母数字标识。API 标准应使用下列名称之一来描述标准：

a）规格（Specification）；

b）标准（Standard）；

c）规范（Code）；

d）推荐做法（Recommended practice）。

注：有关公告和技术报告的信息，请参见 5.6。

除非适用第 4.3 节的规定，否则规格、标准、规范和推荐做法应根据本程序进行开发和维护。公告和技术报告可由 API 标准委员会按照本程序规定的协商一致程序批准出版。

5.1.2　API 标准应在其前言中包含以下声明：

This document was produced under API standardization procedures that ensure appropriate notification and participation in the developmental process and is designated as an API standard. Questions concerning the interpretation of the content of this publication or comments and questions concerning the procedures under which this publication was developed should be directed in writing to the Standards Director, American Petroleum Institute, 200 Massachusetts Avenue, NW, Suite 1100, Washington, DC 20001.

注：在考虑法规遵从性或其他用途时，API 标准没有第 5 节中所述的等级结构。

5.2 规格（Specification）

为方便采购商、制造商和/或服务供应商之间的沟通而编写的文件。

5.3 推荐做法（Recommended Practices，RP）

传达公认行业惯例的文件。推荐做法（RP）可包括强制性和非强制性规定。

5.4 标准（Standards）

结合了规范和推荐做法要素的文件。

5.5 规范（Codes）

可由监管机构或有管辖权的当局采用的文件。

5.6 公告和技术报告（Bulletins and technical reports）

传达有关特定主题或专题的技术信息的文件，通常一次性发布。公告和技术报告不是标准，但建议由 API 标准委员会按照本程序规定的协商一致程序批准发布。

5.7 其他指定文件

5.7.1 标准草案

根据本程序制定并分发以征求更多意见的文件。大多数标准草案是不公布的，但是，经有关委员会批准，标准草案可在规定的期限内公布，以便更广泛地向有关各方散发。如果标准草案在封面上注明为标准草案，并包含经 API 首席法律官办公室批准的明确免责声明，则可予以公布。标准草案不得作为试用的美国国家标准草案处理，因为美国国家标准学会（ANSI）已不再承认这些草案。

5.7.2 其他名称

任何其他名称，包括但不限于指南（Guide）、出版物（Publication）或指导文件（Guidance document），均不得用于指定 API 标准。

术语"章"可用于指定特定成套标准或文件中的一个分支或一组。

3. 协商一致过程程序

在 API《标准制定程序》2022 版的第 6 节中明确规定了 API 是在协商一致的基础上制定行业标准。当作为委员会/共识机构投票成员的直接和实质性利益方达成实质性协议时，即为达成共识。实质性一致意见意味着超过简单多数，但不一定是一致同意。协商一致要求考虑所有意见和反对意见，并努力加以解决。就 API《标准制定程序》而言，协商一致的定义是，有资格投票的大多数人参加了投票，并且至少有三分之二的投票者（不包括弃权票）批准了该决议。

4. 标准制定的资源需求

在制定新标准或修订现有标准之前（无论是否需要资金支持专题专家、主编或研究项目），应填写 API 标准资源和研究申请表（SR3），并由管辖的政策委员会进行审查。政策委员会或其指定的分组应审查拟议活动的必要性、完成时限及所需资源的数量和类型。作为年度预算编制过程的一部分，API 工作人员应审查用于支持经批准的 SR3 申请的资金。

当申请年度内无法满足全部申请时，政策委员会随后可能会被要求协助确定供资申请的优先次序。在标准政策委员会批准 SR3 之前，不得开始起草或修订标准的初期工作，除非标准政策委员会与 API 工作人员协商，在提供充分理由说明为何需要加快工作进度的情况下批准例外情况。

在 API《标准制定程序》2022 版的第 6 节中明确规定了业务需求的各方面，具体如下：

6.4.2.1　评估

应使用 SR3 表格评估拟议行动的业务需求和范围，其中包括 6.4.2.2～6.4.2.7 中给出的标准。

6.4.2.2　与其他组织协调

应告知政策委员会其他 SDO 的工作计划中是否有类似或重复的标准，如果有，将如何与相关小组协调工作。

6.4.2.3　专题专家和财政资源

应对现有的专题专家（SME）资源进行评估，以确定是否需要内容专家或主编来促进标准制定过程。其他资源需求也应包括在内，如复杂的图形或需要特殊安排才能完成的内容。

6.4.2.4　标准研究经费

应使用 SR3 表格提交研究资金申请，并说明研究的业务需求及研究是否会导致多个标准的技术改进。还应考虑行业联合项目和利用其他组织资金的机会。

6.4.2.5　不启动标准活动的影响

应考虑不启动拟议行动的影响，包括可能产生的安全、可靠性和环境影响。

6.4.2.6　ANSI/ISO 候选标准

应评估在国内采用国际标准化组织（ISO）标准对行业的价值。所有活动均应符合适用的法律法规。

国家采纳的结果是制定一项美国国家标准，因此应遵循处理美国国家标准的相关程序，并由管辖政策委员会批准 SR3 表格。如果决定放弃制定或修订 API 标准，而在国内采用 ISO 标准，则应提交并批准新的 SR3 表。

6.4.2.7　项目时间安排

SR3 要求提供建议的时间表，包括标准工作的目标启动日期和标准的目标投票日期。该信息用于更新 API 标准数据库和跟踪委员会的进展情况。

6.4.3　批准资源和研究申请

在将 SR3 提交政策委员会批准之前，应按照政策委员会的程序制定申请。

5. 标准投票

一般投票应使用 API 的电子投票（e-ballot）系统进行，但再循环（可参见 API《标准制定程序》6.6.7.3）除外，再循环可通过电子邮件代替电子投票系统进行。投票人和评论人应使用电子投票系统做出回应，以便于编制投票摘要和评论登记簿，适于记录和报告

所有评论的处理情况。

标准行动，包括批准一项新标准、修订或重申一项现有标准或在全国范围内采用一项国际标准化组织标准，应由标准委员会或协商一致机构投票批准。任何标准草案或标准修订稿均不得送交任何外部标准组织以供采用或潜在使用，除非该标准已根据程序进行投票并获得批准，或 API 与另一标准组织之间已就联合制定 / 修订标准达成正式协议。应设定合理的投票期限（一般为六周）。该期限应由标准委员会主席与 API 工作人员协商确定。投票由 API 工作人员准备并分发给有投票资格的标准委员会或共识机构成员及其候补成员（如有）。有关获取投票草案副本和提交意见的信息应分发给表示有兴趣参与投票的人员，有关分发选票和文件草案的更多信息，可参见 API《标准制定程序》的 7.7。

API《标准制定程序》第 6 节中明确规定了选票的格式、投票资格、投票批准、意见处理等方面的内容，具体如下：

6.6.4 选票格式

选票应简明扼要地说明建议投票采取的行动。所有选票均应提供四个投票选项：

a）赞成；

b）有评论的赞成票；

c）反对，并说明理由；

d）弃权。

反对票应附有与提案有关的评论；无评论的反对票将记为"无评论的反对票"，不再通知投票人。

6.6.5 个人投票资格

6.6.5.1 投票要求

每个公司投票成员或投票成员的候补投票成员只允许投一张票。如果收到的选票来自有投票资格的会员和同一公司的候补会员，则以会员的投票为准。如果收到的选票来自代表同一公司的候补成员，则以 API 收到的最早选票为准。API 收到的每张有效选票应注明有投票资格的成员或投票成员的候补成员、显示所属公司、注明日期、并在投票截止日期前交回。意见应通俗易懂、简明扼要，并明确指出与之相关的文件部分，应提供解决意见的替代措辞。

6.6.5.2 API 委员会联合投票

如果由于需要征求多个学科的意见而需要对多个 API 委员会进行联合投票，则应做出特殊安排以确保符合程序。这些安排包括在 SR3 表格（参见 API《标准制定程序》的 6.4.1）中注明此类联合投票要求、由上级委员会批准联合投票、在代表同一公司的联合委员会投票成员之间进行协调，并可包括指定分部利益类别，如上游运营商—用户、下游运营商—用户或管道运营商—用户。

6.6.6 投票批准

建议的标准行动投票若要被视为获得批准，所有意见均应按照 6.6.7 的规定进行审议，并应满足以下达成共识的条件（参见 API《标准制定程序》6.2.3）：

　　a）过半数有资格投票的成员已投票；

　　b）至少三分之二的有效赞成票和有效反对票（不包括弃权票）为赞成票。

（三）API 标准维护

　　API 标准维护可分为定期维护（Periodic maintenance）、持续维护（Continuous maintenance）、稳定维护方案（Stabilized maintenance option）三种。

　　1. 定期维护

　　定期维护的标准应在技术变化影响其时效时进行审查，或至少每 5 年审查一次，除非相关标准委员会提前修订或撤销该标准。如果某项标准在 5 年期的第 4 年年底仍未修订，API 工作人员将向负责的标准委员会提出建议，然后由该委员会进行评估，以确定是否要：

　　（1）修订标准；

　　（2）投票重申该标准；

　　（3）撤销该标准；

　　（4）要求延长标准。

　　标准委员会可要求其上级委员会延长修订、重申或撤销标准的期限，最长不超过两年。任何在 7 年后仍未采取行动（修订、重新确认或撤销）的标准，应在行政上撤销其作为 API 标准的地位。延期申请应表明修订、重新确认或撤销文件的工作正在进行中。ANSI/API 标准的延期申请应在 ANSI 批准日期的 30 天内使用 BSR-11 表格提交给 ANSI。

　　符合重申要求的定期维护文件应在封面上标注"REAFFIRMED，MONTH YEAR"，注明有关协商一致机构批准重申投票（可参见 API《标准制定程序》的 6.6.6 和 6.6.7）的日期。

　　2. 持续维护（Continuous maintenance）

　　持续维护允许在文件当前周期内的任何时间处理建议修订提案，供协商一致机构投票表决。在持续维护选项下，标准的任何部分都不得被排除在修订程序之外。

　　其中对处于持续维护状态的标准的修订建议应以书面形式提交给标准主任或相应的标准项目经理 / 专家。所长或其指定人员收到的提案应进行审查，并交由指定的标准项目经理或专家处理。指定的标准项目经理 / 专家应在将每份提案提交相关委员会之前进行审查。如果计划经理 / 专家认为提案需要进一步澄清，可再给提案者最多 14 个工作日的时间重新提交修订提案。然后，标准项目经理 / 专家应将提案转交负责制定和 / 或维护该标准的委员会主席审议。持续维护标准的修订提案应至少提前 30 天提交，以便在下一次预定的委员会会议上审议。在截止日期后收到的提案会在委员会下次会议上审议。

　　3. 稳定维护方案（Stabilized maintenance option）

　　根据稳定维护方案维护的标准应符合以下资格标准：

（1）该标准涉及成熟的技术或实践，因此不可能需要修订；

（2）该标准与安全或健康无关；

（3）该标准至少被重申过一次；

（4）该标准自批准或上次修订以来至少已过了 10 年；

（5）该标准需要用于现有的实施或参考目的。

根据稳定维护方案维护的标准不需要以 5 年为例行周期进行修订或重新确认，但应由相应的政策委员会以 10 年为周期对其状况进行审查。

如果稳定后的标准是美国国家标准，且在审查中确定该标准应继续保持稳定后的保持选项，因此不需要修订或撤销，则应由 API 通知 ANSI，并在 ANSI 标准行动中发布相关公告。如果标准将继续保持稳定维护选项或将被撤销，则应通过提交信息公告的方式通知 ANSI；如果标准将被修订，则应通过 PINS 通知 ANSI。

如果受重大影响的相关方在任何时候提出建议，认为需要修订或应撤销按稳定维护方案维护的标准，则该建议应以审议新建议的相同方式进行审议，但审议时间最长不得超过收到建议后的 60 天。建议应包括开始修订的理由，不得因建议不一定提出具体修订而不予考虑。应在收到建议后 60 天内，以书面形式答复建议提交者，告知有关标准维护状态的决定。在稳定维护方案下维护的标准，应明确说明考虑修改要求的意向和提交此类要求的信息。在稳定维护方案下维护标准的决定及维护标准的程序，可向 API 提出申诉。

案例四：宝钢修订美国石油协会标准

2019 年，宝钢股份钢管条钢事业部的"无缝油井管在线控冷技术用于套管生产"提案成功通过了美国石油协会（API）的立项申请，正式转入立项程序，实现了中国钢管制造企业牵头对 API 标准进行修订的零的突破。

由宝钢股份中央研究院、钢管条钢事业部及东北大学共同研发的"无缝油井管在线控冷技术"属于国际首创。基于该平台开发的套管产品具有综合性能优良、合金成本低及环境友好等特点，有广阔的市场前景。由于国内外各大油田普遍采用 API 标准，该技术尚未纳入该标准认可，暂时无法生产供货。2019 年 6 月，宝钢股份赴美参加 API 标准年会，并在大会上提出纳标申请。由于提案的审核流程非常复杂和严苛，宝钢股份的提案经历了 3 次审定，最终以零票反对顺利通过。

第四节　美国机械工程师协会（ASME）的管理与活动

一、美国机械工程师协会（ASME）的管理

美国机械工程师协会（American Society of Mechanical Engineers，ASME）成立于 1880 年，是世界上第一个促进机械工程科学技术与生产实践发展的国际性标准化组织。

ASME 的主要部门包括技术和工程委员会（TEC）、公共事务和外联（PAO）、学生和早期职业发展（SECD）、标准与认证（S&C）、会员发展与参与（MDE）（图 5-16）。

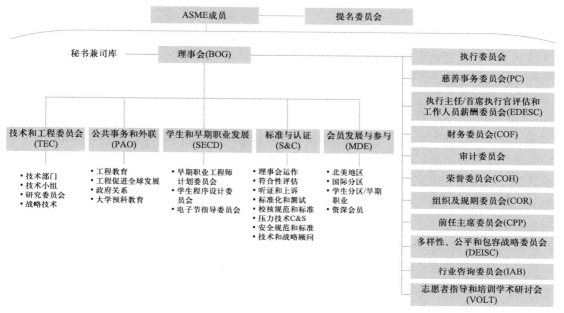

图 5-16　ASME 组织管理结构

　　ASME 的每个部门均由一个部门理事会领导，并有权设立理事会和委员会，就与具体任务有关的事项向部门提供建议，部门的所有成员均由理事会任命，每个部门理事会负责批准直接向该部门理事会报告的理事会和委员会的所有任命，各部门的职责和责任由理事会指定。

　　技术和工程委员会（TEC）由一个多样化的志愿者社区组成，通过技术小组、技术部门和研究委员会代表各种技术和理念。技术和工程委员会利用其成员的才能，通过现有的和新的会议和活动提供内容，并提供资源和主题专业知识以创造新的机会，从而传播工程知识。公共事务和外联（PAO）部门在理事会的领导下，负责协调与行业、政府、教育和公众的外联工作。该部门还负责处理多元化和人道主义计划方面的举措。学生和早期职业发展（SECD）部门在理事会的领导下，负责满足学生和早期职业工程师的需求，并为他们提供发言权。标准与认证（S&C）部门在理事会的领导下，负责与准则和标准有关的活动，包括相关的合格评定计划。会员发展和参与（MDE）部门在理事会的领导下，负责为专业分会、学生分会、会员发展和老将委员会提供资源、支持和管理。

　　许多 ASME 标准制定委员会都包括一系列较小的（次级）单位，如小组委员会、分组、工作组和项目团队等，它们负责制定、更新和维护 ASME 的广泛标准组合。

　　委员会的加入是免费的，任何对该主题领域感兴趣并具备必要技术专长的人都可以加入。鼓励加入 ASME，但并非必须，并且委员会成员始终被视为个人，而非其雇主或其他组织的代表。委员会任命成员的标准包括：经验、技术资质、参与委员会活动的能力、参与委员会活动的组织的商业利益（如有）、委员会人数限制等。

同时 ASME 制定了一系列机制，以最大限度地提高有关各方参与其标准制定活动的能力。会员是传统的参与方式，会员必须积极参与委员会的讨论、工作分配、投票表决并出席会议；贡献成员是对有兴趣参与标准制定活动，但无法积极 / 持续参与的个人的一种分类，贡献成员必须参与委员会的讨论和工作任务，但可选择是否出席会议，而且只能对选票进行审核和发表意见；代表计划是为美国和加拿大以外对特定 ASME 标准有技术兴趣的各方设计的。每个申请团体必须向符合条件的专家开放。团体选择一名个人（代表）代表其利益，并就委员会的标准行动提供集体意见。代表必须能说流利的英语，并对委员会工作的技术方面有所了解。代表应在其所在小组的支持下，对修订建议提出意见，对首次审议投票进行表决，并参与工作分配和委员会讨论。国际工作组（IWG）是在美国和加拿大以外的国家或地区的不同群体表示希望为标准制定委员会的工作做出贡献时设立的。IWG 与其他次级小组一样，由相关标准制定委员会创建并任命成员，IWG 的职能与其他向主要标准制定委员会报告的次级小组相同。

通过加入标准制定委员会，可以与特定领域最重要的技术专家互动、交流和学习，在修订发布之前了解修订信息，了解行业中的技术问题，学习他人如何处理这些问题，以及如何避免或解决自己组织中的类似问题，加深对全球其他行业的了解。当组织支持员工加入 ASME 标准与认证活动时，他们会获得直接和间接的利益。可确保组织的利益在标准制定、修订和要求中得到充分考虑，确保组织了解标准修订情况并理解其技术依据，及早了解行业内的技术问题及他人的解决方案，增强参与员工对相关标准的理解，改进规则的应用，从而提高效率、降低成本、获得共同参与研发的机会，可为国际标准化组织（ISO）标准的制定提供意见。

二、美国机械工程师协会（ASME）的活动

（一）会议

1. ASME 年会（ASME Annual Meeting）

ASME 年会为 ASME 会员提供了一个平台，使他们能够建立联系、了解行业发展动态、获取发展机会，以及庆祝和表彰对 ASME 和机械工程做出的重大贡献，年会中设置了诸多特别活动，如专家讲座、基金会荣誉午餐会、商务会议等，同时也会进行 ASME 理事提名、委员会会议等。2023 年 ASME 年会议程（节选）如图 5-17 所示。

2. 压力容器与管道会议（Pressure Vessels & Piping® Conference，PVP）

压力容器与管道会议是和压力容器与管道领域的专家、从业人员和同行交流互动、了解新技术的理想平台。PVP 会议是一个公认的国际论坛，与会者来自欧洲、非洲、中东、亚洲、美洲和大洋洲岛屿的 40 多个国家。ASME 压力容器与管道分会（Pressure Vessels & Piping Division）主办了 PVP 会议，ASME NDPD 分会（NDPD Division）也参与了会议。

2023 年压力容器与管道会议举行了 150 多场论文和小组会议，包括教程和研讨会、技术演示论坛（展览）（图 5-18）。一般主题包括：规范与标准、计算机技术与螺栓连接、设计与分析、流体与结构的相互作用、高压技术、材料与制造、操作、应用与组件、地震工程、无损检测等。

图 5-17　2023 年 ASME 年会议程（节选）

图 5-18　2023 年 ASME 压力容器与管道会议

（二）ASME 规范 / 标准制定

ASME 的《规范与标准政策》（Codes and Standards Policies）2022 版中提供了关于建立新的规范或标准项目的指南。

1. 新规范或标准的申请

（1）制订新规范或标准的申请应以书面形式向 ASME 提交"关于制订 ASME SES 新产品的申请"。任何方面的申请均可受理，包括个人、委员会、专业组织、政府机构、行业团体或公共利益团体。申请将以书面形式确认，并提交相应的监督委员会采取行动。

（2）如果监督委员会认为有必要并决定着手制定，它可将该项目分配给一个现有的标准委员会，或根据"3.要求的实施"中的指导原则成立一个新的标准委员会。

（3）如果委员会确定可能有必要制定新的规范或标准，但没有足够的信息做出明确的判断，则应采用"2.评估申请"中的指导原则。

（4）如果委员会确定没有明显的需要，则应指示委员会秘书将此情况通知申请者。

2. 评估申请

（1）如果委员会确定有必要制定所申请的新规范或标准，主席可任命一个特别工作组对申请进行研究，或将申请提交给现有的标准委员会进行审查并向委员会提出建议。

（2）在评估申请时，适用的标准包括：

① 规范或标准是解决已确定问题的适当办法；

② 有已确定的用户和用途；

③ 有能够制定规范或标准的技术基础；

④ 有或将有广泛的支持者，而不是单一的用户。

提交的申请中提供的答复将作为评估的主要依据。

（3）工作组或指定的标准委员会应：

① 审查申请及其背景，评估是否需要制定新的规范或标准。

② 审查现有的准则和标准，以确定重叠、接口和空白。

③ 如果确定有此需要：

——为拟议的新标准委员会制定广泛的章程，或建议将其指派给现有的标准委员会，并与工作人员协商；

——核实已确定支持该活动的资源；

——考虑将作为确定是否继续支持或取消该活动的依据的衡量标准。

④ 如果确定不存在需要，则起草一份给申请者的答复建议，说明不启动新的准则或标准工作的原因。

⑤ 向理事会报告研究结果。

3. 要求的实施

（1）若执行局接受制定新准则或标准的建议，则应将该项目分配给现有的标准委员会或建议成立一个新的标准委员会。

（2）如果指派给现有的标准委员会，指派的委员会应在必要时提交修订后的委员会章程。应获得理事会和标准与认证委员会的批准。必要时，应通知 ANSI。

（3）如果理事会建议成立一个新的标准委员会，则应获得理事会对成立该委员会的批准。理事会批准后，委员会应：

① 任命一名组织委员会主席；

② 批准建议的新标准委员会的广泛章程；

③ 获得理事会对委员会章程的批准；

④ 推荐接口联系组织；

⑤ 推荐为接口目的而详细审查的现有准则或标准；

⑥ 指示组织委员会主席建立特设标准委员会并为其配备人员，美国机械工程师学会（ASME）将派一名工程师协助组织委员会主席建立新的委员会。

4. 特设标准委员会

特设标准委员会的主要目的是制定拟议的新标准委员会并为其配备工作人员。特设标准委员会应由足够数量的委员组成，由组织委员会主席选定，并由一名 ASME 工作人员担任秘书，以完成以下工作：

（1）为拟议的规范或标准制定详细的范围；

（2）获得理事会对拟议规范或标准范围的批准，并酌情通知 ANSI；

（3）要求与新标准委员会范围密切相关的专业组织提名个人；

（4）为制定拟议的规范或标准制定计划和时间表；

（5）根据需要，建立一个有足够的分委员会、分组和 / 或工作组的工作组织，并为其配备人员，以涵盖活动范围；

（6）酌情获得理事会对上述项目的批准或同意。

5. 新标准委员会

（1）在获得适当批准后，特设标准委员会将被视为标准委员会并全面投入运作；

（2）标准委员会将按照 ANSI 认可的"ASME 规范和标准制定委员会程序"运作。

第五节　中国参与国际标准化活动的管理机制

一、中国参与 ISO/IEC 国际标准化活动的管理体系

（一）国务院标准化行政主管部门

中华人民共和国国家标准化管理委员会（SAC）是中国国务院授权的履行行政管理职能，统一管理全国标准化工作的主管机构。代表国家参加国际标准化组织（ISO）、国际电工委员会（IEC）和其他国际或区域性标准化组织，履行下列职责：

（1）制定并组织落实我国参加国际标准化工作的政策、规划和计划；

（2）承担 ISO 中国国家成员体和 IEC 中国国家委员会秘书处，负责 ISO 中国国家成员体和 IEC 中国国家委员会日常工作，以及与 ISO 和 IEC 中央秘书处的联络；

（3）协调和指导国内各有关行业、地方参加国际标准化活动；

（4）指导和监督国内技术对口单位的工作，设立、调整和撤销国内技术对口单位，审核成立国内技术对口工作组，审核和注册我国专家参加国际标准制修订工作组；

（5）审查、提交国际标准新工作项目提案和新技术工作领域提案，确定和申报我国参加 ISO 和 IEC 技术机构的成员身份，指导和监督国际标准文件投票工作；

（6）审核、调整我国担任的 ISO 和 IEC 的管理和技术机构的委员、负责人和秘书处承担单位，并管理其日常工作；

（7）申请和组织我国承办 ISO 和 IEC 的技术会议，管理我国代表团参加 ISO 和 IEC 的技术会议；

（8）组织开展国际标准化培训和宣贯工作；

（9）其他与参加国际标准化活动管理有关的职责。

（二）行业主管部门

国务院各有关行政主管部门、具有行业管理职能的行业协会、集团公司（以下简称"行业主管部门"）受国务院标准化主管部门委托，分工管理本部门、本行业参加 ISO 和 IEC 国际标准化活动，并履行下列职责：

（1）提出国内技术对口单位承担机构建议，支持国内技术对口单位参加国际标准化活动；

（2）指导国内技术对口单位对国际标准化活动的跟踪研究，以及国际标准文件投票和评议工作；

（3）指导、审查国际标准新工作项目提案和新技术工作领域提案；

（4）组织本部门、本行业开展国际标准化培训和宣贯工作；

（5）每年 1 月 15 日之前向国务院标准化主管部门报告上一年度本行业参加国际标准化活动工作情况；

（6）其他与本行业参加国际标准化活动管理有关的职责。

（三）国内技术对口组织

国内技术对口组织具体承担 ISO、IEC 的技术委员会、分委员会国内技术对口工作，履行以下职责：

（1）严格遵照 ISO 和 IEC 的相关政策、规定开展工作，负责对口领域参加国际标准化活动的组织、规划、协调和管理，跟踪、研究、分析对口领域国际标准化的发展趋势和工作动态；

（2）根据本对口领域国际标准化活动的需要，负责组建国内技术对口工作组，由该对口工作组承担本领域参加国际标准化活动的各项工作，国内技术对口工作组的成员应包括相关的生产企业、检验检测认证机构、高等院校、消费者团体和行业协会等各有关方面，所代表的专业领域应覆盖对口的 ISO 和 IEC 技术范围内涉及的所有领域；

（3）严格遵守国际标准化组织知识产权政策的有关规定，及时分发 ISO 和 IEC 的国际标准、国际标准草案和文件资料，并定期印发有关文件目录，建立和管理国际标准、国际标准草案文件、注册专家信息、国际标准会议文件等国际标准化活动相关工作档案；

（4）结合国内工作需要，对国际标准的有关技术内容进行必要的试验、验证，协调并提出国际标准文件投票和评议意见；

（5）组织提出国际标准新技术工作领域和国际标准新工作项目提案建议；

（6）组织中国代表团参加对口的 ISO 和 IEC 技术机构的国际会议；

（7）提出我国承办 ISO 和 IEC 技术机构会议的申请建议，负责会议的筹备和组织工作；

（8）提出参加 ISO 和 IEC 技术机构的成员身份（积极成员或观察员）的建议；

（9）提出参加 ISO 和 IEC 国际标准制定工作组注册专家建议；

（10）及时向国务院标准化主管部门、行业主管部门和地方标准化行政主管部门报告工作，每年 1 月 15 日前报送上年度工作报告和《参加 ISO 和 IEC 国际标准化活动国内技术对口工作情况报告表》；

（11）与相关的全国专业标准化技术委员会和其他国内技术对口单位保持联络；

（12）其他本技术对口领域参加国际标准化活动的相关工作。

二、中国参与国际活动情况

1978 年，中国加入了国际标准化组织（ISO），目前是 ISO 理事会成员和技术管理局成员。1957 年，中国加入了国际电工委员会（IEC），目前是 IEC 理事局成员、标准化管理局及合格评定局成员。中国已经以积极成员（P-member）和观察成员（O-member）身份参加了 ISO 和 IEC 的大部分技术委员会和分委员会的活动。

1981 年，我国主导制定第一项国际标准 ISO 4493：1981《粉末冶金测氧方法标准》。十年之后，我国第一次提出组建的微束分析—电子探针技术机构（ISO/TC 202）获批成立，首次承担 ISO 技术委员会秘书处工作和主席职务。2007 年 11 月，中国计量大学荣获 ISO 首届"高等教育奖"。我国于 2008 年 9 月成为 ISO 常任理事国，并在 2013 年 9 月成为 ISO 技术管理局的常任成员，同时我国提名的中国标准化专家委员会委员、时任鞍钢集团总经理张晓刚当选 ISO 主席，任期为 2015 年至 2017 年，这是我国专家首次担任 ISO 主席。2016 年，无机肥料工作组（ISO/TC 134）召集人、上海化工研究院刘刚教授荣获 "ISO 卓越贡献奖"，这是我国专家首次荣获此奖项。由中国承担主席和秘书处的船舶与海洋技术委员会（ISO/TC 8）在 2017 年荣获 ISO 劳伦斯·艾彻领导奖，这是由我国牵头领导的委员会首次获得这一 ISO 最高荣誉奖项。截至目前，中国共承担 41 个国际标准化组织技术委员会（ISO/TC）的秘书处，其中绝大部分为产品、技术和服务领域的技术机构，在 2023 年 5 月 30 日，国际标准化组织技术管理局（ISO/TMB）发布 2023 第 43 号决议，决定任命中国贸促会商业行业委员会秘书长、中国标准化协会服务贸易分会秘书长姚歆担任国际标准化组织管理咨询技术委员会（ISO/TC 342）主席，任期 5 年（2023 至 2028 年）。这是国际标准化组织（ISO）成立 76 年来，中国专家首次担任 ISO 管理领域技术委员会的主席职务。

我国于 1957 年 8 月正式加入 IEC，一直将积极参与 IEC 国际标准化活动作为一项重要的技术经济政策予以推进，致力于为 IEC 国际标准化管理和标准体系的完善做出中国贡献。2011 年，我国成为 IEC 常任理事国，成为 IEC 理事局、标准化管理局和合格评定局的常任成员。我国专家舒印彪先生于 2013 年成功当选为 IEC 副主席，主持 IEC 市场战略局工作。由于舒印彪的出色领导力和专业素养、良好的团队意识和沟通能力，得到了国际同行的高度认可，2018 年成功当选为 IEC 主席，这也是 IEC 成立 100 多年来，首次由中国专家担任最高领导职务，具有里程碑意义。截至 2021 年，我国承担了 IEC 技术机构的 15 个主席、副主席和 11 个秘书处工作，以积极成员身份参与了 100% 的 IEC 技术委员会和分委员会，注册来自政府、企业、科研机构的国际标准专家 2000 多名，在特高压输电、智能电网、智能制造、家用电器、信息技术等领域积极为 IEC 国际标准体系建设贡献中国力量。借助高层职位积极推动参与，我国国际标准化工作取得了较大进步，承担 IEC 技术机构主席、秘书处数量从零上升到各成员国的第 6 位，贡献 IEC 国际标准提案从几年一项增长到每年 40 多项，成为参与 IEC 国际标准化活动最积极的国家之一。

中国的双边标准化活动，主要有：

（1）签署合作协议；

（2）加强互访活动；

（3）举行重要双边会议；

（4）举办国际研讨会。

中国积极开展标准化对外交流合作，东北亚、中欧、中德、中俄等标准化合作机制进一步深化，推动与 14 个国家、区域标准化机构签署合作文件，截至 2022 年底，我国与 63 个国家、地区标准化机构和国际组织签署了 106 份标准化双多边合作文件。

三、如何参与国际标准化活动

（一）参与国际标准化活动的内容

参与国际标准化活动主要有以下内容：

（1）担任国际或区域标准化组织中央管理机构的官员和成员；

（2）承担 ISO、IEC 等国际标准化组织 TC、SC 的秘书处工作；

（3）担任 TC/SC 主席和副主席，担任工作组（WG）召集人；

（4）提出我国的国际标准提案，主持制修订国际标准；

（5）对 ISO、IEC、ITU 及其他国际和区域标准化组织的工作文件的研究和表态；

（6）参加或承办 ISO、IEC、ITU 和其他国际和区域标准化组织的技术会议；

（7）参与和组织国际标准化研讨、论坛活动；

（8）开展与各区域、各国的国际标准化合作交流。

（二）参与方式

参与国际标准化活动主要有直接方式和间接方式这两种方式参与。

1. 直接方式

通过承担 ISO、IEC 的国内技术对口单位的方式直接参与国际标准化活动（承担研究工作组的形式参与 ITU 工作）。

2. 间接方式

通过现有的 ISO、IEC 国内技术对口单位间接参与国际标准化活动（通过工信部或通信标准化协会参与 ITU 工作）。

（三）组织参与国际标准化工作内容

1. 建立参与国际标准化活动的规章制度

学习国家对于国际标准化工作的相关规定，如：

（1）《全国专业标准化技术委员会管理办法》；

（2）《参加国际标准化组织（ISO）和国际电工委员会（IEC）技术活动的管理办法》；

（3）《采用快速程序制定国家标准的管理规定》；

（4）《采用国际标准管理办法》等。

根据实际情况，制定本技术委员会的规章制度。

2. 组建专业团队

国际标准化工作的推进离不开专家的深度参与，因此相关部门应组织国内专家学习国际标准化知识，并深入了解和研究国际标准化工作的程序和规则。结合国际标准的研究与制定项目，培养核心技术骨干，组建专业的团队。

3. 国际标准工作组专家的管理

相关 TC 根据某专业领域的实际情况，经单位推荐，经过专门的上报流程，推荐合适的专家，经相关审批通过后上报国家标准化管理委员会。

4. 了解国际国内相关技术委员会工作情况

深入了解本标委会对口的国际 TC 及工作组的工作内容和项目进展；了解工业领域内相关的技术委员会工作范围和进展；了解技术相关的技术委员会工作情况，如智能制造、物联网、智能电网、智慧城市等综合技术。

5. 国际标准和投票文件的处理

（1）国内对口单位应定期下载 ISO/IEC 最新发布标准和投票文件；秘书处给出初步的投票意见作为参考；

（2）按规定将投票文件发给有关分委会和专家，征求意见；

（3）如果投票意见产生分歧，由秘书长、主任委员、副主任委员协商决定，如果还未统一，则通过标委会表决；

（4）提出国际标准转化的计划、建议；

（5）存档相关文件。

6. 组织国内专家参与国际标准化会议

根据会议内容初步选定参会人员，组织专家报名参会，办理相关的参会手续。

7. 参与国际会议的流程

（1）秘书处向有关专家传达开会通知；

（2）与专家商讨有关会议细节，统一思路；

（3）协助参会人员向主办方索要邀请信；

（4）认真参与会议，合理发言；

（5）会后向秘书处提交会议总结；

（6）在相关刊物及网站刊登会议总结，进行宣传；

（7）向相关部委汇报重要国际标准的最新进展。

8. 整理、通报国际标准化情况

（1）围绕国家、企业科研应用重点工作，定期梳理相关技术标准信息；

（2）定期向秘书长、主任委员书面汇报 ISO/IEC/ITU 最新情况；

（3）每年在标技委年会上汇报归口国际标准化情况；

（4）向相关部委、专家机构汇报关键标准进展；

（5）在标准化期刊和网站上公布国际标准化前沿技术及动态分析；

（6）在相关技术研讨会、交流论坛上发布最新国际标准化信息。

9. 建立各种沟通渠道

（1）以国内的外资企业专家为桥梁，建立与国外工作组专家的沟通渠道；

（2）建立与国际相关组织的沟通交流机制；

（3）在国内举办国际标准化论坛、讲座、培训等多种活动，形成交流互动；

（4）邀请国际专家参与国内标委会的相关活动；

（5）在出国技术考察中安排标准化有关的技术交流内容。

10. 筹集国际标准化工作经费

（1）标委会秘书处承担单位的支持；

（2）国家标准化专项的支持；

（3）部委支持，如工信部；

（4）参与企业的支持；

（5）国家科研项目的支持，如国家科技支撑计划、863 项目；

（6）地方政府的支持。

（四）如何申请参加和承办 ISO/IEC 会议

根据规定，如果是国家标准化主管部门组团参加的 ISO/IEC 技术工作会议，则由国家标准化管理委员会（以下简称"国家标准委"）通知国内有关部门报名参加会议。如果不是国家标准委组团参加的国际会议，则由 ISO、IEC 国内技术对口单位组团参加会议。对于承担了 ISO、IEC 的国内技术对口单位工作的组织，可以直接向国家标准化主管部门申请组团，经批准同意后，由国家标准委统一报名。如果不是 ISO、IEC 的国内技术对口单位，应向相应的 ISO、IEC 国内技术对口单位申请参加会议，经国内技术对口单位协调并整理完组团方案后，报国家标准委审核。批准后，由国家标准委统一报名。

在我国召开的国际会议应以国家标准化主管部门的名义承办，由 ISO、IEC 国内技术对口单位协办，国内技术对口单位也可申请与其他有关部门共同协办。如果是 ISO、IEC 的国内技术对口单位，则可以直接向国家标准化主管部门申请承办 ISO/IEC 技术工作会议。如果不是，则需要向国内技术对口单位提出申请，按照我国参与国际标准化活动的有关规定，由国内技术对口单位再向国家标准化主管部门提出申请，经批准同意后，可与国内技术对口单位共同承办国际会议。

会议组织方面需要注意以下要点：

（1）秘书处在会前 6 周将通知发给其成员和所属 TC 秘书处；

（2）召集人和承办国共同做好会议安排；

（3）应与项目组做好协调安排，并保证参会代表能够提前得到会议资料。

沟通是参与国际标准化活动的重要内容之一，在进行技术沟通时需要注意：

（1）技术沟通最好以自有技术为基础；

（2）善于用标准化技巧描述关键技术，准备高质量的英文提案文本；

（3）分析国际标准化工作组的工作内容、利益分歧和需求；

（4）应有熟悉标准、掌握技术、善于沟通的双语专家；

（5）与工作组组长、专家、秘书长的前期沟通；

（6）落实一定数量不同国家专家的参与和支持；

（7）遵循国际标准化工作流程；

（8）具备共赢的合作精神。

在国际标准工作组的内部沟通时，应阐述技术内容及必要性并得到相关国家专家支持；在与工作组组长、秘书长等负责人的沟通中，要注意国际会议和信函沟通，邀请对方访华；在与国际先进企业驻华代表间的沟通中，可直接参加提交标准草案审查并参与国内标委会的相关工作。

🔎 本章要点

本章介绍了国际及国外标准化组织的管理机制与活动情况，主要为 ISO、IEC、API、ASME 等组织的管理机制，需掌握的知识点包括：

> ISO 的组织机构管理、会议和标准制定流程等活动；

> IEC 的组织机构管理、会议和标准制定流程等活动；

> API 的组织机构管理、会议和 API 标准制定流程等活动；

> ASME 的组织机构管理、会议和 ASME 标准制定流程等活动；

> 中国参与国际标准编制活动的相关要求和现状。

参 考 文 献

［1］International Organization for Standardization. Structure and governance［EB/OL］. https：//www. iso. org/structure. html.

［2］International Organization for Standardization. ISO Statutes（Twentieth edition）［EB/OL］. https：//www. iso. org/publication/PUB100322.html.

［3］International Organization for Standardization. Project Management Methodology Roles，responsibilities and capability requirements［EB/OL］. https：//isotc. iso. org/livelink/livelink/fetch/2000/2122/15507012/19587784/PMM_Roles%2C_responsibilities_and_capability_requirements. PDF？nodeid=19588324&vernum=-2.

［4］International Organization for Standardization. My ISO job - What delegates and experts need to know［EB/OL］. https：//www. iso. org/publication/PUB100037. html.

［5］International Organization for Standardization. Chairs & Convenors Training course［EB/OL］. https：//www. iso. org/publication/PUB100378. html.

［6］International Organization for Standardization. ISO/IEC Directives part1［EB/OL］. https：//www. iso. org/sites/directives/current/consolidated/index. html.

［7］International Electrotechnical Commission. IEC STATUTES AND RULES OF PROCEDURE（2021 edition）［EB/OL］. https：//www. iec. ch/members_experts/refdocs/iec/IEC_Statutes_and_RoP. pdf.

［8］International Electrotechnical Commission. Management structure［EB/OL］. https：//iectest. iec. ch/management-structure.

［9］International Electrotechnical Commission. Events［EB/OL］. https：//iectest. iec. ch/events.

［10］American Petroleum Institute. About API［EB/OL］. https：//www. api. org/about.

［11］American Petroleum Institute. Standards Committees［EB/OL］. https：//www. api. org/products-and-services/standards/committees.

［12］American Petroleum Institute. Events［EB/OL］. https：//events. api. org/.

［13］American Petroleum Institute. Procedures for Standards Development［EB/OL］. https：//www. api. org//media/Files/Publications/2022_API_Procedures_for_Standards_Development. pdf.

［14］American Society of Mechanical Engineers. Volunteer Organizational Chart［EB/OL］. https：//www. asme. org/about-asme/governance/volunteer-organizational-chart.

［15］American Society of Mechanical Engineers. Codes & Standards［EB/OL］. https：//www. asme. org/codes-standards.

［16］American Society of Mechanical Engineers. ASME Events［EB/OL］. https：//www. asme. org/conferences-events.

［17］American Society of Mechanical Engineers. Codes and Standards Policy Update［EB/OL］. https：//cstools. asme. org/csconnect/FileUpload. cfm？View=yes&ID=59993.

［18］国家质量监督检验检疫总局. 参加国际标准化组织（ISO）和国际电工委员会（IEC）国际标准化活

动管理办法［EB/OL］.（2015-03-17）. http：//www.china-cas.org/u/cms/www/202203/29193515oisp. pdf.

［19］国家标准化管理委员会. 国家技术标准创新基地：以标准化助力高技术创新，促进高水平开放，引 领高质量发展［EB/OL］.（2021-11-30）. https：//www. sac. gov. cn/jdbnhbz/bzgs/art/2021/art_ffff519 86742456d942f9820ad9d9cfc. html.

［20］国家标准化管理委员会. 国家技术标准创新基地：以标准化助力高技术创新，促进高水平开放，引 领高质量发展［EB/OL］.（2021-08-23）. https：//www.sac.gov.cn.

［21］国家标准化管理委员会. 中国标准化发展年度报告（2022 年）［EB/OL］.（2023-04-25）. https：// www. sac. gov. cn/xw/bzhdt/art/2023/art_af1d9fd607e14496b216587fee4ec4c0.html.

第六章　国际标准项目管理及提案申报

第一节　国际标准项目管理基础知识

国际标准化组织（ISO）是一个独立的非政府国际组织，拥有 170 个国家标准机构的成员。通过其成员，ISO 汇集了专家，分享知识并制定自愿的、基于共识的、与市场相关的国际标准，以支持创新并为应对全球挑战提供解决方案。

ISO 的成员是各自国家最重要的标准组织，每个国家只有一个具有广泛代表性的国家标准化机构参加 ISO，每个机构在其国内代表国际标准化组织。个人或公司不能成为 ISO 的成员，但个人或公司可以通过一些其他方式参与标准化工作。

ISO 成员分为三类，每类成员对 ISO 体系享有不同程度的访问权和影响力，这有助于 ISO 实现包容性，同时也承认每个国家标准机构的不同需求和能力。

表 6-1 中展示了 ISO 三类成员在 ISO 系统中的有关权限与影响。正式成员（Full members）[或成员机构（Member bodies）]通过参加 ISO 的技术和政策会议并投票，从而影响 ISO 的标准制定和战略，正式成员在国内销售和采用 ISO 的国际标准。通讯成员（Correspondent members）以观察员身份参加 ISO 的技术和政策会议，从而观察 ISO 的标准和战略制定，作为国家实体的通讯成员在国内销售和采用 ISO 的国际标准，非国家实体的地区通讯成员在其地区内销售 ISO 国际标准。用户会员（Subscriber members）可随时了解国际标准化组织的最新工作情况，但不能参与其中，他们不在国内销售或采用 ISO 国际标准。在《ISO 会员手册》（ISO Membership manual）中可以进一步了解有关 ISO 会员资格和福利的信息。

ISO 目前拥有 820 个负责标准制定的技术委员会（TC）和分技术委员会（SC），已发布国际标准 24932 项，几乎涵盖了技术、管理和制造的所有方面（图 6-1）。

ISO 标准研制需要经历六个主要阶段：提案阶段（Proposal stage）、起草阶段（Preparatory stage）、委员会阶段（Committee stage）、征询意见阶段（Enquiry stage）、批准阶段（Approval stage）、出版阶段（Publication stage）及若干个子阶段，如图 6-2 所示。其中提案阶段、征询意见阶段和出版阶段在标准研制过程中是不可省略的，起草阶段、委员会阶段和批准阶段可依据标准研制的实际情况判断是否可以跳过。在提案阶段前还有预研阶段（Preliminary stage），在出版阶段之后还有复审阶段（Review stage），如标准复审的结果是确认的话则标准在下一个五年内绩效有效；如标准复审的结果是修订，则标准在开展修订后继续有效；如标准复审的结果是撤销，则进入标准撤销阶段（Withdraw stage）。

表 6-1　不同成员在 ISO 中的权限与影响

	订阅成员 （Subscriber members）	通讯成员 （Correspondent members）	正式成员 （Full members）
参与制定国际标准	是	是	是
参与制定政策	否	是	是
销售 ISO 标准和出版物，使用 ISO 的版权、名称和 Logo	否	是	是
参与 ISO 治理	否	否	是

Committee ↑	Title		
ISO/IEC JTC 1	Information technology	ISO/TC 20	Aircraft and space vehicles
ISO/TC 1	Screw threads	ISO/TC 21	Equipment for fire protection and fire fighting
ISO/TC 2	Fasteners	ISO/TC 22	Road vehicles
ISO/TC 4	Rolling bearings	ISO/TC 23	Tractors and machinery for agriculture and forestry
ISO/TC 5	Ferrous metal pipes and metallic fittings	ISO/TC 24	Particle characterization including sieving
ISO/TC 6	Paper, board and pulps	ISO/TC 25	Cast irons and pig irons
ISO/TC 8	Ships and marine technology	ISO/TC 26	Copper and copper alloys
ISO/TC 10	Technical product documentation	ISO/TC 27	Coal and coke
ISO/TC 11	Boilers and pressure vessels - STANDBY	ISO/TC 28	Petroleum and related products, fuels and lubricants from natural or synthetic sources
ISO/TC 12	Quantities and units	ISO/TC 29	Small tools
ISO/TC 14	Shafts for machinery and accessories	ISO/TC 30	Measurement of fluid flow in closed conduits
ISO/TC 17	Steel	ISO/TC 31	Tyres, rims and valves
ISO/TC 18	Zinc and zinc alloys - STANDBY	ISO/TC 33	Refractories
ISO/TC 19	Preferred numbers - STANDBY	ISO/TC 34	Food products
		ISO/TC 35	Paints and varnishes
		ISO/TC 36	Cinematography
		ISO/TC 37	Language and terminology
		ISO/TC 38	Textiles
		ISO/TC 39	Machine tools

图 6-1　ISO 技术委员会列表（节选）

ISO 的出版物（Deliverables/Documents）主要包含国际标准（International Standard，IS）、技术规范（Technical Specification，TS）、技术报告（Technical Report，TR）、可公开提供的规范（Publicly Available Specification，PAS）、国际研讨会协议（International Workshop Agreements，IWA）。

国际标准拥有最高程度的协商一致，为活动或其结果提供规则、准则或特征，目的是在特定情况下实现最佳秩序。它可以有多种形式，除产品标准外，还包括测试方法、实践准则、指导标准和管理系统标准。

技术规范针对的是仍在技术开发中的工作，或认为将来（但不是立即）有可能形成一致意见，上升为国际标准的工作。技术规范的发布是为了立即使用，同时它也提供了一个获取反馈的途径，发布技术规范的目的是最终将其转化为国际标准并重新发布。

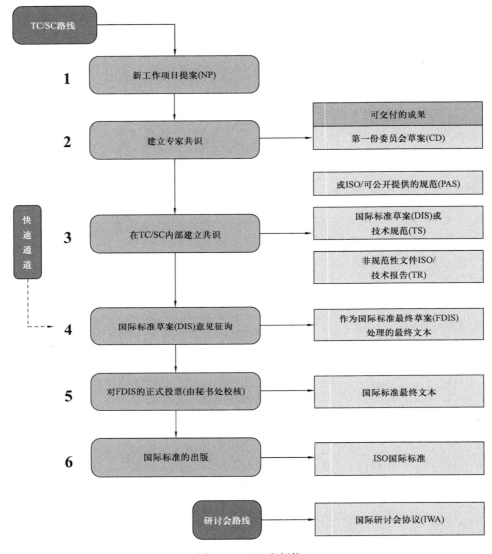

图 6-2　ISO 出版物

技术报告包含与前两种出版物不同的信息，主要包括从那些通常作为国际标准出版的资料中收集的各种数据，例如它可以包括从调查中获得的数据，或从信息性报告中获得的数据，或有关"技术现状"的信息。

可公开提供的规范是部分协商一致的产物，其发布是为了满足迫切的市场需求，它代表了工作组内专家的共识，或者是 ISO 外部组织的共识。与技术规范一样，可公开提供的规范发布后可立即使用，同时也可作为获取反馈意见的一种手段，以便最终形成一致意见转化为国际标准。公开发布的技术规范最长有效期为六年，六年后可申请转化为国际标准或撤销。

国际研讨会协议是在国际标准化组织委员会结构之外，通过研讨会机制编制的，其程序确保全球最广泛的利益相关方都有机会参与，并由研讨会的各个参与者协商一致批准。如果现有的国际标准化组织委员会的工作范围涵盖该主题，则已发布的 IWA 将自动分配给该委员会进行维护。国际研讨会协议在发布三年后进行审查，并可根据市场要求进一步处理，使其成为可公开提供的规范、技术规范或国际标准。国际研讨会协议的有效期最长为六年，之后将被撤销或申请转化为另一份国际标准化组织文件。

表 6-2 展示了 ISO 五种出版物之间的主要区别，其中区别最大的是出版物的使用寿命，IS 拥有最高程度的协商一致，因此当 IS 每次复审的结果为确认有效或修订而不是撤销时，IS 就是长期有效的。TS、PAS、IWA 三种出版物的生命周期最长为 6 年，并每三年复审一次，因为这三种出版物都是局部协商一致的产物，在 6 年有效期后，其可以转化为IS，如不能转化为 IS 则 TS/PAS/IWA 将直接被撤销。TR 是长期有效的，在过去的《ISO/IEC 导则》中规定 TR 无须进行复审，但在最新修订的《ISO/IEC 导则》中 TR 无需复审的表述被删除，TR 是否需要复审应依据实际情况咨询相关单位进行确认。另一点不同是，IS、TS、PAS、IWA 都是标准，都是规范性的文件，而 TR 在严格意义上来说并不能算为标准，其仅为资料性文件，因此 TR 的属性是非规范性的文件。

表 6-2　ISO 出版物的区别

	IS	TS	PAS	TR	IWA
复审	5 年	3 年	3 年	无需复审	3 年
寿命	长期	6 年	6 年	长期	6 年
性质	规范性	规范性	规范性	非规范性	规范性

ISO 的不同出版物之间可以相互进行转化，转化逻辑如图 6-3 所示。PAS 所要求的协商一致程度是最低点，其可以通过一次技术规范草案（DTS）投票转化为 TS，也可以通过一次 DIS（国际标准草案）投票转化为 IS；TS 也可以通过一次 DIS（国际标准草案）投

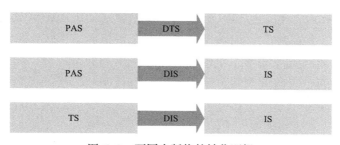

图 6-3　不同出版物的转化逻辑

票转化为 IS。虽然 IWA 是在 ISO 体系之外通过研讨会制定的，但在理论上，IWA 可以转化为 PAS、TS、TS，IWA 的转化需要重新提交到合适的 TC/SC 中进行 NP 投票。TR 作为非规范文件与 ISO 其他四种规范性出版物之间不存在转化逻辑。

在 ISO 的组织管理中主要包含主席、委员会经理（秘书）、工作组召集人、工作组秘书、项目负责人等职位，对于不同的人员 ISO 对其有不同的能力要求（图 6-4）。ISO 的能力要求大致可分项目管理能力、委员会管理能力、标准化能力、技术能力和领导能力。委员会经理和工作组秘书负责承担标准研制过程中绝大部分的工作，主席主要承担领导性的工作，因此主席所需的能力与委员会经理和工作组秘书所需能力是截然不同的。

能力\角色	项目管理	委员会管理	标准化能力[a]	技术能力[b]	领导能力
委员会经理	+++	+++	+++	0	++
工作组秘书[c]	++	++	++	0	0
主席	+	+	+	++	+++
召集人	++	+	0	++	+++
项目负责人	++	0	0	+++	++

能力增加：0 + ++ +++

0 无特定能力
+ 基本能力
++ 较强能力
+++ 实质能力

图 6-4　不同角色的能力要求
[a] 运用标准化知识和技能实现预期结果的能力；[b] 应用与所涉部门相关的知识和技能以取得预期结果的能力；
[c] 如未设立工作组秘书，则委员会经理应确保 WG 具备相关能力

一般来说，注册专家所应具备的能力包括专业技术精通、英语流利、善于沟通、遵守 ISO 行为准则、尊重知识产权、披露专利信息、积极参与工作。工作组召集人或项目负责人所应具备的能力包括所在领域的国际视野、对于本领域技术与市场的深刻了解、技术精通、能够用英语主持会议并起草标准、善于沟通、保证公平、熟悉 ISO 的工具平台。秘书（委员会经理）所应具备的能力包括较强的组织协调及项目管理能力、所在领域的国际视野、保持中立、能够用英语起草会议纪要与决议、善于沟通、善于国际关系管理、熟练掌握 ISO 导则与工作程序、熟练使用 ISO 的各种工具平台。主席所应具备的能力包括较强的组织协调及项目管理能力、所在领域的国际视野、战略导向、技术精通、保持中立、能够用英语主持会议、善于沟通、善于国际关系管理、促进形成协商一致。

第二节　国际标准项目管理基本要求

ISO 的技术委员会（TC）或分技术委员会（SC）的主要职责是制定并维护国际标准，而 ISO 要求其 TC 和 SC 按照其项目管理方法来制定国际标准。在 ISO 委员会管理结构的众多职位中，委员会经理（秘书）的职责主要包含管理委员会的项目组合、向委员会建议工作项目的优先次序、起草项目计划等，因此需要格外注重 ISO 项目管理的了解和学习。

一、国际标准项目管理的作用

从严格意义上来说，ISO 项目管理和通常所说的项目管理概念并不相同。传统的项目管理是指项目管理者在项目中运用专门的知识、技能、工具及方法，使项目在有限的资源条件下，满足项目利益相关单位的需求，项目管理主要包括策划、进度计划及维护组成项目的活动的进展。具体来说，项目管理就是对项目进行系统性的管理，通过一个临时性、专门的组织，对项目进行计划、组织、指导与控制，在管理过程中，应确保其高效性，从而对项目开展的全过程进行动态管理，对项目目标进行综合调整与优化，进而实现项目高效率开展。而 ISO 项目管理与传统项目管理最大的不同在于，在 ISO 体系下，项目管理作为一种重要的工具，并不涉及项目经费与预算管理，所有参与 ISO 标准制定或参与 ISO 活动的专家或相关人员，其费用均由人员所在单位承担。计划与组合项目的管理和管理背景下的项目管理示例如图 6-5 所示。

ISO 项目管理的主要工作是推进国际标准研制项目的开展、组织技术会议、管理相关专家等，其中最重要的是对专家的管理。专家作为国际标准研制项目的重要组成人员，由于 ISO 不会支付其报酬及相关费用，专家身份相当于志愿者，其投入到国际标准研制项目中的时间与精力是有限的，因此 ISO 项目管理的难点在于要保障自愿参与 ISO 工作的专家在有限的时间、财力、物力投入下，能够按照 ISO 的程序要求、质量要求、及时地交付国际标准。

ISO 项目管理最重要的作用是交付市场所需的标准，交付的标准不仅应该是有效、市场所需的，而且应该是高质量的，最重要的是能够使得利益相关方充分参与并达成一致。需要着重强调的是所有专家均为志愿者，所以委员会秘书处并不是由 ISO 中央秘书处来承担，而是由各个 ISO 成员国来承担，因此当不同国家在承担委员会秘书处职责时，都需要按照相同的 ISO 项目管理要求，对自己管理范围内的国际标准项目进行管理，从而实现交付市场所需的标准的目标。

二、国际标准项目管理的方法论

传统的项目管理主要包含计划、效益管理、范围管理、资源管理、计划管理、费用管理、风险管理等 17 个环节。在委员会经理（CM）视角下，ISO 的项目标准主要包含提案、计划、标准研制、过程控制、总结提升五个环节（图 6-6）。

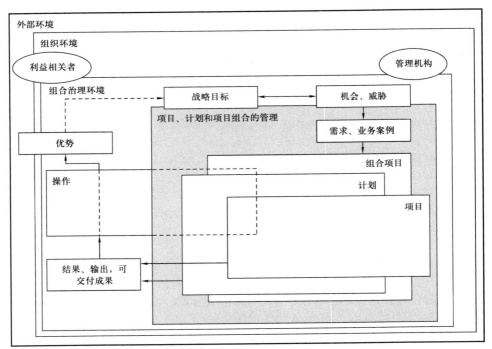

图 6-5　计划与组合项目的管理和管理背景下的项目管理示例
注：业务框中的虚线表示业务可以延伸到项目、计划和组合项目（虚线可称为"其他相关工作"）

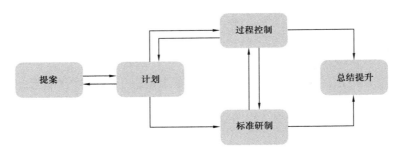

图 6-6　ISO 项目管理主要环节

　　ISO 项目管理的第一步是提案，需要对提案过程及提案进行管理；在提案立项后需要制定相应的计划，从而进入计划管理阶段，实现对计划的管理；在标准研制阶段，需要经历六个阶段：提案阶段、准备阶段、委员会阶段、征询意见阶段、批准阶段、出版阶段，要对标准研制过程和标准研制本身进行管理；当一项国际标准制定完成后，需要对整个项目管理过程进行总结和提升，以便将相关经验推广至委员会的其他国际标准研制项目中；过程控制主要是对项目的计划、标准研制、总结提升三个过程进行控制，以便各阶段按计划进行，当出现突发情况时，及时调整项目计划与进程。

与传统项目管理相类似，ISO 项目管理也需要注重风险管理，在国际标准研制过程中可能发生的风险包括：

（1）国际标准研制超期：无法在规定的 36 个月内完成标准的研制；

（2）无法达成协商一致：在标准研制过程中，就某一个技术指标，各国或各利益相关方的意见无法统一，无法达到协商一致的要求，导致标准研制受阻；

（3）标准技术内容发生重要变更：在标准研制过程中，持续收到各国的技术性意见，从而对标准需做出相应的修改，这可能会导致标准最终的技术内容和提案时内容相比，发生了较大的技术变革；

（4）技术发展快：ISO 标准研制周期在 18、24 或 36 个月，研制周期较长，在研制标准还未发布前，标准化对象所涉及的技术已经过时，所研制标准已不被市场所需要；

（5）专家变更：委员会的项目负责人或者重要专家退出国际标准研制项目，导致项目受阻；

（6）与其他委员会协调困难：委员会所研制的标准可能与其他 TC 所研制标准涉及领域发生交叉，从而导致 TC 间沟通困难，难以进行协调，一旦协调失败，将承担严重后果。

在对 ISO 项目进行风险管理时，推荐使用风险检查单。在项目立项之初，应首先制定风险检查单，对于可能出现的风险进行预估，总结以前项目的成功与失败经验预先制定相应的解决方案，一旦遇到相应的风险，可按照风险检查单对风险进行管控，提升风险管控的效率。

会议管理也是 ISO 项目管理中的重要内容，每个 TC 和 SC 每年至少会召开 1 次年会，工作组的会议频次约为每月 1～2 次。在会议开展前需要发布相应的会议通知，同时将会议议程提前发放给各国；会中需要进行技术讨论、听取相关报告、解决技术争议并在最终形成各方满意的决议；会后需形成会议纪要并落实会议决议。

ISO 在开展项目管理时，主要遵循 ISO/IEC Directive Part 1: Procedures for the technical work（2023）（ISO/IEC 导则　第 1 部分：技术工作程序）和 ISO/IEC Directive Part 2: Principles and rules for the structure and drafting of ISO and IEC documents（2021）（ISO/IEC 导则　第 2 部分：ISO 和 IEC 文件结构和起草的原则和规则）两份导则，在从事 ISO 项目管理前，需事先学习《ISO/IEC 导则》的第 1 和第 2 部分，以便后续项目管理工作的顺利开展。

第三节　国际标准项目管理实践要点

图 6-7 展示了标准制定不同阶段，不同人员所需要承担的相应责任，其中 Proposer 为提案方，Committee manager 为委员会经理、Convenor 为工作组召集人，Chair 为主席，

Project leader 为项目负责人、TPM 为技术项目经理，R 表示的是主要责任，C 表示的是协作，协作并不意味着次要作用或被动性，例如项目负责人在起草项目计划时发挥着关键作用，因为他可以提交草案。而主要责任意味着要承担启动活动，确保任务得到执行，组织不同角色的投入等方面的职责。

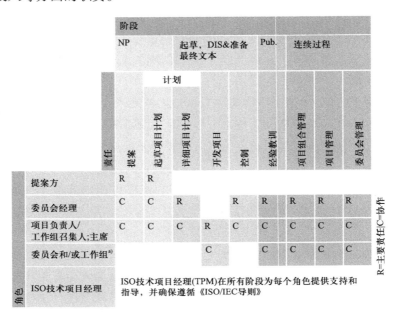

图 6-7　标准研制责任矩阵
a) 取决于开发步骤及项目是否分配给工作组

在标准研制责任矩阵中，委员会经理（CM）负有最多的主要责任，除了提案阶段是由提案方负主要责任外，进入标准立项阶段，虽然在国际标准研制过程中项目负责人、工作组召集人、主席负有主要责任，但详细的工作计划仍然是由委员会经理来制定，因此所有主要责任基本都由委员会经理承担。委员会经理在项目管理中发挥着不可替代的作用，同时项目负责人、工作组召集人、主席也在项目管理中发挥相关作用，如果仅在委员会中担任普通注册专家，则只需按照委员会经理或者项目负责人分配的任务来完成相应的职责，不需要对项目管理负责。

一、提案管理

国际标准新工作项目的提案（New Work Item Proposal，NP）目标是立项一项国际标准（IS）或技术规范（TS），NP 提案需要在 ISO 现有的委员会范畴内提出，即提案需要在某一个 TC 或 SC 工作范畴内提出。如果想要提案一个新的国际标准，但提案的国际标准不属于任何 ISO 现有的 TC 和 SC 的工作范畴，即提案是在新的工作领域（New fields of work）中提出，此类提案称为 PC。如果想要提案一系列的国际标准，同时提案的国际标准不属于任何 ISO 现有的 TC 和 SC 的工作范畴，那么可以申请一个新的 TC；如果提案的国际标准属于 ISO 现有的某个 TC 的工作范畴，但没有下设的 SC 来负责相应工作，那么可以在相应的 TC 中申请成立新的 SC，从事新的标准化领域的工作。如果已有了标准化对象，即认为在某领域内应该开展标准化活动，但是无法提出具体的国际标准需求，可以申请设立一个新的标准化领域（New standardization area），其最终结果并不是成立 TC 或是 SC，而是成立一个新的机构 AG（Advisory Group）。AG 的主要职责是明确模糊的标准化需求，如果需求能够明确，那么有成立新的 TC 的可能性；如果需求无法明确且无法到达标准研制阶段，那么相关活动结束。

新工作项目提案 NP（旧称 NWIP）的适用条件是在现有的 TC/SC 工作范畴内，适用的出版物类型为 IS、TS 和 PAS，其中 IS、TS 必须经历 NP 阶段，PAS 的 NP 阶段是可选择的。提案首先需提交 ISO FORM 4、标准草案或大纲。委员会经理在收到材料后，将对材料进行审查，查看资料是否填写规范，是否需要在年会或某一范围内进行意见征询或者是否能够直接开启投票。如果提交的材料符合立项投票条件，那么将会进行为期 12 周（或 8 周）的投票，当参与投票的技术委员会或小组委员会 P 成员（Participating member）的三分之二以上批准该提案（在计票时，弃权票不计在内）及承诺积极参与项目的制定（即在筹备阶段通过提名技术专家和对工作草案发表意见做出有效贡献），在有 16 个及以下 P 成员的委员会中至少有 4 个 P 成员，在有 17 个及以上 P 成员的委员会中至少有 5 个 P 成员愿意指派专家参与，那么提案可以立项。

所提的提案需满足以下原则：

（1）在 TC/SC/WG 的工作范围内；

（2）满足全球相关性：提案不仅要满足提案方单个国家的标准需求，还要至少满足除本国外其他 4～5 个国家的需求，即此标准提案是国家间的共同需求；

（3）满足市场相关性：提案需准确识别标准针对的市场以及标准在相应市场所能解决的问题；

（4）利益相关方充分参与：利益相关方之间要达成协商一致，没有利益相关方或利益相关方不充分参与，标准将无法制定。

二、计划管理

提案立项后，需要给标准的研制进度设置合理的周期，一般情况下，国际标准的研制有三种周期可供选择，分别为 18、24 和 36 个月（图 6-8）。首先由提案方对标准研制时间进行选择，委员会经理与工作组召集人、提案方共同商讨项目的研制周期，里程碑节点等，并在立项后进行动态调整。以 18 个月的标准周期为例，从标准立项日起的 18 个月内标准研制项目无法完成，项目将会自动撤销，标准发布的追踪节点应为 18 个月研制周期的最后一天。另一个重要的节点为 DIS（国际标准草案）节点，如果在 DIS 节点规定日期标准研制还未达到 DIS 阶段，那么标准也将面临延期或撤销的风险，此时需要提交延期申请。每个标准仅有一次提交延期申请的机会，申请后研制周期最多将延长 9 个月。在研制

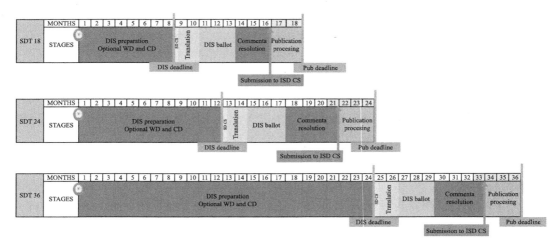周期中，项目计划拥有一定的弹性，可按需求进行适当调整，当工作组召集人或项目负责人在执行计划时，认为项目有超期风险，可以向委员会经理申请计划变更，但 DIS 节点和标准发布节点无法调整。

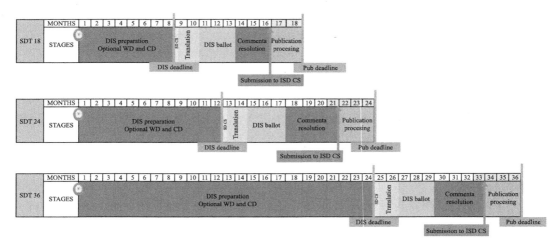

图 6-8　标准研制周期

　　如要在标准研制周期中决定提交项目延期申请，应在项目自动撤销前两个月提交延期申请表，延期申请表需经过 TC/SC 决议同意，为预防在两个月时间内 TC/SC 无法就延期申请表做出决议，可在收到黄色警告通知时，开始准备申请项目延期，如在收到红色警示通知时再申请项目延期，可能会使项目延期申请遭遇时间不充分等情况（图 6-9）。当提交延期申请时，需要一并提交一个新的标准研制计划，以保证在项目延期后按新的研制计划，国际标准能够如期交付，同时需要说明申请项目延期的理由、延期后的对应做法以及延期后的标准是否仍然满足市场相关性、全球相关性等要求。

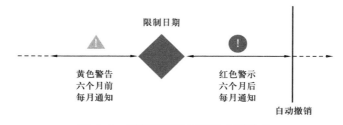

图 6-9　标准研制提交延期申请节点

三、标准研制过程管理

（一）准备阶段

　　准备阶段是可省略的阶段，在标准准备阶段，委员会经理、工作组召集人和主席不再承担主要责任，而是承担监督项目进度、协调处理争议问题等协作工作，确保标准按期发布。标准起草的主要工作由项目负责人或兼任项目负责人的工作组召集人承担。当工作组较大时，项目负责人也可要求工作组召集人协助开展标准编制的工作。

项目负责人在起草标准时应遵循《ISO/IEC 导则》第 2 部分的内容并按照与委员会经理商定的工作进度要求，细化工作方案，开展相应的工作。在编写过程中，可能会收到工作组其他专家或成员给出的意见，对于意见的征集与处理推荐使用 ISO 的 commenting template（意见征集模板），应尽量避免使用自主开发的意见征集模板。ISO 的意见征集模板具有自动编辑功能，可以把不同国家给出的意见进行自动编辑汇总，提高意见征集和处理的效率。在标准起草阶段传统的工作模式主要是通过工作组（WG）的会议和邮件沟通，目前 ISO 开发了在线的标准开发平台 OSD（Online standards development），在开展标准研制项目时，可以申请试用 OSD，借助此平台将标准编制的任务分配给相关专家。

在准备阶段，最终需要交付的产物是工作草案（WD），如在 WD 编写中，已将工作组层面的所有意见妥善处理，应将 WD 提交给工作组召集人或项目经理，申请转入下一阶段并由工作组召集人或项目经理决定下一步进入委员会阶段还是征询意见阶段。

（二）委员会阶段

在委员会阶段中，项目经理的工作职责仍然和起草阶段相同，为监督项目进度、协调处理争议问题等。委员会主席、项目负责人、工作组召集人承担主要责任，其编写标准遵循的规则、进度要求、意见的征集与处理与起草阶段大致相同，其工作模式由 WG 会议变为 TC/SC 会议及邮件沟通。此阶段的主要产物是委员会草案（CD）及转入国际标准草案（DIS）的决议（图 6-10）。在修订前的《ISO/IEC 导则》中，CD 将分发给委员会成员，然后由他们通过电子投票门户发表意见和 / 或进行投票，而在《ISO/IEC 导则》第 1 部分（2022 年版）的最新要求中，不再要求 CD 阶段开展投票，而是仅需进行意见征询，意见征询的周期默认为 8 周，也可以适当延长至 12 或 16 周。CD 是否转入下一阶段或是退回重新征询意见，主要通过委员会会议进行讨论协商以达成共识，同时主席也有权做出决策，决定 CD 是否能进入下一阶段。

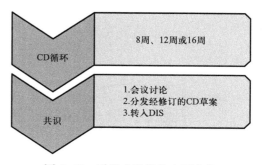

图 6-10　委员会阶段的主要产物

委员会阶段是一个可以省略的阶段，如果想要缩短标准的研制时间，可以申请跨越 CD 直接进入 DIS 阶段。当标准草案足够成熟，标准质量较高可申请直接跨越 CD 阶段，如提案标准是直接根据维也纳协议，将 EN 标准转化为 ISO 标准或者提案标准是将某个国家、某个协会的标准转为 ISO 标准，此类标准已经具有良好的研究基础，具备跨越 CD 阶段的条件。如要申请跨越 CD，则应由负责此项标准研制工作的工作组提出申请，由 TC/SC 形成一项正式的决议，决议可以在会议中形成，也可以通过为期四周的委员会内部投票形成，具体的跨越条件与细节可参见《ISO/IEC 导则》第 1 部分的附录 SS。

（三）征询意见阶段

征询意见阶段是不可省略的，征询意见阶段由委员会主席、项目负责人、工作组召集人承担主要责任，其编写标准遵循的规则、进度要求、意见的征集与处理、工作模式与委员会阶段大致相同，此阶段的产物为国际标准草案（DIS）。委员会经理、工作组召集人、TPM 从事协助工作，此阶段除了要监控进度、处理争议问题外，委员会经理还需要把相关的草案提交给 ISO 中央秘书处的技术项目经理（TPM），由 TPM 来开启 DIS 投票。这与起草阶段、委员会阶段所不同，在起草阶段由工作组召集人征询工作组内部意见，在委员会阶段由 TC/SC 的委员会经理征询委员会内部意见，征询意见阶段则是由中央秘书处的 TPM 负责征询 ISO 全体 P 成员意见、开启投票。

ISO/CS 中央秘书处 TPM 发起 DIS 投票后，其投票周期为 20 周，其中前八周是各成员国将 DIS 翻译为本国语言，以便进行投票，正式投票时间为十二周，ISO 全体 P 成员均可进行投票，如果 TC/SC 三分之二的 P 成员赞成，且反对票不超过投票总数的四分之一（弃权票和未附技术意见的反对票不计算在内），则 DIS 获得批准。

当 DIS 投票通过后，可能面临三种情况（图 6-11）。第一种情况是在投票中收到较多技术性意见，需对 DIS 进行较大的技术变更，则进行第二轮 DIS，重新投票，投票周期由原来的 20 周缩短为 8 周，并且第二轮 DIS 只能进行一次，不能重复进行。第二种情况是投票中收到的技术意见使标准技术内容仅产生轻微变更，此时可将修改后的 DIS 进行最终国际标准草案（FDIS）投票，FDIS 投票为期八周，投票通过后可进入出版阶段。第三种情况是在投票中没有收到任何技术性意见，只收到了编辑性意见，在处理完编辑性意见后，不需要进行 FDIS 投票，可直接进行出版。

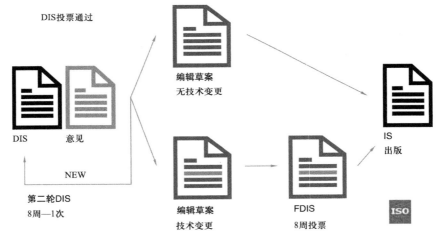

图 6-11　DIS 投票通过后程序

在 DIS 投票未通过时，一般有四种处理方式：一是根据投票收到的反对性技术性意见，对标准草案再进行一轮修改然后进行第二轮 DIS 投票；二是在预计第二轮 DIS 仍会收到较多反对意见，且第一轮收到的反对意见大多来自委员会外部而不是委员会内部，可申请变更标准的类型，从原有的国际标准（IS）变更为技术规范（TS）或可公开提供的规范（PAS），TS/PAS 不需要经过 DIS 投票，只需要在本委员会内部进行投票；三是在 DIS 投票中既收到了委员会外部的反对意见又收到了委员会内部的反对意见，说明在委员会阶段收到的意见没有进行妥善处理，需要重新返回委员会阶段，对 CD 进行修改；四是放弃项目。对于具体处理方式的选择，需要 TC/SC 通过会议商讨后形成决议。

（四）批准阶段

在征询意见阶段提到，如果 DIS 在投票中收到的技术意见使标准技术内容仅产生轻微变更，可将修改后的 DIS 进行 FDIS 投票，那么标准制定就进入了批准阶段，批准阶段是可省略阶段。在批准阶段，由委员会经理、项目经理、工作组召集人承担主要责任，因为此阶段工作更多为程序性工作，一般不会再有技术性的意见提出，如 FDIS 阶段仍有技术性意见提出，可等到标准复审时再处理。此阶段编写标准遵循的规则、意见征集和处理方式、工作模式与前几个阶段相同，工作的主要产物是 FDIS 及转入下一阶段的决议。委员会主席、工作组召集人和 TPM 主要承担协助工作，其工作主要为监控进度、标准草案的核校及由 TPM 负责开启 FDIS 投票。

ISO 中央秘书处 TPM 发起 FDIS 投票后，其投票周期为 8 周，ISO 全体 P 成员均可进行投票，如果 TC/SC 三分之二的 P 成员赞成，且反对票不超过投票总数的四分之一（弃权票和未附技术意见的反对票不计算在内），则 FDIS 获得批准。如果 FDIS 投票未通过，一般有三种处理方式：一是根据收到的反对意见，对 FDIS 修改后，进行第二轮 FDIS 投票；二是申请变更标准的类型，从原有的国际标准（IS）变更为技术规范（TS）或可公开提供的规范（PAS）；三是放弃项目。

（五）出版阶段

在出版阶段，由委员会经理、项目经理、工作组召集人承担主要责任，此阶段编写标准遵循的规则、意见征集和处理方式、工作模式与前几个阶段相同，工作的主要产物是发布的国际标准。同时，委员会经理需要协助 ISO 中央秘书处的编辑部，在标准出版前按照《ISO/IEC 导则》第 2 部分对标准进行形式上的审查和核校，如在核校过程中发现了技术性错误，则需要项目经理、工作组召集人协助处理。委员会主席、工作组召集人和 TPM 主要承担协助工作，其工作主要为标准草案的核校及由 TPM 负责国际标准的发布。

（六）标准制定各阶段的协商一致

在征询意见阶段前，NWIP、WD、CD 的意见征询、投票均在委员会内部进行，其协商一致的程度较低，在进入征询意见阶段后，对于 DIS 和 FDIS 所有的 ISO 成员均有权对草案进行投票，使得协商一致程度显著提升（表 6-3）。因为 DIS、FDIS 对协商一致要求的程度更高，所以当标准制定过程中收到了委员会外部较多的反对意见，无法通过 DIS 时可以将标准类型由 IS 转为 TS/PAS，TS/PAS 对协商一致要求的程度较低（图 6-12）。

表 6-3   标准制定各阶段投票要求和批准条件

阶段	提案 NWIP	立项 WD	委员会草案 CD	国际标准草案 DIS	最终国际 标准草案 FDIS
投票 要求	12周（通过委员 会决议，8周）	没有投票； 4周意见征询	没有投票； 8周意见征询（通过委 员会决议，12或16周）	12周（提前8周进行翻译）； 第二轮 DIS 为 8 周	8周
批准 条件	三分之二多数P 成员投票； 4或5个P成员 提名专家	达成共识（专家）	达成共识（P成员国）	三分之二多数P成员投票； 反对票不超过投票总数的 四分之一（弃权票和未附 技术意见的反对票不计算 在内）	

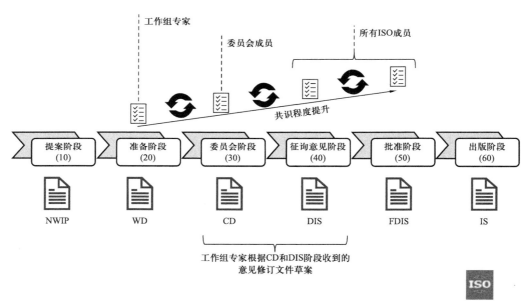

图 6-12   标准制定各阶段协商一致程度

（七）会议管理

从事 ISO 的项目管理，其中重要的一项就是对会议的管理。会议主要分为 TC、SC 会议和 WG（工作组）会议。如需召开 TC、SC 会议，必须通过 ISO 的会议平台 ISO Meeting Platform 来发布所有的会议通知和会议文件，同时仅有注册代表才能有资格参会，在国内需要通过技术对口单位报送至市场监管总局的标准创新司进行正式注册，如会议以面对面会议或者混合会议的形式召开，需在会议召开前 16 周发放会议通知和会议议程，以便其他国家的专家能有充足的时间处理参会相关事宜；如会议以线上会议的形式召开，需在会议召开前 8 周发放会议通知和会议议程，以便参会专家能对会议议程提供相关意见，如修改会议内容、增加会议议程等。在会前 6 周需要分发会议文件，在会议结束 48h 内需将会议达成的决议分发给所有的参会代表，在会议结束 4 周内分发会议纪要。TC、SC 会议的主要负责人为委员会主席和经理，需要进行工作汇报的人员包括委员会下设工作组的召集人、项目负责人及注册专家，同时联络组织的代表也能一同参会。ISO 会议时间安排如图 6-13 所示。

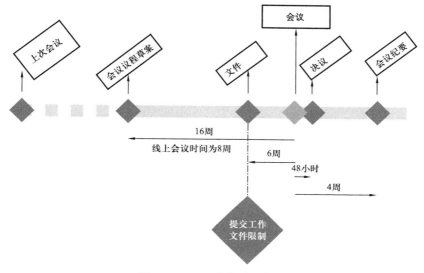

图 6-13　ISO 会议时间安排

　　WG 会议由工作组召集人发起并由其负主要责任，委员会主席、委员会经理、项目负责人及注册专家起协助作用。WG 会议与 TC、SC 会议一样，也要求使用 ISO 的会议平台（ISO Meeting Platform）来发布所有的会议通知和会议文件，同时仅有注册代表才能有资格参会。如会议以面对面会议或者混合会议的形式召开，需在会议召开前 8 周发放会议通知和会议议程；如会议以线上会议的形式召开，需在会议召开前 4 周发放会议通知和会议议程。工作组召集人需保持中立，负责组织所有的技术讨论，并达成协商一致，从而获得一个阶段性的成果以向 TC、SC 报告，如未设工作组秘书，则工作组召集人需承担会议组织的全部工作，如果工作组下设了若干个不同的国际标准项目，那么每个项目可以在工作组的会议上汇报自己的工作进展、讨论标准技术内容，推动项目开展。

　　（八）项目管理的经验总结与提升

　　一般一个委员会往往有若干个国际标准项目、若干个工作组和多类型的出版物，需要将单一项目、单一工作组、单一类型的出版物中优秀的项目管理经验进行总结和提升，将其推广至多项目、多工作组、多类型的出版物的管理中。对于完成较好的工作，如有效的会议管理，合适的标准研制周期选择等，可以进行提炼推广；对于有所欠缺的项目，如风险管控不全面、出版物类型选择不适当等，需要进行总结和改进；对于失败的项目，需要探究项目失败的原因以及项目的其他解决方案。

第四节　国际标准提案申报、审核及实践

一、新工作项目（NP）提案

新工作项目提案 NP（或 NWIP）的适用条件是在现有的 TC/SC 工作范畴内，适用的出版物类型为 IS、TS 和 PAS。如在中国国内想要提出 NP，首先需要在 ISO 官网中查询现有 TC/SC 的工作范畴，确定提案应提交至哪个 TC/SC。其次需要确定提案的标准类型，如果提案的标准类型为 IS 或 TS，则必须进行 NP 立项投票；如果提案的标准类型为 PAS 或 TR，则无需进行 NP 立项投票；如果提案的标准类型为 IWA，则提案将递交至 ISO 的 TMB，不再由 TC/SC 处理。

在确定了提案所属 TC/SC 和标准类型后，首先需要联系相应 TC/SC 在中国国内的技术对口单位，提交相关提案资料，由技术对口单位对材料进行审查和完善，而不应将资料直接提交给国家标准委或市场监管总局标准创新司。材料审查完毕后，由技术对口单位再将材料提交给市场监管总局标准创新司。技术对口单位在提交材料时要求提案方出具公文，以说明 NP 提案的重要性和必要性及提案前期的工作基础等，公文格式应依照技术对口单位所提供的格式模板。同时提案方应提供国际标准化组织国际标准提案申请表一份，表格应由提案单位、国内技术对口单位、行业主管部门审核盖章。此外，提案方需提供辅助材料 ISO FORM 4 中英文各一份及标准草案或大纲。市场监管总局标准创新司在收到提案后，将依据标准涉及领域的实际情况判断是否需要组织专家审核，对于一些重要程度较高或者争议较大的标准，市场监管总局标准创新司会委托国家标准审批中心组织专家进行国际标准提案的评审。市场监管总局标准创新司在对提案审批完成后，将代表提案方将 NP 提案递交给对应的 TC/SC 秘书处。TC/SC 的委员会经理在收到 NP 提案后，将依据提案的具体情况判断是否应直接开启投票、退回提案方修改、在会议上进行宣讲，如果所提提案不在此 TC/SC 的工作范畴内，提案将被直接退回。如果提案符合条件能够开启投票，则按照前文提案管理中所述程序进行投票。

二、项目委员会（PC）提案

PC 提案适用于国际标准提案不在现有的 TC/SC 工作范围内，且暂时只有一个国际标准的研制需求。PC 的成员主要包括主席、秘书处、P 成员、O 成员，当标准发布后 PC 即宣布解散。当研制一个国际标准的活动又衍生出一系列的国际标准需求时，可按一定程序将 PC 转为 TC，具体要求可参见《ISO/IEC 导则》第 1 部分的附录 K。PC 提案在国内的提案要求及所需材料与 NP 提案完全相同，不同之处在于市场监管总局标准创新司不再将提案材料提交给对应的 TC/SC，而是将材料提交给 ISO 的 TMB，由 TMB 发起为期 12 周的投票。PC 成立的条件为三分之二以上的成员国赞成，投赞成票且提名专家的五个以上成员国作为 P 成员。ISO 中的 PC 如图 6-14 所示。

ISO/TC 328	Engineered stones	Working area	0	0
ISO/PC 329	Consumer incident investigation guideline	Working area	0	1
ISO/TC 330	Surfaces with biocidal and antimicrobial properties	Working area	0	0
ISO/TC 331	Biodiversity	Working area	0	0
ISO/TC 332	Security equipment for financial institutions and commercial organizations	Working area	0	0
ISO/TC 333	Lithium	Working area	0	0
ISO/TC 334	Reference materials	Working area	9	4
ISO/PC 335	Guidelines for organizations to increase consumer understanding of online terms and conditions	Working area	0	0

图 6-14 ISO 中的 PC

总的来说，NP 和 PC 提案在国内主要涉及的单位包括提案单位、国内技术对口单位、行业主管部门、国家标准委；在 ISO 中主要涉及的人员和单位包括委员会经理、工作组召集人、委员会主席、P 成员国、TMB。

三、NP/PC 提案的基本原则

NP/PC 提案需要满足全球相关性、市场相关性和利益相关方的充分参与三项基本原则。全球相关性是指提案不仅要满足单个国家的需求，还要至少满足除本国外其他 4～5 个国家的需求，是国家间的共同需求；市场相关性是指提案需准确识别标准针对的市场及标准在相应市场能够解决的问题；利益相关方的充分参与原则也是不可忽视的。在 NP 投票中至少要找到四个或五个 P 成员愿意与提案方一起研制标准并且指派专家。如果直接开启立项投票，每个国家的投票员一般为本国的标准化机构人员或者为对口单位人员，可能并不了解标准提案中的相关技术，从而导致投票时收到反对票或收到赞成票而不愿意参与，导致无法找到四个或五个 P 成员参与，提案无法成功立项。因此需要在立项投票开启前，在国际上了解有哪些利益相关方可能对标准提案感兴趣，从而识别出潜在的利益相关方，如图 6-15 所示。将提案的基本信息提供给潜在的利益相关方，收集潜在利益相关方的意见与建议，对于有强烈参与意愿的相关方，可直接邀请其加入到标准研制项目中，同时在提案提交时填写相关资料且注明其国家。那么其他 P 成员的投票员在了解到项目的利益相关方后，极大可能会在立项投票时表示赞成并指派专家，从而提升立项的成功率。在征询利益相关方意见时，也需注意利益相关方的类别。如果提案的标准为一项产品标准，那么要充分征询国际上生产此种产品的相关企业的意见，涉及到检测项目的也要征集检测方的意见，同时用户方面的意见也不可忽视，应全面考虑所涉及利益相关方的层级。

图 6-15　利益相关方识别

四、ISO FORM 4 填写注意事项

在提交 NP/PC 提案时，均需要提交提案表 ISO FORM 4，填写提案表的主要目的是：

（1）概述整个项目；

（2）将项目与委员会的战略目标联系起来；

（3）确定项目负责人；

（4）确定利益相关者；

（5）记录市场需求；

（6）在委员会内部就以下事项达成共识：项目范围和预期成果、项目所需的大致预算［预期会议次数（如有）、专家的可用性、项目的预期咨询次数等］、根据市场需求确定文件的预期出版日期。

为方便填写，FORM 4 内包含对相关内容的填写说明及需要参照的条款，一般内容可直接按照说明填写。

图 6-16 主要是对于立项类型的填写，如果标准提案是要递交给现有的 TC/SC 则勾选"WITHIN EXISTING COMMITTEE"一栏；如果只编制一个国际标准且提案不在现有的

ISO FORM 4

NEW WORK ITEM PROPOSAL (NP)

DATE OF CIRCULATION:	CLOSING DATE FOR VOTING:
Click here to enter a date.	Click here to enter a date.

PROPOSER:

□ ISO member body:
Click or tap here to enter text.

□ Committee, liaison or other:
Click or tap here to enter text.

REFERENCE NUMBER:
Click or tap here to enter text.

□ **WITHIN EXISTING COMMITTEE**
Document Number: Click or tap here to enter text.
Committee Secretariat: Click or tap here to enter text.

□ **PROPOSAL FOR A NEW PC**

A proposal for a new work item within the scope of an existing committee shall be submitted to the secretariat of that committee.

A proposal for a new project committee shall be submitted to the Central Secretariat, which will process the proposal in accordance with ISO/IEC Directives, Part 1, Clause 2.3.

Guidelines for proposing and justifying new work items or new fields of technical activity (Project Committee) are given in ISO/IEC Directives, Part 1, Annex C.

IMPORTANT NOTE: Proposals without adequate justification and supporting information risk rejection or referral to the originator.

图 6-16　ISO FORM 4 立项类型填写

TC/SC 工作范围内，则勾选"PROPOSAL FOR A NEW PC"一栏。要注意表格内的重要提示"没有充分理由和证明资料的建议书有可能被拒绝或移交给发起人"，因此在表格填写时要提供充分的信息，避免因形式问题导致提案退回。

图 6-17 是需要填写的内容。标准的名称可先只填写英文名称，法文名称可以暂时空缺，标准的命名可参照《ISO/IEC 导则》第 1 部分的 C.4.2（图 6-18），也可查询提案 TC 已发布的标准，参照其现有命名规则对标准进行命名。对标准的命名基本采用三段式命名方法，首先明确标准所属的技术领域，其次明确标准化的对象，最后明确实验方法。当标准对象所属的技术领域非常明确时，可以在命名时省略对技术领域的说明。对于产品标准可不采用三段式命名方法而采用一段式的命名。

PROPOSAL
(to be completed by the proposer, following discussion with committee leadership if appropriate)

English title
Click or tap here to enter text.
French title
Click or tap here to enter text.
(Please see ISO/IEC Directives, Part 1, <u>Annex C</u>, Clause C.4.2). In case of amendment, revision or a new part of an existing document, please include the reference number and current title
SCOPE (Please see ISO/IEC Directives, Part 1, <u>Annex C</u>, Clause C.4.3)
Click or tap here to enter text.

图 6-17　ISO FORM 4 名称与范围填写

C.4.2　Title

The title shall indicate clearly yet concisely the new field of technical activity or the new work item that the proposal is intended to cover.

EXAMPLE 1 (proposal for a new technical activity) "Machine tools".

EXAMPLE 2 (proposal for a new work item) "Electrotechnical products — Basic environmental testing procedures".

图 6-18　《ISO/IEC 导则》第 1 部分的 C.4.2

对于提案的范围的填写可参照《ISO/IEC 导则》第 1 部分的 C.4.3（图 6-19）。提案的标准可能会与现有的标准存在一定的交叉，当此情况发生时，必须要明确标准的范围，否则可能会收到标准交叉领域所属 TC/SC 的反对意见。

图 6-20 是对于提案的目的与理由的填写，可参照《ISO/IEC 导则》第 1 部分中的 C.4.13（图 6-21）或者 ISO 文件 Guidance on New Work。在填写目的与理由时需要特别注意，应明确阐述提案中标准化对象的需求。对于一系列标准，可以只提供一次立项提案（ISO FORM 4），但一系列标准必须是在同一个标准的分册，提案应包含一系列标准的

所有要素，并明确阐述每一个标准的标题与范围，通过一次 NP 投票，将一系列标准统一立项。

C.4.3.2 For new work items

The scope shall give a clear indication of the coverage of the proposed new work item and if necessary for clarity, exclusions shall be stated.

EXAMPLE 1

This standard lists a series of environmental test procedures, and their severities, designed to assess the ability of electrotechnical products to perform under expected conditions of service.

Although primarily intended for such applications, this standard may be used in other fields where desired.

Other environmental tests, specific to the individual types of specimen, may be included in the relevant specifications.

EXAMPLE 2

Standardization in the field of fisheries and aquaculture, including, but not limited to, terminology, technical specifications for equipment and for their operation, characterization of aquaculture sites and maintenance of appropriate physical, chemical and biological conditions, environmental monitoring, data reporting, traceability and waste disposal.

Excluded:

— methods of analysis of food products (covered by ISO/TC 34);

— personal protective clothing (covered by ISO/TC 94);

— environmental monitoring (covered by ISO/TC 207).

图 6-19　《ISO/IEC 导则》第 1 部分的 C.4.3

PURPOSE AND JUSTIFICATION

(Please see ISO/IEC Directives, Part 1, Annex C and additional guidance on justification statements in the brochure Guidance on New Work)

Click or tap here to enter text. (Please use this field or attach an annex)

图 6-20　ISO FORM 4 目的与理由填写

C.4.13　Purpose and justification

C.4.13.1 The purpose and justification of the document to be prepared shall be made clear, and the need for standardization of each aspect (such as characteristics) to be included in the document shall be justified.

C.4.13.2 If a series of new work items is proposed, the purpose and the justification of which is common, a common proposal may be drafted, including all elements to be clarified and enumerating the titles and scopes of each individual item.

C.4.13.3 Please note that the items listed in the bullet points below represent a menu of suggestions or ideas for possible documentation to support the purpose and justification of proposals. Proposers should consider these suggestions, but they are not limited to them, nor are they required to comply strictly with them. What is most important is that proposers develop and provide purpose and justification information that is most relevant to their proposals and that makes a substantial business case for the market relevance and need of their proposals. Thorough, well-developed and robust purpose and justification documentation will lead to more informed consideration of proposals and, ultimately, their possible success in the ISO and IEC systems.

图 6-21　《ISO/IEC 导则》第 1 部分的 C.4.13

图 6-22 中所要填写的是项目管理的相关内容，在提案之初，首先应明确提案的标准类型，依据实际情况，确定所提标准是 IS、TS 还是 PAS。其次应确定标准的研制周期，

可选周期为 18 个月、24 个月、36 个月，在没有基础的情况下开始研制标准并且标准研制经验不充分，推荐选择 36 个月的标准研制周期，以便有调整标准研制计划的空间。根据维也纳协议直接转换欧洲标准且标准已较为成熟，期望尽快完成标准研制将其投入市场或根据某些成熟的协会标准、国家标准来研制 ISO 标准，预计研制进度较快的情况下，推荐选择 18 或 24 个月的标准研制周期。

PROJECT MANAGEMENT

Preferred document
☐   International Standard
☐   Technical Specification
☐   Publicly Available Specification*

* While a formal NP ballot is not required (no eForm04), the NP form may provide useful information for the committee P-members to consider when deciding to initiate a Publicly Available Specification.

Proposed Standard Development Track (SDT – to be discussed by the proposer with the committee manager or ISO/CS)

☐ 18 months   ☐ 24 months   ☐ 36 months

图 6-22　ISO FORM 4 项目管理有关内容填写

图 6-23 中所需要注意的是方框内题项"据你所知，这个或类似的提案是否已经提交给另一个标准开发组织或另一个 ISO 委员会"，须如实填写，以便 ISO 明确：

（1）此提案是否因提交给其他标准开发组织未接收而转至 ISO；

（2）此提案是否因不符合先前提交 TC 的工作范畴而退回；

RELATION OF THE PROPOSAL TO EXISTING INTERNATIONAL STANDARDS AND ON-GOING STANDARDIZATION WORK

To the best of your knowledge, has this or a similar proposal been submitted to another standards development organization or to another ISO committee?

☐ Yes   ☐ No

If Yes, please specify which one(s) Click or tap here to enter text.

☐   The proposer has checked whether the proposed scope of this new project overlaps with the scope of any existing ISO project

☐   If an overlap or the potential for overlap is identified, the proposer and the leaders of the existing project have discussed on:
i.   modification/restriction of the scope of the proposal to avoid overlapping,
ii. potential modification/restriction of the scope of the existing project to avoid overlapping.

☐   If agreement with parties responsible for existing project(s) has not been reached, please explain why the proposal should be approved
Click or tap here to enter text.

图 6-23　ISO FORM 4 项目管理有关内容填写

（3）此提案是否已在提案 TC 中进行立项投票但未成功立项。

尤其是第一次提案立项未成功的提案，应清楚阐述第一次提案立项的相关情况，以避免第一次立项投票中投赞成票的国家因不了解提案标准情况而转投反对票。对于在第一次投票中已愿意指派专家的 P 成员，可提供相应的名单，也可直接询问相关专家是否愿意继续参与标准研制。

五、提案技巧与相关问题

（一）提案技巧

在提案时有多方面的细节需要注意：

（1）ISO FORM 4 类似于提案标准的简介与内容摘要，因此在全面提供标准信息的基础上，其用语应简洁、精准、明了。

（2）要准确选择合适的出版物类型，其中 IS、TS、PAS 已在前文做了介绍，技术报告（TR）主要适用于有许多技术路径且难以使用一个国际标准将所有技术路径进行统一的情况，此时研制的 TR 仅向使用者描述不同的技术路径而不强制要求用户必须遵守某一种技术路径，但需要注意的是 TR 的性质为资料性文件，这与其他出版物不同。国际研讨会协议（IWA）制定相对简单，IWA 是一次或多次研讨会所形成的产物，当在提案一项国际标准时预计会承受较大的阻力但市场又急需此标准时，因 IS 或 TS 的研制时间较长，难以在短期内满足市场需求，此时推荐制定 IWA。

（3）要准确选择合适的标准研制周期。

（4）要对 ISO 组织内外的相关标准进行广泛的调研，调研标准应包括 ISO/IEC 标准、事实国际标准、区域标准、国外标准等，以便确立提案标准和其他各层级的标准之间应建立何种配套关系。同时广泛的调研可避免提案的重复，以及提案是否与国际各国的国家标准存在冲突。当提案标准与某国的提案标准发生冲突时，提案是难以立项的。

（5）寻求利益相关方的广泛参与，尽量提供愿意参与标准研制项目的专家信息，以提高提案立项成功率。

（6）建议在正式提案前开展非正式询问，如通过会议、研讨、电话、email 等，前期调研各国的参与意愿及可能存在的意见与问题。

（7）不要轻言放弃，对于反对意见要积极回应、积极开展分析。首先需要审查提案本身是否存在问题；其次判断提案是否缺乏全球相关性、市场相关性，提案中技术方案是否正确；在此基础之上与反对者开展沟通，寻找问题的根源，与反对方寻求协作以解决此问题。在所有反对意见和相关问题处理完毕后，可以重新申请提案立项。

（二）提案相关问题

在提案过程中，虽然国家标准委可能会组织相关专家对标准提案进行审核和评议，但在提案时中国国内提案大多存在以下共性问题：

（1）标准的全球相关性不足：标准提案可能仅中国一方关注，导致不满足立项提案通过要求。

（2）标题与标准内容不匹配，应避免出现标题范围过大内容范围过小或标题范围过小内容范围过大等不匹配现象。

（3）标准范围不清或与 TC 业务领域相关性不强，导致在 TC 内难以找到合适的专家参与提案。标准范围界定应清晰、简洁、明了，标准应与 TC 业务领域强相关。

（4）提案标准仅单纯翻译中国国内标准：单纯翻译的标准中可能存在部分理念、要求仅适用于中国国内，标准内容引用了中国地方标准和行业标准等问题。对于翻译的标准需要对不适用的内容予以删除和调整，需理清引用标准中的嵌套关系。

（5）科研成果与标准的转化问题：对于一些科学性、基础性的研究成果，其没有工程化、产业化的前景，因此没有转化成标准的必要。一些先进的科研成果，应先申请专利，在专利申请完成后再将其转化为标准。企业中关键的科研成果应先制定企业标准，使其掌控在企业内部，如果企业想要借此成果开拓国际市场时，可将其转化为国际标准。规模较大的跨国企业，想要借此标准来要求全球供应链从而降低整体的研发成本，可将先进的科研成果转化为国际标准。并不推荐企业单纯为了制定国际标准而将企业先进成果转化为国际标准，这可能会导致企业经营利润减少。

（6）未充分调研国际国外标准情况：调研范围应不局限于 ISO 中的一个 TC 或 ISO 这一个标准开发组织，要充分调研国际、国外标准立项与研制情况。

（7）在同一个 TC/SC 中一次性提出多个提案，且项目负责人为同一名从未参与过国际活动的专家。在一个 TC 中可能没有足够的专家来同时处理多个提案，且未参与过国际活动的项目负责人无法确保多个提案顺利完成。企业在提案国际标准时可以分阶段进行，在提案一批标准的同时储备一批标准，当一批标准立项后再提案下一批标准，避免一次提案过多标准。

在排除提案中的共性问题后，仍存在以下常见问题：

（1）在正式提案前提案国可开展非正式询问，一旦 NP 投票已经开启，提案国不能在 TC 年会或其他 ISO 会议上进行专题汇报，以邀请 P 成员支持提案。

（2）在 NP 投票中，如 A 国投了赞成票但选择不指派专家参与提案，但在投票两周后，提案方与 A 国经过沟通协商，A 国又指派了专家，在此情况下 A 国的投票结果仍为赞成票但不指派专家。修订后的《ISO/IEC 导则》规定，P 成员投票需同时满足赞成票、愿意参与和指派专家三项条件，才能符合 NP 投票中"四个或五个 P 成员愿意与提案方一起研制标准并且指派专家"这一要求。

（3）在标准提案阶段的 ISO FORM 4 中填写的项目负责人，在项目立项后仍可以更改，一旦项目进入了 FDIS 阶段，所有技术性工作均已完成，此时不能再更改项目负责人。

（三）其他文件的制定

1. TS 的制定

提案阶段除了选择研制国际标准（IS）外，还可以选择研制技术规范（TS），在填写

ISO FORM 4 时将标准类型选为 TS。TS 也必须进行立项投票，但 TS 制定所需阶段与 IS 并不相同，TS 制定阶段为新工作项目提案（NP）—工作草案（WD）—委员会草案（CD）—技术规范草案（DTS）—发布，其中 WD 和 CD 可以省略，具体研制过程可参照图 6-24。当 IS 研制未能通过 DIS 或 FDIS 投票时，可将 IS 转为 TS，此时 TS 的制定阶段为同意转为 TS 的决议—DTS—发布。DTS 的投票周期为 8 周，投票通过条件为委员会内有三分之二的 P 成员赞成。

项目阶段	正常程序	与提案一起提交草案	快捷程序	技术规范	技术报告	可公开提供的规范
提案阶段 (see 2.3 for IS and 3. for TR, TS, PAS)	Acceptance of proposal	Acceptance of proposal	Acceptance of proposal^a	Acceptance of proposal	Acceptance of proposal	Acceptance of proposal^g
准备阶段 (see 2.4)	Preparation of working draft	Study by working group^e		Preparation of draft	Preparation of draft	Preparation of draft
委员会阶段 (see 2.5)	Development and acceptance of committee draft	Development and acceptance of committee draft		Development and acceptance of committee draft	Development and acceptance of committee draft	Development and acceptance of committee draft
征询意见阶段 (see 2.6 and in IEC, IEC Supplement E.3.1)	Devclopthent and acceptance of enquiry draft	Devclopthent and acceptance of enquiry draft	Acceptance of enquiry draft			
批准阶段 (see 2.7 for IS and 3. for TS, TR and PAS)	Approval of FDIS^f	Approval of FDIS^f	Approval of FDIS^f	Approval of DIS	Approval of DTR	Approval of DPAS
出版阶段 (see 2.8 for IS and 3. for TS, TR and PAS)	Publication of International Standard	Publication of International Standard	Publication of International Standard	Publication of International Specification	Publication of Tcchnical Report	Publication of PAS

图 6-24　标准制定流程

2. PAS 的制定

在提案阶段选择研制可公开提供的规范（PAS），则在填写 ISO FORM 4 时将标准类型选为 PAS 或在委员会内 P 成员简单多数同意研制 PAS 且 4～5 位 P 成员愿意参与即可。研制 PAS 不需要经过立项投票，其研制过程包括 NP—WD—CD—可公开提供的规范草案

（DPAS）—发布，其中 NP、WD、CD 均可省略。DPAS 的投票周期为 8 周，投票通过条件简化为委员会内 P 成员的简单多数（半数以上）赞成。由于 PAS 的制定程序更为简单，研制时间也较短，这也使得 PAS 的协商一致程度低于 IS 和 TS。当 IS 研制未能通过 DIS 或 FDIS 投票时，也可将 IS 转为 PAS，此时 PAS 的制定阶段为同意转为 PAS 的决议—DPAS—发布。

3. TR 的制定

技术报告（TR）的研制也不需要经过立项投票，其研制过程包括 WD—CD—技术报告草案（DTR）—发布。DTR 的投票周期为 8 周，投票通过条件简化为委员会内 P 成员的简单多数（半数以上）赞成。需要强调的是 TR 并不是标准而是资料性的文件，其内容中不能含有要求性要素，不能出现"shall""should"等词，TR 所提供的是一些信息，如检测结果、数据、报告等。TR 与其他出版物的性质不同，因此 TR 不能够转为 PAS、TS、IS。

4. IWA 的制定

IWA 是国际研讨会的产物，IWA 可以通过一次研讨会来制定，也可以通过多次研讨会来制定，无论是一次或是多次研讨会，均需要组建一个项目团队来负责 IWA 的研制。因为 IWA 并不是在 ISO 的 TC 或 SC 中进行研制，因此需要向 ISO 技术管理局 TMB 提交 IWA 提案，TMB 投票通过后才可以开始研制 IWA。研制 IWA 的国际研讨会需要设秘书处和主席，需要在会议召开前 90d 发布会议通知。IWA 发布之后，需要附有参与者名单，明确参与者的国家、机构和姓名，这是 IWA 与其他 ISO 出版物最大的不同之处，IS、TS、PAS、TR 均不署名，只体现参与研制的 TC 工作组。在理论上，IWA 可以转化为 PAS、TS、TS，但 IWA 的转化需要重新提交到合适的 TC/SC 进行 NP 投票。

🔍 本章要点

本章介绍了国际标准项目管理的基础知识、基本要求、实践要点及提案申报的相关要求，需掌握的知识点包括：

➤ 国际标准项目管理的基础知识，包括参与项目管理的人员及其能力需求以及出版物等知识；

➤ 国际标准项目管理的基本要求，包含了作用和方法论两方面内容；

➤ 国际标准项目管理的提案管理、计划管理、标准研制过程管理的实践要点；

➤ 国际标准提案申报、审核及实践的具体要求。

参 考 文 献

［1］International Organization for Standardization. Members ［EB/OL］. https：//www. iso. org/members. html.

［2］International Organization for Standardization. ISO Membership Manual ［EB/OL］. https：//www. iso. org/publication/PUB100399. html.

［3］International Organization for Standardization. About us［EB/OL］. https：//www. iso. org/about-us. html.

［4］International Organization for Standardization. Deliverables［EB/OL］. https：//www. iso. org/deliverables-all. html#IS.

［5］International Organization for Standardization. My ISO job - What delegates and experts need to know［EB/OL］. https：//www. iso. org/publication/PUB100037. html.

第七章　企业参与国际标准化的实践

第一节　油气管道国际标准化实践

一、管道完整性国际标准的制定

ISO 19345-1《石油天然气工业　管道完整性规范　第 1 部分：陆上管道全生命周期完整性管理》和 ISO 19345-2《石油天然气工业　管道完整性规范　第 2 部分：海洋管道全生命周期完整性管理》是国家管网集团北方管道公司（原中国石油管道公司，以下简称"北方管道公司"）2013 年成功申报立项的 ISO 标准，已于 2019 年 5 月 10 日和 5 月 16 日正式发布，这是中国油气管道行业首次主导制定的纲领性国际标准，标志着我国管道行业在油气管道管理技术方面进入世界先进水平行列。

2023 年 7 月，由国家管网集团主导编制的国际标准 ISO 22974《石油天然气工业管道输送系统　管道完整性评价技术规范》正式发布，这是国家管网集团成立以来主导发布的首个国际标准，也是该完整性技术团队主导并发布的第三项国际标准，标志着管网集团在此领域达到国际领先水平，掌握了管道完整性行业国际话语权。

（一）立项背景

国际上各国使用的油气管道完整性方面标准主要有 API 1160、ASME B31.8S、CSA Z662、BS PD 8010-4、PREN 16348 等。美国的 API 1160《危险液体管道的完整性管理》和针对输气管道的 ASME B31.8S《输气管道系统完整性管理》的特点是以完整性管理理念和方法介绍为主，并没有具体的管理要求和技术指标。这是因为美国国内还有完善的法律法规对完整性管理的要求进行的规定。加拿大的 CSA Z662《油气管道系统》是长输管道管理的综合性标准，它的特点是认为完整性管理并非单独的工作，而是依据完整性思想对原有管道管理工作的科学组织。欧洲在 2013 年发布的 EN 16348《燃气传输基础设施的安全管理系统及燃气输送管道的管道完整性管理系统》主要针对输气管道安全管理和完整性管理系统建设，只包含完整性管理主要内容的介绍，没有具体要求。英国 2012 年发布的 BS PD 8010-4《陆上和海底钢制管道　完整性管理实践准则》包含了陆上和海洋输油气管道的完整性管理流程、工作内容和相关管理要素，但是标准内容简单，缺少细化的工作内容和要求。已有的国际完整性管理标准普遍重理念、轻内容，对尚未开展完整性管理的管道企业指导作用有限。北美、欧洲、亚洲对完整性的概念、范围、流程等不统一，交流与技术发展存在技术障碍。较多国家不具备编制完整性管理标准的能力，但急需完整性管理标准来提升管理水平，减少事故。

北方管道公司在完整性管理过程中积累了大量经验，在管道完整性管理技术研究方面取得了较多成果，其中与 GE PII 合作进行了螺旋焊缝三轴高清内检测和评价项目获得了 ASME 2012 年全球管道奖。同时北方管道公司积极组织和参与管道相关国际会议，公司的完整性管理团队与国际上管道完整性管理领域的专家交流联系紧密。考虑到国内已有的成熟技术条件和 ISO 组织尚未建立管道完整性管理领域的标准的背景，北方管道公司确定了提出 ISO 管道完整性管理标准的立项建议。

（二）ISO 19345 系列标准立项及编制过程

1. 立项阶段（NP）

2013 年 4 月，在 ISO/TC 67/SC 2 年会上，北方管道公司提出了管道完整性管理规范的立项建议，得到各国代表一致认可。根据会议讨论结果，建议北方管道公司将标准分为陆上管道和海洋管道两部分，并在会后提交正式提案。

提案经过投票，TC 67/SC 2 中 24 个国家的标准化组织参加了投票，陆上管道部分获支持 16 票，反对 2 票，弃权 6 票。海洋管道部分获支持 15 票，反对 1 票，弃权 8 票。2013 年 11 月，标准项目正式获得 ISO 立项。

2. 工作草案编写阶段（WD）

工作草案编写阶段的主要工作内容分为两个部分：标准草案编写和建立国际工作组。

标准草案主要由北方管道公司组织完整性管理技术人员建立的标准编写组承担，编写组同时吸纳了中海油方面技术人员，同时考虑到国内技术人员非英语母语，特别邀请了加拿大专家全程参与 ISO 标准的编写过程，在参与技术讨论同时，承担标准英文文本的校正工作。

ISO 标准要依托于工作组进行，考虑到 TC 67/SC 2 尚无完整性管理相关工作组，项目组向意大利秘书处提出了建立管道完整性管理工作组的申请，获得通过成立了 WG 21 工作组，由北方管道公司冯庆善担任工作组召集人。工作组成立后，进行了专家召集，项目组主要参与人员申请成为 WG 21 工作组成员。除了 ISO 组织推荐的专家以外，工作组还向前期有过良好合作的加拿大、美国、英国等国的专家发送邀请，请他们向各自国家的 ISO 组织提交材料，申请成为 WG 21 工作组成员。通过这一过程，形成了代表国际完整性管理领先水平的 WG 21 工作组，并保证了国内项目组在 WG 21 工作组中的话语权和协调能力。

2014 年 5 月和 2014 年 10 月，WG 21 工作组先后在中国廊坊和澳大利亚悉尼召开了两次会议，在会上对标准草案的结构和主要内容进行了讨论和修改，并在 2014 年 11 月提交了 WD 稿。

3. 委员会阶段（CD）

形成 WD 稿之后，WG 21 工作组分别于 2015 年 3 月在德国法兰克福、2015 年 6 月在中国北京、2015 年 7 月在英国纽卡斯尔召开了多次工作组会议，进一步完善标准草案。

2015 年 9 月，工作组将 ISO 标准稿提交 TC 67/SC 2 委员会审核。2015 年 12 月，根据委员会编辑修改意见进行了格式修改，重新提交委员会，进入 CD 稿投票环节。

2016 年 3 月，CD 稿投票结果产生。其中陆上部分 16 票赞成，12 票弃权，提出修改意见 83 条；海洋部分 15 票赞成，1 票反对，12 票弃权，提出修改意见 111 条。进入 DIS 稿工作阶段。

对照 CD 稿投票意见，项目组对投票代表提出的标准修改意见进行了整理和初步修改。2016 年 9 月 12 日—16 日，在法国巴黎召开 WG 21 第 5 次工作组会议，会上对 CD 稿投票意见的进行了逐条修改和回复。同年 10 月份提交 DIS 稿。

4. 征询意见阶段（DIS）

根据 TC 67/SC 2 要求，为保证 ISO 标准不因参与方存在受欧美制裁的国家导致受抵制，DIS 稿需经过国际油气生产商协会（IOGP）的审核。2017 年 6 月，通过了 IOGP 的格式审核。

2017 年 12 月，开始 DIS 稿投票。2018 年 3 月 DIS 稿投票结果产生。其中陆上部分 18 票赞成，2 票反对，14 票弃权，提出修改意见 114 条；海洋部分 18 票赞成，3 票反对，15 票弃权，提出修改意见 156 条。之后进入批准阶段（FDIS）。

5. 批准阶段（FDIS）

2018 年 5 月，项目组在美国休斯敦召开第七次工作组会议，对 DIS 稿的修改意见进行了讨论、修改和回复。2019 年 9 月提交了 FDIS 稿。2019 年 1 月 FIDS 稿获得投票通过。

6. 出版阶段（IS）

ISO 19345-1《石油天然气工业　管道完整性管理规范—陆上管道全生命周期完整性管理》和 ISO 19345-2《石油天然气工业　管道完整性管理规范—海洋管道全生命周期完整性管理》国际标准在 2019 年 5 月 10 日和 5 月 16 日正式发布。

（三）ISO 22974 标准立项及编制过程

1. 立项阶段（NP）

2017 年 2 月，北方管道公司提出国际标准工作项目提案——管道完整性评价技术规范，并报国家标准化管理委员会国际合作部。2017 年 3 月，在北京组织立项建议研讨会，同意申报。

2017 年 4 月在国际标准化组织材料设备与海上结构技术委员会管道输送系统分委会（ISO TC 67/SC 2）年会上提出了 ISO 管道完整性评价标准的提案，并在随后正式提交了

相关提案申报材料。

2017年底，该标准提案获得通过，标准名称为：ISO NP 22974 Pipeline integrity assessment specification。

2018年8月在美国休斯敦召开WG 21工作组会议，讨论ISO 22974完整性评价标准的工作计划。

2. 工作草案编写阶段（WD）

2019年11月在英国伦敦召开ISO/TC 67/SC 2 WG 21工作组第八次会议。讨论了ISO 22974完整性评价标准的工作组草案初稿，对标准整体架构进行了重新调整。并计划于2020年3月22日—28日在荷兰阿姆斯特丹组织国际标准的集中办公和草案讨论会。

由于疫情的影响，原计划于2020年3月22日—28日在荷兰阿姆斯特丹组织国际标准的集中办公和草案会议取消。由于本标准编写涉及美国、加拿大、荷兰、英国等多个疫情严重国家，对标准条款讨论影响较大，影响到标准编制进度。国外专家通过网络会议等多种形式开展标准条款讨论，2020年7月，完成ISO 22974《管道完整性评价规范》第二版WD稿。

2020年12月，考虑标准编制进度滞后，经北方管道公司努力沟通，标准重新进行投票并通过。部分投票国家对标准文本提出了修改意见。

2021年1月—7月，通过邮件沟通收集国外专家意见，同时组织国内规划总院、管道局设计院等多家单位专家先后召开10余次视频会议对文稿进行讨论和修改，形成了新的工作组草案。

3. 委员会草案阶段（CD）

2021年10月15日—12月10日，历经近2个月的ISO委员会各成员国投票，国际标准ISO 22974《石油天然气工业管道输送系统　管道完整性评价技术规范》委员会草案（CD稿）顺利通过投票，提出意见36条。

4. 征询意见阶段（DIS）

2022年7月26日—10月18日，历经近3个月的ISO委员会各成员国投票，国际标准ISO 22974《石油天然气工业管道输送系统　管道完整性评价技术规范》DIS稿以92%投票通过率顺利通过投票。

5. 批准阶段（FDIS）

2023年3月20日—5月15日，历经近2个月的ISO委员会各成员国投票，国际标准ISO 22974《石油天然气工业管道输送系统　管道完整性评价技术规范》最终国际标准草案（FDIS）以100%投票通过率顺利通过投票，同时提出修改意见27条。

6. 出版阶段（IS）

ISO 22974标准历时六年，期间克服疫情影响，组织40余次国内外专家等视频技术研讨，最终国际标准草案（FDIS）于2023年5月中旬以100%投票通过率顺利通过投票，7

月正式出版发布。该标准建立了不同于北美或欧洲的传统评估流程，根据自主研究成果，提出了科学性、逻辑性更合规的完整性评估流程和技术要求等，得到了国际管道行业普遍认可。

管道完整性管理 ISO 标准项目为国内油气管网行业承担的第一个 ISO 标准，积累了许多经验，例如需要加强与国外专家的交流、需要充足的费用支持、需要密切跟踪标准工作进展等，才能有利于项目的成功。

二、管道地质灾害风险管理国际标准的制定

ISO 20074《石油天然气工业 陆上管道地质灾害风险管理》是管道输送系统领域继管道完整性管理系列国际标准（ISO 19345-1《石油天然气工业 管道完整性规范 第 1 部分：陆上管道全生命周期完整性管理》和 ISO 19345-2《石油天然气工业 管道完整性规范 第 2 部分：海洋管道全生命周期完整性管理》）发布后北方管道公司主导制定的又一项重要国际标准。根据国际标准化组织 ISO 发布的最新标准信息，该标准已于 2019 年 7 月 30 日正式发布。

（一）立项背景

长输油气管道穿越地域广阔，涉及地域类型复杂，虽然在管道选线及施工阶段对沿线地质灾害进行了绕避和治理，但由于工程活动及降雨、地震等外界环境的影响，地质灾害仍是影响管道安全运营的严重隐患。我国地域广阔，地形地貌多样，油气管网密布，所面临的地质灾害威胁也是显而易见的。全球地质灾害分布与发育有较大差异，亚洲、美洲主要有地震、山地灾害（滑坡、崩塌、泥石流）、洪水、水土侵蚀、冻土等，灾害分布广泛，对油气管道的威胁事件也普遍较多。欧洲、非洲灾害类型则相对较少，规模和危害程度也相应较小。据欧洲天然气管道事故数据小组、美国能源部和加拿大能源委员会统计，自然与地质灾害所造成的管道失效事故约占管道总失效事故的 7%～12%。管道地质灾害是管道安全运营的主要风险源之一，管道运营公司每年都投入巨额资金用于管道沿线地质灾害的防灾减灾工作。如何有效指导运营公司开展管道地质灾害的风险管理，是管道运营管理中的一项重要工作。

国外尚没有任何国际组织或机构制定单独的管道地质灾害相关标准，仅国际标准 ISO 13623、美国机械工程师协会标准 ASME_B31.4 和 ASME_B31.8、澳大利亚国家标准 AS 2885.1、英国国家标准 BS 7910 和挪威船级社标准 DNV-OS-F101 等标准中极少条款涉及地质灾害相关内容。国外管道运营公司中美国 Williams Gas、加拿大 BGC、意大利 SNAM 公司在一定程度上开展了系统的管道地质灾害风险管理工作。自 2004 年，北方管道公司通过借鉴和集成国外管道地质灾害管理先进经验，开展数十项科研课题攻关，形成了集风险识别、评价、控制为一体的管道地质灾害风险管理系列技术，使北方管道公司成为继上述国外公司之后，自主掌握管道地质灾害风险管理技术的企业。

为降低管道地质灾害风险，自 2004 年起，北方管道公司开展了大量科研攻关立项，

形成了管道地质灾害风险识别、风险评价与风险控制三大风险管理关键技术。在兰成渝、忠武、兰郑长、西气东输、漠大线等管道开展生产应用，逐步发展并形成了管道地质灾害风险管理流程，成果于 2008 年写入中国石油管道完整性管理体系文件，在天然气与管道板块推广实施。2010 年发布并实施管道公司企标《Q/SY GD 0209 在役油气管道地质灾害风险管理技术规范》，并于 2011 年升级为中国石油天然气行业标准《SY/T 6828 油气管道地质灾害风险管理技术规范》。

为及时了解国外研究热点和动态，借鉴吸收国外技术，北方管道公司开展了多次的国内外技术交流工作，组织技术人员参与国外管道技术相关大会、国外培训与交流、邀请国外技术专家来华参加研讨会等。如 2008 年邀请 BGC 公司来华技术交流；2010 年组织开展复杂地质条件下管道安全运营国际研习会。

上述工作均对地质灾害国际标准的编制起到重要支撑作用。

管道地质灾害风险管理技术经历了从完整性管理体系文件—企业标准—行业标准的发展和转变，已累计完成近 2 万公里管道、4500 余处地质灾害风险点的风险管理工作，有效指导管道地质灾害的防灾减灾工作。同时该技术应用领域还拓展到中国石油、中国石化、中国海油的部分管道线路。鉴于在管道地质灾害风险管理方面积累的较多应用经验，北方管道公司于 2013 年下半年开始着手 ISO 标准的立项准备工作，并专门成立了立项筹备组。

（二）ISO 20074 标准立项及编制过程

1. 立项阶段（NP）

2014 年 4 月，ISO 组织 TC 67/SC 2 第 34 届年会在巴西里约热内卢召开，会上管道公司提出了管道地质灾害风险管理的立项建议。与会代表进行了充分讨论，认为随着环保、城镇规划的严格要求，将来更多的管道将会进入地质灾害多发的山区，开展管道地质灾害风险管理相关标准制定工作有前瞻性和需求性。考虑到中国作为典型的多山地国家，山区管道里程占比较高，拥有一定的建设和管理经验，原则上同意就管道地质灾害风险管理标准开展立项，但需要进一步明确该标准是否应纳入已立项的 ISO 19345 标准中。第 34 届年会就管道地质风险管理提案做出 511 号决议如下：

（1）要求提案方与 21 工作组召集人确认地质灾害风险管理内容是否已经并入 21 工作组的已有工作中；

（2）如果可行，同意秘书处就地质灾害风险管理开始新工作项目。

随后，立项筹备组马上针对巴西年会 511 号决议进行了积极反馈，认为新提案内容不适宜包含在 WG 21 管道完整性管理工作组起草的 ISO 19345 标准中，建议该提案作为独立一个新的工作项目，即单独制定一项新标准并纳入 WG 21 工作组管理。主要理由如下：

（1）管道完整性管理规范将规范管道全生命周期的管理流程，涉及数据收集、高后果区识别、风险评价、完整性评价等内容，其关注重点在于管道完整性。管道完整性管理规范只是在风险评价环节考虑到了地质灾害因素，基于地质灾害可能对管道本体造成伤害，并不对地质灾害风险进行系统评估。由于地质灾害风险识别、评价及控制具有较强的系统性和专业性，作为完整性管理的支持技术，将其并入管道完整性管理规范会使该规范变得内容臃肿、结构失调。更重要的是对于标准使用者而言，由于各国面对地质灾害的情形大相径庭，大篇幅的地质灾害相关内容会在标准使用过程中引起用户的困惑，可能认为地质灾害对管道的威胁要比管道腐蚀、缺陷、第三方破坏对管道的威胁更严重，而实际上他们是等同并列的。

（2）地质灾害风险管理规范提出了更加明确、细致的风险评价方法，可形成专项评价方案，应用需求强烈，有形成独立标准的需求。

经过上述反馈后，意大利秘书处启动了新工作项目提案（NP）投票程序，投票期三个月，即2014年6月26日—9月26日。当时参与NP投票的P成员共26个国家，根据《ISO技术工作程序规则》（2011年版），需要至少5个P成员同意并承诺积极参与本项目且提出一名或多名ISO注册专家。需要说明的是，《ISO技术工作程序》（2017年版）立项投票通过准则变得更加苛刻：要求三分之二以上的P成员投赞成票，且至少5个P成员愿意积极参与并提供ISO注册专家。

为了尽可能争取更多P成员的支持，立项筹备组听取了石油管工程技术研究院（ISO TC 67/SC 2国内对口单位）秦长毅和WG 21工作组召集人冯庆善的建议，向每一位P国家成员体注册代表各发了一封争取信，从标准的需求、紧迫性、适用性、可操作性及由中国主导该标准的优势等几个方面进行了阐述。争取信获得了积极反馈。最终，新工作项目提案（NP）以10票赞成、1票反对、15票弃权的结果顺利通过立项投票。并且德国、巴西、乌克兰、意大利、卡塔尔等国家表示愿意积极参与合作并提供了6名ISO注册专家。

项目于2014年10月16日注册，纳入ISO/TC 67/SC 2 WG 21工作组管理，工作组召集人为北方管道公司管道完整性管理中心主任冯庆善。

标准号为"ISO/AWI 20074"，标准名称为"Petroleum and natural gas industries—Geological hazards risk management for onshore pipeline"。

2. 工作草案编写阶段（WD）

项目注册立项后，国内项目组马上明确了标准的编制原则与方案路线。

本标准的核心目的就是对建设期和运营期管道地质灾害风险管理工作的各个环节提出技术要求，规范地质灾害风险管理工作的实施，指导管道运营者制定系统的管道地质灾害防治规划，科学地开展地质灾害防护工作。通过调研国际上管道地质灾害相关标准条款，结合中国石油企标、行标及运营经验，形成陆上管道地质灾害风险管理的通用流程与方法，编制形成国际各方认可（协商一致）的国际标准草案。

弄清楚各主要油气输送国家在油气管网设计和运营过程中如何处理地质灾害是另一项十分重要的工作。在不同处理方法或各种标准条款中提出各方均能接受并具可执行性的条款将是本标准编写的基本原则。

1）充分参考国内已成熟执行的企标、行标，形成国际标准基础框架

编制过程中充分参考中华人民共和国建设部发布的 GB 50021《岩土工程勘察规范》、国土资源部发布发布的 DZ/T 0261《滑坡崩塌泥石流灾害调查规范》、DZ/T 0221《崩塌、滑坡、泥石流监测规范》，并参考建设部标准 GB 50253《输油管道工程设计规范》、GB 50251《输气管道工程设计规范》、中国石油天然气行业标准 SY/T 6828《油气管道地质灾害风险管理技术规范》、2001 年中华人民共和国国务院第 313 号令《石油天然气管道保护条例》、2004 年中华人民共和国国务院第 394 号令《地质灾害防治条例》等法律法规，同时结合管道地质灾害防治、管理经验，形成国际标准基础框架。

2）咨询国外管道运营公司和专家，调研国外研究报告，充分了解国外一般做法

调研国外相关标准主要有 ISO 13623、EN 1998-1、EN 1998-4、EN 13480-3、EN 1594、ASME_B31.4、ASME_B31.8、ASME_B31.8S、AS 2885.1、CSA Z662、API 1160、BS 7910、PD8010-1、DNV-RP-F116，查阅的著作主要有 *Pipeline risk management manual（Third Edition）*（2004，W.Kent Muhlbauer）、*Pipeline design and construction: Apractical approach（Third Edition）*（2007，M.Mohitpour，H.Golshan，A.Murray）、*Pipeline geo-environmental design and geohazard management*（2008，Moness Rizkalla）。从国际管道研究协会 PRCI（Pipeline Research Council International）上查阅了 17 篇相关研究报告。

3）编制形成能够国际各方协商一致的条款

国际标准草案完成中文稿编制后交由专业翻译公司翻译，分发给工作组成员和外邀专家，再根据专家意见整理修改，形成国际各方协商一致的标准草案。

最初的草案编写组由国内管道公司地质灾害技术人员组成的国内编写组和立项投票时 ISO 提供的 6 名注册专家组成。该 6 名 ISO 注册专家分别为德国达尔集团的 Ulrich Adriany、意大利埃尼集团的 Roberto Fiori 和 Luca Bacchi、巴西石油运输公司的 João Duarte Guimarães Neto、乌克兰国家工程与生态研究院的 Maksym Karpash 及卡塔尔的 Leonard Chinedu Etonyeaku。

标准的制定原则、方案路线与工作组专家明确后，将马上实质开展草案编写工作。国内草案编写组早先预计会遇到一些诸如术语表述差异、翻译障碍、部分技术争议、分工衔接等问题，并做了一定思想和应对策略。但没料到比预期问题更严峻、更现实的问题会来得如此急切，之前所预计会出现的问题在现在看来根本就算不上问题，至少从问题可解决难易程度上来看属于简单级别。下面就工作草案编写阶段（WD 阶段）所遇到的几个主要棘手问题及解决途径简述如下：

（1）首要面临的问题是国外 ISO 专家的参与度不高，甚至可以说是极低的参与度。项目注册立项一通过，国内编写组马上与 ISO 提供的 6 名专家进行联系，结果仅获得了 2 位专家回复，其中一位罗列了标准编写的困难及自己的现状，投入精力明显不足；另一位专家则明确表示其本人不是管道地质灾害方面的专家，无法实质性参与标准编写。其他 4 位专家要么不回复（多封邮件犹如石沉大海），要么邮箱地址是错误的（后期虽通过意大利

秘书处进行沟通仍然无法取得进一步联系）。没有国外专家的参与，何谈国际标准？

（2）其次面临的问题是仅通过国外标准和文献调研远远无法了解国际上的通用做法。考虑到全球地质灾害分布具有显著的区域差异，例如北美及俄罗斯地区多见冻土灾害，欧洲、南美多见滑坡等山地灾害（当然，很多地区地震也是十分常见的灾害类型）。因此，详细了解全球油气管网富集区主要地质灾害的类型、分布特征、规模及其对管道的不利影响，以及各国各地区是如何在管道建设和运营过程中应对地质灾害的，是工作组草案编制初期一项十分重要的工作。与 ISO 注册专家的沟通不畅也间接造成国内编写组无法准确掌握国际通用做法。

（3）第三面临的主要问题是国际上既了解地质灾害又了解管道的专家较少。因为地质灾害专业的局限性（就地质灾害较为严重的中国来说地质灾害已是小众行业，国外更是小众，而其中大部分专家则是侧重地震、海啸、火山和极地），既了解地质灾害又了解管道的专家可以说是凤毛麟角。缺少国际合作项目的基础也使得详细了解国际做法的途径步履维艰。

（4）第四面临的问题是召开工作组会议，这是提交工作组草案的必要条件。

上述四个主要问题一度让国内编写组陷入绝望，对国外的认识不足及较少的国际参与度很难让国际标准框架成型。框架无法成型，何谈条款具体内容。可以说，在项目注册立项接下来的两年里，国内编写组都是围绕着如何解决这四个问题开展的。两年的时间里工作组草案（WD）迟迟无法提交，给国内编写组带来了非常大的压力，同时，也对 ISO/TC 67/SC 2 中国相关工作和同一工作组下进展较为顺利的 ISO 19345-1 及 ISO 19345-2 两项标准制定工作带来了一定负面影响。

国内工作组围绕上述四个问题，开始了艰难的奋斗之旅，在此仅述一二。

（1）向各国家成员体注册代表发邮件，希望其推荐 ISO 注册专家或转推邮件给相关人员。最终与 2 名专家建立了良好联系，其中 1 名专家通过美国国家标准体（ANSI）主动与我方联系。该 2 名专家在后续的草案编制中都参与了具体的实质性工作。

（2）与曾经来华参会（如历届中国国际管道会议和中国国际管道展、2010 年复杂地质条件下管道安全运营国际研习会、2016 年管道地面移动灾害管理研讨会）的国外管道地质灾害方面专家进行联系，希望其参与标准编制。最终有 4 名专家给予了积极反馈，但大多不愿提供义务劳动。

（3）通过国内院校与国际院校地质灾害专家联系，希望通过该种方式接触既了解地质灾害又了解管道的专家。先后通过中国地质大学（武汉）、中国石油大学（北京）、中国地调局等院校和单位与意大利萨莱诺大学、意大利国家研究院水文地质灾害防治研究所、加拿大英属哥伦比亚大学、美国维拉诺瓦大学、西班牙加泰罗尼亚理工大学、国际 SCI 期刊 Landslides 主编等取得联系。幸运的是通过这种方式联系到了 1 名知名管道地质灾害专家。

（4）撒网式分发调查问卷。向取得联系的十几位国外专家发放调查问卷，介绍标准项目的同时希望他们能够在调查问卷上反馈一些关键问题。但最终结果表明，该种方法不礼貌且收效甚微。

（5）尝试通过开展国内咨询项目和国际合作项目的方式提高国外专家参与积极性，但项目周期过长导致无法具体执行。

（6）尝试与国际合作项目"Management of Ground Movement Hazards for Pipelines"成员进行联系，最初得到了积极响应，且允许国内编写组人员参与他们将于 2016 年 9 月在美国组织的技术交流会，但后期由于中国是非项目成员，参会及合作事宜被无限期搁浅。

当然，还尝试利用了其他方式解决问题，整个过程艰难而坎坷，用到了一切能想得到的办法，而其中大多数尝试都以失败告终。最终，国内编写组与 5 名国外专家建立了良好的联系，并促成其通过其各自国家标准体注册成为 ISO 专家，该 5 名专家在后续的各阶段标准编制过程中都发挥了积极作用。

工作草案编写阶段（WD 阶段）的几个关键事件如下：

（1）项目立项以来，WG 21 工作组召集人冯庆善多次组织商讨项目执行规划，协调处理各类问题，提供解决方案并指导国内编写组开展工作。

（2）2015 年 11 月 12 日，国内专家研讨会在北京召开，邀请了来自中科院地质与地球物理研究所、西南石油大学、中国地质环境监测院、甘肃省科学院地质自然灾害防治研究所、甘肃省地质工程总公司、石油管工程技术研究院、中国石油管道局设计院和管道公司的行业专家，对标准框架进行了详细讨论。会议虽基本推翻了标准初稿设计的框架和章节组成，但通过各位专家多天的辛苦努力，最终形成了具体可行的标准框架，后期各阶段草案条款的编制均是在此框架下开展的。

（3）2016 年 2 月 25 日，形成标准草案英文稿，并分发国外工作组专家征求意见。

（4）2016 年 4 月 12 日—13 日，ISO/TC 67/SC 2 第 36 届年会在意大利米兰召开，形成 563 号决议：将标准编制周期由 36 个月延长至 48 个月。

（5）2016 年 12 月 1 日，第一次工作组会议在北京召开，来自中国地质环境监测院、中国石油天然气与管道公司、中国石化储运公司和中国海油气电集团的咨询专家现场参会，来自德国的 Ulrich Adriany 和卡塔尔的 Leonard Chinedu Etonyeaku 两位工作组专家以视频的形式参会。与会专家对标准草案进行了详细讨论和修改。会议最终通过决议：决定提交工作组草案（WD）。

（6）2017 年 1 月加拿大冻土专家 Jim Oswell 通过加拿大国家标准委员会审核并注册成为 ISO 专家，正式成为工作组成员，并于 2017 年 6 月 7 日来廊坊就标准草案进行交流和讨论。

（7）2017 年 3 月 31 日，正式向意大利秘书处提交工作组草案（WD）。

（8）2017 年 4 月 26 日—27 日，第 37 届 ISO/TC 67/SC 2 年会在英国伦敦召开，管道公司向各参会代表就标准的现状、进展和计划进行了汇报，并提出了进度滞后、工作组专家少且参与积极性较低等标准目前存在的主要问题。考虑到地质灾害领域与管道完整性领域的差异性，会议形成 593 号决议：针对该标准成立新的工作组 WG 23 地质灾害风险管理（Geological Hazards Risk Management），由管道公司地质灾害专家李亮亮担任工作组召集人，同时，意大利秘书处秘书将向各成员国征求专家。

（9）2017年6月20日委员会草案（CD）正式注册，进入委员会阶段（CD阶段）。

3. 委员会阶段（CD）

委员会草案注册后，意大利秘书处马上启动了委员会阶段（CD）投票程序，投票期两个月，即2017年6月21日—8月16日。当时参与委员会阶段（CD）投票的P成员共33个国家，最终以19票赞成、0票反对、14票弃权的投票结果一次性通过。投票虽顺利通过，但各投票国却提出了52条修改意见，其中大多数为技术性修改意见，仅6条为一般性和编辑性修改意见。技术性修改意见需要工作组专家进行充分讨论与协商，并向意大利秘书处逐一进行反馈。

根据ISO技术工作程序，工作组应尽快召开工作组会议，处理修改意见并完成委员会草案的修改和提交工作。2017年10月18日，第二次工作组会议在河北廊坊正式召开。本次会议作为第六届中国国际管道会议（CIPC 2017）的分会召开，在一定程度上解决了部分工作组专家差旅费不足的问题。与会专家经过充分讨论与协商，最终完成了所有修改意见的反馈工作，并对草案下一步的编写和修改分工进行了明确，会议取得了满意效果。同时，值得欣慰的是参加国际管道会议的多名国外专家也对本标准表现了浓厚的兴趣，通过本次会议，工作组迎来了一名新的资深ISO注册专家，对后续阶段标准的推动意义重大。

2018年2月14日，修改后的委员会草案（CD）正式提交意大利秘书处。2月16日，国际标准草案（DIS）正式注册，进入征询意见阶段（DIS阶段）。

4. 征询意见阶段（DIS）

国际标准草案注册4个月后，意大利秘书处启动了征询意见阶段（DIS）投票程序，投票期三个月，即2018年6月12日—9月4日。当时参与征询意见阶段（DIS）投票的P成员共32个国家，最终以13票赞成、0票反对、19票弃权的投票结果一次性通过。各投票国共提出了184条修改意见（其中一般性修改意见49条、技术性修改意见78条、编辑性修改意见57条）。

同委员会阶段要求一样，工作组需尽快对投票意见进行反馈并修改提交标准草案。2018年9月26日—28日，第三次工作组会议在加拿大卡尔加里召开。会议主要根据投票过程中各国专家提出的意见进行讨论和标准稿修改，并对俄罗斯、德国等提出的异议进行了解答，解决了标准项目目前存在的主要分歧，对最终国际标准草案的提交与顺利注册至关重要。会议在加拿大国家能源局举行，来自美国、加拿大、英国和法国的9名国外专家参会，国内4人参会。

2018年12月29日，修改后的国际标准草案（DIS）正式提交意大利秘书处。2019年4月10日最终国际标准草案（FDIS）正式注册，进入批准阶段（FDIS阶段）。

5. 批准阶段（FDIS）

最终国际标准草案注册后，意大利秘书处随即启动了批准阶段（FDIS）投票程序，投票期两个月，即 2019 年 4 月 18 日—6 月 13 日。当时参与批准阶段（FDIS）投票的 P 成员共 32 个国家，最终以 17 票赞成、0 票反对、15 票弃权的投票结果一次性通过。虽然投票提出了 3 条技术性修改意见，但是根据 ISO 技术工作程序，这些修改意见将不会在 FDIS 稿件上得到修改。

根据意大利秘书处要求，工作组尽快对 FDIS 稿进行了最终的清样审定，修改尚存在的编辑性错误。最终，工作组于 2019 年 7 月 13 日正式将清样后的 FDIS 稿提交意大利秘书处。

6. 出版阶段（IS）

2019 年 7 月 30 日，ISO 20074 正式出版发布。

标准编制过程历时近 5 年时间，先后组织召开国内、国际会议 8 次，论证处理各类意见数百条，在协商一致的基础上充分保留了灾害识别和半定量风险评价方法等核心关键技术，最终完成了标准的编制工作。标准项目获得了美国、加拿大、俄罗斯、法国、英国及澳大利亚等主要油气大国的支持，也逐步获得埃克森美孚、道达尔、金德摩根等国外油气巨头的关注与认可，在国际上首次发出了中国管道地质灾害研究的声音。该项国际标准的发布，进一步提升了国家管网公司管道设计和管理技术在国际上的影响力和认可度。

三、管道外防腐涂层耐划伤测试方法国际标准的制定

NACE TM0215-2015《涂层系统的耐划伤测试方法》是国家管网集团北方管道公司 2010 年成功申报的 NACE 标准。

（一）立项背景

管道外防腐层是长输管道免受外界环境对管道造成腐蚀的最重要手段之一。近年来对在役管道进行开挖检测时，发现诸多由于防腐层失效所导致的管体腐蚀现象，如此快速的腐蚀不但影响了管道的质量和使用寿命，而且给生产运行管理留下了巨大的安全隐患。

管道防腐层的耐划伤测试是根据管道在建设过程中防腐层被大量划伤而无法控制的需求提出的。由于管道在运输、安装、穿越、回填及服役过程中，土壤的摩擦力、地质灾害等都会对管道外防腐层造成划伤。防腐层划伤给管道建设质量和长期运行造成大量损失和威胁。因此，选择具备优异耐划伤性能的管道外防腐层，对于提高管道外防腐层的抗腐蚀性能具有重要意义，也是长输管道在其长期的服役过程中安全运营的基本保障之一。

为此，十分有必要在实验室建立一套用以准确评估防腐层耐划伤性能的测试设备和配套的标准试验方法，提高管道建设时期现场及实验室的防腐质量检测水平，对防腐层相关性能进行科学有效的评价，以保证管体埋地后的防腐质量，防患于未然。

国外公司在 1998 年就开始组织关于防腐层耐划伤的测试，但由于没有专业的研究机构专门从事研究，各实验室和各防腐涂料生产厂家各自从事自己的测试，始终没有形成统

一的标准。国内从 1999 年开始研究防腐层的耐划伤性能评估，自 2002 年形成了系统的研究成果，研制了专用的管道防腐层耐划伤测试设备，并提出了系统的测试方法，形成了行业标准 SY/T 4113《防腐涂层的耐划伤试验方法》。

（二）NACE TM0215-2015 标准立项及编制过程

1. 立项阶段（NP）

虽然 NACE（美国腐蚀工程师协会）较早地组织了防腐层耐划伤测试方法标准的编写工作，但自 2002 年起，NACE 耐划伤测试方法标准的编写主席不再从事此工作，造成该标准的编写工作停滞。2010 年 5 月，NACE 管理委员会经过评估管道公司在防腐层耐划伤方面的专利、论文及标准等多项研究成果后，认为北方管道公司有能力承担该项标准的编写工作，指定北方管道公司全权负责《管道外防腐涂层耐划伤测试方法》（Test method for measurement of gouge resistance of coating system）的编写工作。

按照 NACE 标准制定流程，首先由管道公司向 NACE 提出《管道外防腐涂层耐划伤测试方法》的标准制定申请，NACE 的 STG（特别技术组）根据标准申请内容提出了该年度标准制定计划，随后 STG 的筹划指导委员会组织评审并通过了该项标准制定计划，并由技术协调委员会对标准制定计划进行审查。审查通过后 STG 选择由申请标准制定的管道公司冯庆善担任标准编写组（TG 034）主席，副主席为美国 Partech 防腐实验室主任 Paul E Partridge，并由两位主席召集全世界权威实验室或研究所防腐技术人员组成 Task Group（TG），为国际管道业的外防腐涂层耐划伤性能测试提供一种可靠、科学的测试标准。

为保证标准的顺利进行，工作组主席首先应组织和召集全世界权威实验室或研究所防腐技术人员组成标准制定组，对标准开展编写工作。根据 NACE 规定，标准组成员必须是其会员。由主席或副主席通过电话或邮件方式联系技术人员，询问是否愿意参加该标准的编写工作，待名单确定后将工作组成员名单邮件发送 NACE 标准办公室，由办公室相关人员在其系统及 NACE 网站上发布。最终确定了以中国、美国、加拿大、德国的 3 M 实验室、charter 实验室、邵氏公司、Partech 实验室、Akzo-Noble 实验室共计 11 名技术人员组成了此项标准的工作组。

2. 工作草案编写阶段（WD）

标准的起草是由项目组主席牵头，联合管道科技研究中心试验测试所完成的。依据前期的研究成果及国内行标，完成了《管道外防腐涂层耐划伤测试方法》，方法中明确了测试所使用的两种类型的测试设备；测试所用的标准划伤探头类型及使用次数；划痕深度的测试设备及方法；检漏电压的规定；确定划伤速率；试件的预制方法和类型等。初稿完成后，特聘德国阿克苏诺贝尔实验室主任 Dieter 来华作为专家对稿件的内容、方法进行了改进，同时对标准所用语言进行了修正。初稿完成后，由 NACE 工作人员对标准格式、用词等进行了修改，并于 2011 年底完成了标准初稿。图 7-1 为标准规定探头类型。

图 7-1 标准规定探头类型

　　2012 年 3 月在 NACE 国际会议期间，工作组召集各国成员进行了标准草稿的第一次讨论会，并就标准的技术内容等进行了逐一讨论。由于 NACE 标准的公开性原则，参会的技术人员除了工作组成员外，其他技术人员也参加了此项标准的讨论，并提出了不同的意见，对标准内容进行了完善。

　　为进一步保证标准的制定和内容的完整，北方管道公司诚邀国际知名实验室、防腐涂层厂商来华讨论。项目组于 2012 年 10 月 10 日—15 日在廊坊召开第二次标准研讨会，本次会议邀请到了 NACE 分会副主席、加拿大 Charter 实验室主席、德国 Akezo Nobel 公司、美国 Valspar 公司、美国 Trenton 公司及美国 3M 公司等专家来华参会。这次会议讨论主要内容包括：

　　（1）邀请五个不同的国际权威实验室进行了耐划伤试验对比测试，测试结果由北方管道公司收集整理，并对 NACE 会议期间专家成员所提出的问题进行分析，编制完成对比测试分析报告，在本次会议时汇报此次对比测试结果。图 7-2 为 RR-test 试验板。

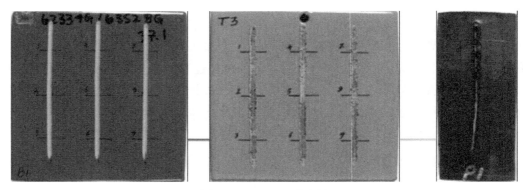

图 7-2 RR-test 试验板

　　（2）对已修改的标准内容继续进行讨论，包括：划伤头使用次数、试验使用设备类型、温湿度规定等。

　　（3）收集和整理所有专家建议。

　　（4）由于不同温度对耐划伤测试结果影响较大，专家组建议继续进行不同温度下耐划伤测试，以补充标准内容。

（5）修改及完善标准内容，完善标准草稿。

2012年10月廊坊会议后，根据专家组意见进行了以下几方面工作：

（1）收集来自不同防腐厂家的双层环氧粉末试件进行了不同温度（−20℃、−10℃、0℃、23℃、50℃）、不同类型测试设备（杠杆型、直压型）的耐划伤测试。收集和整理了所有的耐划伤测试数据，相关的测试报告正在编写中，测试报告在NACE2013年会上与项目组专家进行讨论。

（2）与国外专家一同对标准内容进行了梳理和完善，完成标准初稿。

2013年6月，项目组对位于休斯敦的NACE总部进行了访问，访问期间管道公司对所承担制定的标准工作向NACE总裁及专家进行了汇报，在高度认可了管道公司近3年来对NACE工作所做出的贡献后，一致赞成标准进入投票环节。

3. 委员会阶段（CD）

2013年12月，NACE启动了标准的投票程序，召集各国技术专家对标准进行了首轮投票，投票期为一个月。在投票期间，来自STG（特别技术组）的技术人员都可以参加本标准的投票，在NACE的官方投票网站发表各自的意见和看法。由于投票的技术人员部分未能参加以往的技术交流会，或者对标准理解不够深入，会出现反对或者质疑。所以在这一个月的投票时间里，需要工作组密切跟踪投票情况，并积极与投反对票或者有意见的国外技术人员进行沟通，对他们的疑问进行详细的解释和说明。如果他们接受了对标准的阐述，则能够在这一段时间里改变自己的意见，撤回反对意见。投票结果于2014年NACE会议前完成，经过工作组的努力，首轮投票的赞成率为87.5%。

4. 征询意见阶段（DIS）

2014年3月，工作组在NACE年会召开标准讨论会，除召集工作组成员外，还邀请了在首轮投票中参与投票且未参加过标准制定的其他技术人员。在这次会议中，与各国专家对所有反对意见进行逐一解释和讨论，按照与会人员的意见对标准内容进行了修改，并在会议结束后将已修正的标准草稿逐一发送给国外专家进行了确认，所有STG参与投票的专家对修改稿进行了重新审阅。在征求完所有专家的意见后，完成了第二轮次投票前的标准草稿编写。

根据NACE标准的制定流程，首轮投票的标准在完成所有反对意见的解释后还应进行第二轮最终投票。2015年2月18日，NACE启动了标准的第二轮投票，邀请技术组近150名专家对标准投票，截至3月15日NACE会议，投票赞成率为100%。2015年3月15日，TG 034工作组主席冯庆善在美国达拉斯Kay Bailey会议中心组织召开NACE TG 034工作组会议。会议期间，项目组主席冯庆善向项目组成员及各国专家介绍了标准的第二轮投票情况和结果，并对标准内容进行了逐一说明。

5. 批准阶段（FDIS）

通过标准工作组坚持不懈地努力，本项标准在NACE官方网站上的第二轮投票结果为100%赞成。至此，本项标准通过了NACE标准成员的一致认可。标准也将进入下一步

批注和发布阶段。

标准通过官方投票后，NACE 技术委员会将会指定专门的办公人员对标准格式、语言的组织等进行统一编辑，最终达到标准出版的要求。

6. 出版阶段（IS）

2015 年 9 月 30 日，NACE 标准委员会完成耐划伤测试标准的最终审查，并于当日于 NACE 官方网站上公开发布了该项标准，标准编号为 NACE TM2015-2015。至此，《管道外防腐涂层耐划伤测试方法》（Test method for measurement of gouge resistance of coating systems）已全部完成。

第二节　相关行业国际标准化实践

一、油气上游领域国际标准制定的启示与思考

（一）ISO 设立的与油气上游领域业务相关的技术委员会

1947 年正式成立的国际标准化组织 ISO 作为一个独立的、非政府的国际组织，目前的国家团体成员已从成立时的 25 个发展到 167 个。截至 2022 年 8 月，有 758 个活跃的技术委员会（TC）和分技术委员会（SC），发布出版国际标准文件 24121 个，超过 110 万页。目前近 3000 个国际标准工作组正在进行国际标准制修订。中国于 1978 年加入 ISO，并于 2008 年正式成为 ISO 的常任理事国。中国国家标准化管理委员会（由国家市场监督管理总局管理）是代表中国参加 ISO 的国家机构。

油气上游领域主要指油气的勘探与生产，简单来说就是寻找发现油气并将其从地下开采出来这个阶段。相对于中下游领域的运输与销售，上游领域涉及地质、勘探、开发、油藏、钻井、采油、采气及地面工程等专业，是整个油气工业里具有挑战性的阶段。

在 810 个技术委员会（TC）和分技术委员会（SC）中，与油气上游领域业务相关的主要有 7 个技术委员会，表 7-1 是这些国际标准技术委员会及下属分技术委员会的简要介绍。

（二）油气上游领域国际标准立项与制定过程要点分析

1. 油气上游领域国际标准制定方法

1）上游业务国际标准制定前期准备流程

上游业务国际标准制定就是通过寻找先进型技术成果，建立复合型技术团队，提出国际标准项目，获得 ISO 批准。其流程主要包括梳理优势技术、寻找归口组织、比对同类标准、组建项目团队、准备提案文件、国际会议宣讲并获得国际标准立项批准（图 7-3）。

表7-1 与油气上游领域业务相关的ISO技术委员会和分技术委员会

编号	名称	国际标准化工作范围	秘书处	国内对口单位
ISO/TC 28	天然或合成石油及相关产品、燃料和润滑油技术委员会	原油、石油基液体和液化燃料、天然或合成非石油基液体和液化燃料、用于运输的气态燃料、通过冷凝或压缩液化的气体燃料、石油基润滑油和液体（包括液压油和润滑脂）、天然或合成非石油基润滑剂油和液体（包括液压油和润滑脂）的术语、分类、规范、取样方法、测量和分析测试	荷兰标准化学会（NEN）	中国石化科学研究院
ISO/TC 28/SC 2	石油动态测量分技术委员会	原油、石油基液体等石油和相关产品的术语、取样方法、测量和分析测试	英国标准学会（BSI）	中国石油计量测试研究所（大庆油田设计研究院）
ISO/TC 28/SC 4	分类与规范分技术委员会	天然或合成石油及相关产品、燃料和润滑油的分类与规范	法国标准化学会（AFNOR）	中国石化科学研究院
ISO/TC 28/SC 5	冷冻烃和非石油基液化气体燃料的测量分技术委员会	冷冻烃和非石油基液化气体燃料的术语、取样方法、测量和分析测试	日本工业标准委员会（JISC）	中国石化科学研究院
ISO/TC 28/SC 7	液态生质燃料分技术委员会	液态生质燃料的术语、取样方法、测量和分析测试	巴西技术标准学会（ABNT）	中国石化科学研究院
ISO/TC 30	封闭管道中流体流量测量技术委员会	封闭管道中流体流量测量准则和方法、包括术语和定义、检查、安装和操作规程、仪器设备的建造、测量条件、测量数据（包括误差）的收集、评估和解释准则	英国标准学会（BSI）	机械工业仪器仪表综合技术经济研究所
ISO/TC 30/SC 2	差压装置分技术委员会	差压装置的术语和定义、检查、安装和操作规程、仪器建造、测量条件、测量数据（包括误差）的收集、评估和解释准则	英国标准学会（BSI）	机械工业仪器仪表综合技术经济研究所
ISO/TC 30/SC 5	速度和质量测量法分技术委员会	速度和质量测量速度和质量流量测量法的术语和定义、检查、安装和操作规程、仪器设备的建造、测量条件、测量数据（包括误差）的收集、评估和解释准则	瑞士标准化学会（SNV）	机械工业仪器仪表综合技术经济研究所
ISO/TC 30/SC 7	容积方法（包括水表）分技术委员会	容积方法（包括水表）的术语和定义、检查、安装和操作规程、仪器设备的建造、测量条件、测量数据（包括误差）的收集、评估和解释准则	英国标准学会（BSI）	机械工业仪器仪表综合技术经济研究所

续表

编号	名称	国际标准化工作范围	秘书处	国内对口单位
ISO/TC 67	石油石化和天然气工业用材料、设备和海上结构技术委员会	石油、石化和天然气工业内钻井、生产、管道输送及液态和气态经关处理过程中使用的材料，设备和海上结构	荷兰标准化学会（NEN）	石油工业标准化研究所
ISO/TC 67/SC 2	管道输送系统分技术委员会	管道输送及相关技术	意大利标准协会（UNI）	中国石油集团石油管工程技术研究院
ISO/TC 67/SC 3	钻井和完井液及井用水泥分技术委员会	与涉及钻井、完井和修井液、油井水泥和地层处理液的操作有关的规格，设备和测试方法的标准化	挪威标准协会（SN）	中国石油集团工程技术研究院有限公司
ISO/TC 67/SC 4	钻井及生产设备分技术委员会	钻井设备及相关生产设备	美国国家标准学会（ANSI）	石油工业标准化研究所
ISO/TC 67/SC 5	套管、油管和钻杆分技术委员会	套管，油管和钻杆	日本工业标准调查会（JISC）	中国石油集团石油管工程技术研究院
ISO/TC 67/SC 6	加工设备和系统分技术委员会	加工设备和系统	法国标准化学会（AFNOR）	中国寰球工程有限公司
ISO/TC 67/SC 7	海洋结构分技术委员会	石油天然气海上生产和储存设施的结构标准，包括海上可移动钻井和生活装置现场地评估方法	英国标准学会（BSI）	中海油研究总院有限责任公司
ISO/TC 67/SC 8	北极作业分技术委员会	北极作业	俄罗斯联邦技术管理和计量局（COSTR）	中海油研究总院有限责任公司
ISO/TC 67/SC 9	液化天然气装置与设备分技术委员会	制定和维护用于生产、运输、转移、储存、再气化和使用液化天然气的装置，设备和程序领域的标准。标准化涵盖了从人口到出口的供应链，并包括它们的陆上和海上逆址方案。然气设施的人口到出口的供应链。ISO/TC 67/SC9 在处理低温设备的技术委员会的技术工作中进一步协调有关LNG的问题。不包括：受国际海事组织要求的方面（ISO/TC8）	法国标准化学会（AFNOR）	中海石油气电集团有限责任公司

续表

编号	名称	国际标准化工作范围	秘书处	国内对口单位
ISO/TC 67/ SC 10	提高采收率分技术委员会	适用于陆上和海上的"强化石油采收"及其他 EOR 技术的标准化。不包括: ISO/TC 265 所涵盖的与二氧化碳捕获、运输和地质储存有关的方面	中国国家标准化管理委员会(SAC)	中国石油大庆有限责任公司
ISO/TC 193	天然气技术委员会	从事天然气、天然气代用品、天然气体燃湿气从生产到送交国内外最终用户的各个方面的术语、质量指标、测量、取样、分析和测试方法(包括热物理性质计算和测量)的标准化,以及液化天然气(LNG)分析方法的标准化	中国国家标准化管理委员会(SAC)	中国石油西南油气田分公司天然气研究院
ISO/TC 193/SC 1	天然气分析分技术委员会	商品天然气取样、分析测试技术、物性参数计算等标准化工作	荷兰标准化学会(NEN)	中国石油西南油气田分公司天然气研究院
ISO/TC 193/SC 3	上游领域分技术委员会	天然气从井口到处理厂出口的取样、测量和分析测试技术的标准化工作	中国国家标准化管理委员会(SAC)	中国石油西南油气田分公司天然气研究院
ISO/TC 197	氢能技术委员会	氢气的生产、储存、运输、测量和使用的系统和装置领域的标准化	加拿大标准理事会(SCC)	中国标准化研究院资源环境研究分院
ISO/TC 263	煤层气技术委员会	煤层气(CBM)工业领域的标准化,包括煤层气勘探、开发、生产和利用	中国国家标准化管理委员会(SAC)	中联煤层气国家工程研究中心有限公司
ISO/TC 265	二氧化碳捕集、运输与地质封存技术委员会	二氧化碳捕集、运输和地质封存(CCS)领域内开展设计、建设、运行、环境规划和管理、风险管理、量化、监测和验证等方面的标准化工作	加拿大标准理事会(SCC)	中国标准化研究院

图 7-3　上游业务国际标准制定前期准备流程图

2）前期技术支撑

国际标准预备项目在立项之初应有相对成熟的前期技术支撑，以下 4 点均能从各个角度对国际标准预备项目技术成熟性进行有效支撑，确保预备项目更顺利地获得国际同行认可：科技项目（包括国家级、省部级、地区级、企业级等）；专利或者产品；有已发布的标准（包括国家标准、行业标准、团体标准或企业标准）；已发表过的技术论文（SCI/EI 论文、国际会议论文或者国内核心刊物论文）。

技术成熟性较高的项目几乎可以囊括以上所有涉及内容，这对于提出要开展国际标准制定的项目而言，不仅意味着项目的可实施性更强，更意味着可以在更短的周期内实现成功发布的目标。

3）前期调研

国际标准预备项目准备初期需从以下 4 个方面展开调研工作。

（1）了解拟申请制定的国际标准提案在 ISO 和 IEC 是否已有类似标准。如果没有，了解提案涉及的标准化范围属于 ISO 的哪一个 TC 或 SC 负责，其国内技术对口单位是挂靠在何处；如果有类似标准，则需了解标准属于 ISO 的哪一个 TC 或 SC 制订，了解其具体技术和标准化细节，与提案进行差异化分析，然后调整思路，重新提出不被 ISO 现有标准覆盖的国际标准提案，或者提出修订该国际标准的提案。

（2）了解拟申请制定的国际标准提案在其他国际组织或国外知名标准化组织中是否已有类似标准、具体的标准名称和内容及起草单位等各种信息。如果有类似标准，与拟申请项目做对比分析，包括参考引用关系等。

（3）了解与拟制订为国际标准的内容（包括技术、基础数据、计算公式等）相关论文在国内外的发表情况，进行对比分析，同时了解论文作者的相关情况和联系方式。

（4）了解拟申请制定的国际标准提案是否适用于全球多个国家或地区的市场，及未来发展可达到的市场份额。

4）过程评估

过程评估对于预备项目而言，既是很好的自检工具，也是项目团队可以参照的流程指引。通过过程评估，对于项目所涉及的前期支撑、对口组织、团队与人力资源运作及后期草案拟定等环节都有考核，能够全方位审视项目优势，多角度发现项目短板，帮助项目团队梳理流程，提升成熟度。

国际标准预备项目立项审查评分表（表 7-2）在立项审查时对各项目的必要性、前期基础、人力资源、对口组织、技术路线及前期进展等 6 个方面进行考核评价。这 6 个方面的分值设定充分考虑了国际标准制定所需要关注的核心要素：技术成熟性、渠道通畅性和团队稳定性。

2. 油气上游领域国际标准制定机制

1）分级管理

分级管理既是为提高国际标准制定效率所执行的策略，也是标准申报单位或国内技术对口单位可以自主开展的工作。根据预备项目的成熟度差异，所属企业或专业国际标准化工作组可对国际标准预备项目的管理实行分级别管理与指导。每年组织1～2次项目阶段检查，根据项目进度确定其优先度，并对项目下一步工作提出建议。分级管理的机制是提高预备项目管理效率与孵化效率的手段，根据过程评估将项目划分为初选级与优选级，也便于工作组按计划择优重点推进。

2）个性辅导

对接国际组织。预备项目需寻求与对口国际组织的有效联络与对接。近几年上游领域的预备项目管理工作中，针对未找到对口组织的项目或者项目群，国际标准化专家大胆提出了组建技术委员会的设想，突破没有对口组织的困境，成立了ISO/TC 67/AHG 2提高采收率（EOR/IOR）特别工作组。2022年3月，ISO/TC 67/SC 10提高采收率分技术委员会正式成立，并由中国专家担任主席及分委会经理。这也是专家团队对于预备项目个性辅导的成功经验。

衔接评审专家。专业的评审专家团队是引导项目建立优化路线的关键。例如在技术成熟性方面加强国内标准制修订，拓展技术应用领域；在渠道通畅性方面加强与国内外专家的联络，鼓励积极参加国际标准化组织的公开会议；在团队稳定性方面组建年龄结构更多元、专业技术与语言表达等各有所长的综合性团队。

3）重点孵化

关注优选级项目。严格的质量把控和进度管理贯穿整个预备项目的周期，但重点关注将最终聚焦于分级管理机制中优选级项目，便于有效推动实质进展，加快标准项目制定进度。有部分新的预备项目已经在对口分技术委员会的会议上进行了宣讲，为后期在ISO立项做足了前期铺垫。

拟定阶段里程碑。重点孵化阶段通常以在ISO的PWI阶段或者NP阶段为启动标志。国内技术对口单位或国际工作组对于这类项目通常会要求对其在ISO的正式流程拟定时间计划，并督促按照时间节点提前筹备每个阶段的工作任务。ISO的国际标准制修订流程已经非常成熟且稳定，因此对于可重点孵化的项目，准时按照时间节点推进工作是项目顺利孵化的一个保障。

提升宣讲质量。严格把关重点孵化项目汇报材料的质量，也是重点孵化的手段之一。鉴于重点孵化项目会定期参与ISO的会议（包括工作组、分技术委员会或者年会等常规会议），无论提案、草案或者是正式发行版本等环节，汇报材料的简要清晰、层次分明、重点突出将更利于被国际专家认可和理解。

4）适时退出

缺乏对口组织。分级管理中成熟度水平为初选级的项目，在项目执行过程中会因为

表7-2 国际标准预备项目立项审查评分表

项目名称：
申报单位：

	评分内容		评分细则	说明	分值
1	国际标准必要性	1.1	油气生产及相关产品国际贸易相关的技术和标准；中国石油海外工程和合作项目相关的技术和标准；国内区块对外合作相关技术和标准	有任意一项即10分	10
2	前期基础	2.1	提出的技术和标准有科技项目作支撑（国家10分、集团8分、地区5分）		10
		2.2	有工程（项目）应用实例	有10分/无0分	10
		2.3	有专利或产品		5
		2.4	有标准支撑（国家10分、行业8分、团标/地标6分、企标3分）		10
		2.5	有论文支撑（SCI/EI15分、英文4分、国内核心刊物3分）		5
3	人力资源	3.1	项目组包含国外专家，团队成员承担或参与过国际标准化工作，或参加过技术研发和技术应用（7~10分）；项目组含国内专家，团队成员承担或参与过国家行业标准化工作（5~7分）；项目组包含集团公司专家，团队成员承担或参与过地区公司标准化工作（3~5分）；项目组承担或参与过企业标准化工作（1~3分）		10
		3.2	项目组成员或支撑专家团队中有对口国际标准化组织的主席、委员会经理、项目经理、工作组召集人		5
		3.3	项目负责人硕士以上，至少3年本专业工作经验		5
		3.4	项目负责人具备相应的技术能力和标准化能力；项目负责人具备组织和沟通协调能力；项目负责人具备出众的英语听说写读能力		5
4	对口组织	4.1	有明确的对口国际组织负责项目涉及的技术和标准化领域		5
		4.2	国内技术归口单位在中国石油		5
5	技术路线	5.1	技术路线清晰、工作计划合理、可实施（3~5分）；有技术路线具备一定的操作性、计划基本合理（1~3分）		5
6	前期进展	6.1	已进行立项宣讲，初步获得国际组织同意（10分）；在国际组织上已进行立项宣讲（5分）		10
合计					100

ISO 没有相关的技术委员会或者分技术委员会而处于无对口组织的状态。除非成功申请新的技术委员会、分技术委员会或者 ISO 特别专项工作组，否则即便是国内非常成熟的技术，仍然会因为找不到国际对口组织而止步不前。

评估标准化前景。根据标准管理部门的建议，该类项目在过程评估中会被重新考核，从技术发展在全球市场的占有份额、利用率等方面统筹分析，评估标准化的可能性，来确定是否中止、暂停或者继续开展。

（三）国际标准制定案例分析

1. 天然气总硫检测技术国际标准

1）制定历程

2014 年，ISO 16960：2014《天然气　硫化合物的测定　用氧化微库仑法测定总硫》（Naturalgas—Determination of sulfur compounds—Determination of total sulfur by oxidative microcoulometry method）由 ISO 发布出版。这是我国油气上游领域牵头制定的第一项国际标准，是中国石油牵头制定的第一项国际标准，在全球一体化的发展大背景下具有划时代的意义。

2010 年，在美国休斯敦召开的 ISO/TC 193/SC 1 年会上，天然气研究院专家作为中国代表团成员提出起草"利用氧化微库仑法测定天然气中总硫含量国际标准"的提议，被与会各成员国专家一致接受写入会议纪要。2011 年初，在完成 GB/T 11060.4—2010《天然气　含硫化合物的测定　第 4 部分：用氧化微库仑法测定总硫含量》的翻译形成国际标准草案后，召集人正式向 ISO/TC 193/SC 1 秘书处提交新工作组项目（NP）立项申请。2011 年 6 月项目正式在 ISO 立项。2014 年 8 月，历经 3 年时间和 3 次成员国投票，分别于中国南京、荷兰代尔夫特、意大利米兰、英国伦敦、美国华盛顿召开 5 次国际工作组会议，在来自中国、法国、荷兰、俄罗斯、德国、韩国的 11 名国际专家和 10 余名国内技术团队的共同努力下，ISO 16960：2014《天然气　硫化合物的测定　用氧化微库仑法测定总硫》正式出版发布。ISO 16960 的制定和发布，将总硫测定国际标准的测量水平提升近一倍，极大提升了总硫测定数据的可靠性和可信度。

之后天然气研究院依托西南油气田含硫气田开发过程总硫测定经验和技术沉淀，形成了天然气硫化合物测定的系列国家标准，持续开展总硫测定国际标准的制定研究工作，不到 3 年时间，ISO 20729：2017《天然气　硫化合物测定　用紫外荧光光度法测定总硫含量》发布出版。ISO 20729 的制定和发布，首次将天然气硫化合物测定领域实验室之间的再现性数据列入国际标准中，极大地提升了总硫测定方法的稳定性和抗干扰能力。

两项国际标准先后发布，被英国、德国和欧盟等国家和地区等同采用作为其国家和欧盟标准。同时 ISO 作废了 ISO 6326-5。

2）经验分享

经验分享如下：

（1）用数据说话，在 ISO 16960 和 ISO 20729 的制定过程中，充分体会到数据的重要性。没有数据的支持，方法和指标就无法获得国际工作组专家和技术委员会成员的一致认可，就可能延长国际标准的完成时间，甚至导致项目被取消，特别是一些实验室间循环比对数据。ISO 16960 和 ISO 20729 在制定过程中，用气体标准物质进行实验室间循环比对确定方法精密度指标，是各国专家一致关心和重点关注的内容。为此，天然气研究院遵循相关国际标准和国家标准对方法标准制定的数据要求，制定了 5～7 家实验室、测量范围内 7 个浓度点、每个浓度点连续 11 次分析的实验室循环比对方法。在 ISO 20676：2018《天然气　上游领域　用激光吸收光谱法测定硫化氢含量》和 ISO 23978：2020《天然气　上游领域　用激光拉曼光谱法测定组成》的牵头制定中，该方法发挥了积极的作用。ISO 23978 从立项成功到出版发布仅用了不到两年时间。

（2）专业团队支撑。不到 7 年时间，连续两项国际标准的成功，得益于坚定的信心和有力的支撑保障，有助于我国与其他国际石油公司在含硫天然气勘探开发领域和天然气国际贸易中检测数据的互认，为我国测量技术和国际标准化事业可持续发展提供人才支撑，培养了 ISO 在册技术专家 28 人，高素质高学历召集人 5 人，项目骨干 11 人，行业唯一 CNAS/CMA/PTP 实验室检测人员近千名。

ISO 16960 和 ISO 20729 的出版发布，是中国对世界天然气硫化合物检测技术发展的智慧贡献，确立了中国在这一领域的影响力和权威地位。

2. 陶瓷内衬油管国际标准

1）制定历程

油田生产领域中腐蚀与磨损无处不在，严重威胁着油管的运行安全。利用"自蔓延高温合成法"，把先进陶瓷——氧化铝（α-Al$_2$O$_3$）衬在油管内壁，成为解决腐蚀和磨损问题极为有效的方法。2016 年，工程材料研究院牵头制定石油天然气行业标准 SY/T 6662.8—2016《石油天然气工业用非金属复合管　第 8 部分：陶瓷内衬管及管件》，为陶瓷内衬油管国际标准化项目立项与实施奠定了重要基础。

2018 年 5 月，在 ISO/TC 67/SC 5 年会上，我国代表在会上对该项目进行了汇报交流，新制定的"陶瓷内衬油管"国际标准的项目建议得到国际专家积极反馈。工程材料研究院组织起草完成了新项目提案建议，于 2018 年底正式报送 SC 5 秘书处。2019 年 5 月，工程材料研究院组织专家团队参加了 SC 5 年会并与相关国家代表积极交流和沟通。经过多方努力，"陶瓷内衬油管"项目于 2019 年 10 月顺利通过立项投票，中国、加拿大、荷兰、法国和韩国 5 个成员国指派专家参与了该标准的制定工作。这是我国首次主导的油井管领域国际标准制定项目，进一步扩大了我国在油井管材领域国际标准制定中的话语权和影响力。

标准立项成功后，工程材料研究院成立了一支技术素养高、英语能力强、掌握国际标准制修订规则的"全能团队"，牵头与来自加拿大、荷兰、澳大利亚、韩国、法国、意大利和德国等 7 国 15 名国际专家共同开展国际标准的编制工作。同时组建了国内包括科研院所、制造企业、油田用户、检测机构、高校等 19 家单位 50 余名专家在内的"智囊团"

参与标准的制定。经过近 3 年的博弈磋商和试验验证，先后召开了 3 次国际工作组会和 3 次国内工作组会，征集意见 225 条，最终通过了 ISO 投票。2022 年 1 月，ISO/PAS 24565：2022《石油天然气工业陶瓷内衬油管》（Petroleum and natural gasindustries—Ceramic lined tubing）正式发布，填补了我国主导完成石油管材产品国际标准的空白，表明我国在石油管材领域技术能力和国际标准话语权得到显著提升，也将为有效避免国际贸易壁垒、促进行业技术水平进步和产业绿色低碳发展奠定基础。

2）经验分享

在国际上，陶瓷内衬油管使用的国家并不多，投票前积极通过 SAC 中日韩三方会谈、SC 5 年会等机会开展宣讲。投票刚结束时，仍只有 4 个国家提名了专家。我国充分利用 ISO 导则的规定，在投票结束后两周内积极联系相关国家的支持，最后邀请到韩国专家的参与，项目成功立项。

项目在提交过程中经过了多次方案调整，最初按陶瓷内衬管起草，由于涉及输送管和油井管两方面的内容，很难确定明确的技术对口组织，后修改为陶瓷内衬油管。按制定国际标准提交建议后，最后选择按 PAS 文件申请了立项。

项目背后科技成果有效支撑。工程材料研究院依托国家和省部级科研项目，与装备制造企业合作，历时 10 余年，攻克了陶瓷内衬油管制造的关键技术，规范了陶瓷内衬油管制造工艺，实现了产业化生产和规模化应用，开发出 6 项陶瓷内衬油管实物管材评价试验新技术和新装备（全部授权发明专利），确定了陶瓷内衬油管关键性能测试方法及技术指标，明确了陶瓷内衬油管的应用技术要求，开辟出旧油管"微能耗、零排放、无污染"的绿色制造及再利用新领域，使其成为减少碳排量的有效措施。

二、ISO 21494《航天系统　磁试验》国际标准编制历程及其启示

2019 年 2 月 22 日，北京卫星环境工程研究所主导制定的国际标准 ISO 21494《航天系统　磁试验》由国际标准化组织（ISO）正式发布。该标准规定了航天器磁性测量和评估的试验方法，将有效指导航天器磁性的验证和控制，避免磁敏感设备受到磁场干扰，保证航天器的姿态控制精度。

（一）立项背景

随着我国航天事业的快速发展，党和国家把航天作为大力推进自主创新的重要领域之一，发出了"发展航天事业，建设航天强国"的号召，提出了率先达到世界先进水平的更高要求。我国航天事业经过多年的不懈努力，取得了一系列举世瞩目的辉煌成就，特别是"十二五"以来，面临航天型号高强度研制、高密度发射、大批量交付的常态形势，及规模化、产业化的科研生产模式转型任务需求，标准补给加快升级换代，标准领域逐步拓展，已制定 4000 多项国家军用标准和航天行业标准，并利用现有资源进行一整套国家航天标准的制定。但与其他航天大国相比，参与制定的国际标准却寥寥无几，发布时间和数量与我国航天企业的技术水平很不匹配。

虽然各个开展航天器研制的国家均有相应的磁试验标准或者规范，但是在 ISO 21494《航天系统　磁试验》之前，没有统一的磁试验标准。在航天系统系列标准中，唯一涉及磁试验的国际标准是 ISO 15864《Space systems—General test methods for spacecraft, subsystems, and units》。该标准是 ISO 在航天器试验方面的顶层标准，虽然对磁试验有所提及，但是相关章节只给出了磁试验的概括，不涉及具体的磁试验技术要求和试验方法等内容。随着国际上航天贸易的不断增加，为了增加各国之间磁试验方法的说服力，有必要在国际上提出统一的试验标准，有效协调和平衡各国标准之间的冲突，为国际合作提供统一的平台。

（二）磁试验国际标准立项及编制过程

2012 年，北京卫星环境工程研究所积极响应中国航天科技集团有限公司"力争主导核心领域国际航天标准"的行动路线，启动国际标准项目的策划和培育工作。在透彻研究标准工作相关要求、认真分析自身优势和系统筹划可制定国际标准的重点领域的基础上，经过认真研究和严格评估，选取了"磁试验国际标准"项目，并选派具有深厚试验理论知识及国际合作经验的技术专家作为项目小组组长，开展项目的筹备工作。主要历程如图 7-4 所示。

1. 提出申报

2013 年 5 月，在俄罗斯莫斯科举办的第 39 届 ISO/TC 20/SC 14 全体会议上，北京卫星环境工程研究所首次向与会专家提出了申报制定《航天系统　磁试验》ISO 标准新项目建议的意向，并获得认可，注册为新工作项目（NWIP2013002）。

2. 正式立项

磁试验国际标准项目立项后，项目组组建了以中国专家为项目负责人，德国、意大利、日本和美国一流技术专家参加的国际团队，开展为期 3 年的试验研究和标准制定工作。项目组对国内外航天器磁试验标准、规范和文献等相关资料进行了收集，策划开展相应的理论分析和试验验证，提炼出了国际适用的磁试验术语、试验项目、试验室环境要求、试验方法等各项标准内容。针对磁矩测量试验方法这一关键技术难点，项目组深入研究各国磁矩测量程序与计算原理，就各种方法的特性和适用范围加以试验验证，并与国内外航天器磁试验领域专家进行了多次交流和不断修改，最终选择了各国比较认可的 2 种磁矩测量方法写入标准，获得了 ISO 编委会各成员国的支持。

自此，项目组通过邮件与 ISO 的各国专家进行讨论，适时邀请各国专家或受邀参与国外研讨会，就标准技术内容与各国专家积极沟通并交换意见。2013 年 10 月至 2015 年，项目组在 ISO/TC 20/SC 14 全体会议和 WG 2 小组会议上就磁试验标准草案的修订版本及时向小组内的专家进行介绍并汇报进展。

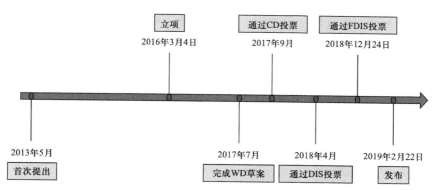

图 7-4　ISO 21494《航天系统　磁试验》制定历程

2015 年，在 ISO/TC 20/SC 14 的 WG 2 小组会议之后，ISO 标准委员会同意 "磁试验国际标准" 项目进入投票阶段。2015 年 12 月 4 日至 2016 年 3 月 4 日，SC 14 分技术委员会开展为期 3 月的各成员国投票，得到美国、俄罗斯、日本、法国、德国等世界航天大国的响应和支持，磁试验国际标准项目顺利获得提案（立项）通过，并发布国际标准新工作项目编号 ISO/AWI 21494。

3. 标准制定

在标准制定期间，项目组加强与国际标准化组织各成员国之间的交流，积极参与 ISO、SC 14、WG 2 等活动，通过智力引进聘专活动邀请国际专家进行技术研讨，利用商业活动进行沟通合作，充分了解各国专家的意向和意见，针对存在质疑的一些主要问题，比如探测器数量与位置的设置、计算方法的选择等问题，及时做出有针对性的解释，确保获得各国专家对标准草案的肯定。

4. 标准发布

2018 年 12 月 24 日，ISO 21494《航天系统　磁试验》高票通过了国际标准化组织 ISO/TC 20/SC 14 分技术委员会的 FDIS（批准阶段）投票，并于 2019 年 2 月 22 日正式发布。

（三）经验与体会

国际标准制定需要持续的跟踪研究及投入，在磁试验国际标准的制定过程中，项目组对工作内容、工作现状、存在问题等进行细致分解和详尽分析，全面梳理工作流程，深入思考实施途径，最终形成兼容并蓄、博采众长的磁试验国际标准。总结该标准的编制成功经验如下：

（1）在新项目提案筛选时，针对本单位专业情况，从技术水平、社会和经济效益、国际标准化能力等方面开展新项目优势度评价，选择具有专业优势且通用的、共性的、能引起国际共鸣和关注的项目给予支持和培育。

（2）在项目预备阶段，选派资深专家带队，建立以专家团队为技术后盾的项目组，加强资料的收集与整理，深入调研专业领域内有关国家和国际组织的标准，并开展对比分析；同时深入了解国际标准的制定流程，加强与国外专家的沟通交流。

（3）在项目提案阶段，随时关注立项投票进展，与 ISO 的 TC 或者 SC 保持密切联系，并及时与有关国家的专家特别是负责投票的专家进行沟通。如发现存在影响立项通过的问题，要及时积极应对解决。

（4）在标准编制过程中，要熟悉标准草案的编制原则和表达方式，选择精通英文的专家负责具体的文字工作。积极参与 ISO/IEC 等相关国际标准化组织的活动，保持与国外专家的定期密切联系，并针对其提出的意见进行充分沟通、协调和反馈，确保标准文本的清晰性、一致性、完备性和可操作性。

三、ISO 23472 系列国际标准的制定

（一）立项背景

ISO 23472 系列标准是由我国牵头起草并发布的第一项铸造机械领域系列国际标准，不仅为后续铸造机械其他标准的制定奠定了基础，也为铸造机械行业的国际交流和贸易建立了统一的术语定义。在该系列国际标准的制定过程中，我国各主导单位、对口工作委员会及来自各个国家的工作组专家克服了许多困难，经过长时间的探讨和交流，最终准时高效地完成了该系列五项标准的全部工作。

ISO 23472 系列国际标准是 ISO/TC 306 国际标准化组织铸造机械技术委员会自 2017 年成立后制定并发布实施的第一项国际标准，也是铸造机械领域的首项国际标准。该系列标准按照不同的铸造方法及不同的生产工艺阶段将铸造机械分为五个部分，涉及铸造机械、铸造方法、参数、相关联设备和生产工艺等的术语和定义，由我国四家企业主导，来自中国、日本、德国、意大利等国的行业专家共同参与完成，从 2018 年开始截至 2022 年，总历时近四年。铸造机械领域术语和定义的统一，促进了国际交流和贸易的便利性，也为后续相关国际标准，例如 ISO 23062 等安全标准中的术语使用，提供了良好的基础，为铸造机械的国际标准化发展开启了新的篇章。

（二）ISO 23472 系列标准立项及编制过程

早在 2017 年 ISO/TC 306 成立之初，TC 秘书处和国内对口工作委员会就对 TC 的标准化工作进行了讨论，确定了顶层设计，以便更好地部署和开展后续工作。经过国内铸造机械厂家、科研院所专家学者及行业相关方的多轮会晤和商讨，最终确定将术语标准作为国内开展国际标准化工作的第一步，并初步确定了术语标准的结构框架。为了使项目顺利进入下一阶段，即在新工作项目提案（New Work Item Proposal，NWIP）阶段获得各 P 成员国投票批准。国内对口工作委员会在 ISO/TC 306 首次会议上，与各国代表团私下就术语标准的结构和范围进行了意见交换，并再次进行修改后，于 2018 年 4 月开启了标准第 1 部分的 NP 投票，并在投票获批后，成立了工作组 WG 1，负责所有术语标准工作。考虑到工作组秘书处和专家对 ISO 项目工作程序还不熟悉及工作组会议时间有限的问题，在

该部分工作开始后近一年，才同步开始了第 2 部分和第 3 部分的工作，并在前三部分后期，同步开始了第 4 部分和第 5 部分的工作。

值得一提的是，该系列标准只有第 3 部分从提案阶段（NP）、准备阶段（WD）、委员会阶段（CD）、征询意见阶段（DIS）、批准阶段（FDIS）到出版阶段（ISO），经历了完整的项目阶段，历时约两年半。根据《ISO/IEC 导则　第 1 部分：技术工作程序》的规定，在征得技术委员会的同意后，可以省略委员会阶段，直接将标准草案作为征询意见草案提交投票，即跳过 CD 投票，直接进行 DIS 阶段。如果征询意见草案得到批准且没有反对票，也没有技术性意见或修改时，则可以省略批准阶段，即跳过 FDIS 投票，直接进入出版阶段。鉴于此，标准第 2 部分在 TC 全会上经过各国代表团决议，批准进入征询意见阶段，省略了 CD 投票，标准的第 1、4、5 部分则省略了 FDIS 投票，直接进入出版阶段。能够通过快速程序，节省大量时间，在最短的时间内完成整个项目，一是主导单位和专家在标准起草中付出了很多，做了大量的准备工作，标准整体完成质量高；二是工作组会议效率高，在有限的时间内对各国专家提出的意见都进行了充分的讨论。

（三）标准制定过程中的主要问题和解决过程

1. 国际标准化知识欠缺

无论是 TC 秘书处成员、WG 秘书处成员还是国内有关专家，大部分都是首次参与国际标准化工作。万事开头难，有关国际标准化的知识都是一点点学习和摸索出来的。首先，TC 和 WG 秘书处成员分批参加了 ISO 秘书周培训班，该培训班由国家标准委与 ISO 合作举办，培训内容包括 ISO 的工作程序、如何撰写国际标准及 ISO 电子化服务（e-Service）。来自 ISO 的培训人员通过专题讲解、实际演练、互动问答等形式对秘书处成员开展了高强度的集训，使得秘书处成员对所应承担的工作有了初步的了解和操作经验，在后续工作中，也对标准主导单位和有关专家给出了一定的指导和技术支持。有关专家也通过学习 ISO 相关文件和其他行业的国际标准，规范了该系列标准的编写格式要求。同时，对标准每一部分的每一个项目阶段出现的问题进行总结，确保后期不再犯同样的错误，也为标准的快速推进打下了坚实的基础。

2. 标准框架异议

由于铸造机械产品种类繁杂，包罗万象，为了制定出一份可供生产商、贸易商、用户、操作者、技术人员、学生等领域内相关人员都能使用的完善术语标准，初始阶段术语标准被划分为 9 个部分，以便涵盖范围内所有产品和工艺。然而，在 TC 的第一次全体会议时，这一规划受到了德国代表团的反对，理由是标准文件的购买成本问题。众所周知，国际标准购买价格较高，有的标准使用者可能需要有关不同机械产品的标准，划分太细，导致标准使用者需要购买多份甚至全部标准文件。如果所有术语和定义在一项标准中，则只需要购买一份标准。但同时涉及另一个问题，那就是这一份标准内容非常多，而 ISO 对标准的定价与文件内容的多寡是有关系的。那就意味着，这一份标准的价格会非常高，而有的使用者可能只需要其中一部分的内容，却要付出高昂的费用购买其他不需要的内容。此外，铸造机械按照不同的铸造方法和工艺过程，分为多个不同的领域，其中一个领域的专家对别的领域并不精通。如果只制定一项术语标准，则需要将所有领域的专家都集中在同一个项目中，所有专家都必须参加每一次会议讨论，效率太低，成本太高。最终，经过讨论协商，将该术语标准从 9 个部分简化成 5 个部分，并获得批准。

3. 技术争议

在起草国际标准时，我们通常容易代入起草国家标准的思维和方式。例如，内容特别详尽，大到机械设备，小到零部件，都要给出定义，机械的结构、组成部件也都一一列出。这样做有两个问题，一是可能影响未来的技术创新，产品的结构和组成部件是服务于产品功能的，是有可能随着性能要求的提高和技术的创新有所变动的，不应通过定义框死。但是如果太过宽泛又不具有实际应用意义，并且可能导致歧义，因此要特别注意其中度量的把握。例如在讨论该系列标准第 2 部分时，对于输送机（Conveyor），我们给出了各种不同形式不同构造的输送机定义，但是本质上，它们在工艺流程中的作用是一样的。仅在输送机的前面加上各种定语修饰，就把它作为一种新的设备去定义，在国家标准或者行业标准中可能比较普遍，但是并不符合国际上的思维。因此，在德国和日本等国专家的反对下，进行了简化。二是可能导致与其他 TC 所制定标准的重叠。有的设备虽然用于铸造机械范围内，但是在其他行业可能也有广泛使用。这种比较通用的设备如果纳入该标准范围，就可能与其他标准造成范围上的重叠，是不符合 ISO 规范的。

此外，因为此前从未有过相关国际标准，对于同一个产品，各国可能有不同的名称，或者有的产品未查询到现有的英文术语，我们只能暂时以中翻英直译的方式来命名，因此在该系列标准讨论中，其他国家专家常常无法理解。为了解决这一问题，主导单位和专家搜集了大量图片和图纸，在会议现场，为各国专家进行解说。从产品的功能、结构特点及在整体工艺中发挥的作用等方面让各国专家理解所定义的术语，从而避免误解。在这个过程中，各国专家通过征询本国相关企业的意见，或者给出本国所使用的英文术语名词，或者给出新的命名，然后经过讨论筛选，确定一个或两个最准确恰当的术语，完善了铸造机械产品的术语体系。

4. 缺乏专家

我国在铸造机械上的产业链是比较完整的，专家遍布各种铸造方法和生产工艺的研究领域。但是，许多国家就存在很明显的"偏科"问题。例如工作组的德国、意大利和日本专家对标准第 3 部分的压铸相关内容更感兴趣，而对第 5 部分冲天炉相关内容就缺乏兴趣。因为在这些国家，压铸是重点领域，也是他们的专长。因此，其他部分经常面临缺乏专家的问题。根据 ISO 规则，如果没有足够多的 P 成员国和专家参与，项目很难进行下去。第 4 和 5 部分在首次 NP 投票时，就出现有的 P 成员国因为缺乏专家投了弃权票，导致项目未被批准。在这种情况下，我们只能与这些 P 成员国进行积极沟通，希望他们再次与本国相关企业和行业专家进行协商，邀请他们参与到项目中。最终，在对这两部分进行第二次 NP 投票时，获得批准。

5. 项目负责人变动

在该系列标准的第 5 部分制定过程中，由于主导单位出现人员变动，无法继续承担主导单位的工作。根据 TPM 的指导，我们向 TC 秘书处提出了更换项目负责人的申请。TC 秘书处在 ISO 工作后台发起了进行变更的 CIB（Committee Internal Balloting）投票。最终，经 P 成员国批准同意，完成了项目负责人的更换，使得该项目顺利进行下去。一项国际标准的制定通常需要 2～3 年，有的甚至更久，在这个过程中出现人员变动是正常的，只需要按流程完成即可。但是，考虑到项目的顺利过渡和交接，一般建议选择对项目内容比较熟悉的工作组原有成员或专家。

（四）经验与体会

基于 ISO 23472 系列国际标准的制定过程及所遇问题和解决方法，对主导和参与国际标准制定的单位和专家给出以下建议：

（1）学习和掌握 ISO 相关知识，特别是 ISO 技术工作程序和国际标准的起草原则，对于后续工作会有事半功倍的效果；

（2）加强与 TC 内 P 成员国之间的沟通和合作，有利于了解各国行业的基本情况和需求，制定出在国际层面上符合大部分成员利益的标准；

（3）会前会后的准备工作是确保会中效率的最重要因素，特别要将收到的意见及时反馈到行业内相关单位和专家，以便在会议上给出行之有效的解决方案；

（4）转变标准思维，不要拘泥于原有的标准起草方式，多学习 ISO 有关标准起草的指导文件和其他优秀国际标准，一方面提升国际标准化工作能力，另一方面也将我国国家标准的水平提高到国际水准，为国内和国际的标准相互转化打下基础。

四、ISO 17324《汽车涡轮增压器橡胶软管　规范》的制定

2014 年 9 月 17 日，由我国主导制定的国际标准 ISO 17324：2014《汽车涡轮增压器橡胶软管　规范》正式发布。ISO 17324：2014 是我国橡胶行业主导制定的第一项国际标准。

（一）立项背景

2007 年，全国橡胶与橡胶制品标准化技术委员会软管分技术委员会（以下简称"全国橡标委软管分会"）在转化国际标准 ISO 11424：1996《内燃机空气和真空系统用橡胶软管和纯胶管　规范》为国家标准的过程中，发现该标准存在缺陷，其中关于涡轮增压器软管只规定了轿车用涡轮增压器软管的规格和技术要求，而没有规定商用车辆用大口径软管的要求。

2008 年，全国橡标委秘书长、全国橡标委软管分会主任委员刘惠春出席国际标准化组织 ISO/TC 45（橡胶与橡胶制品）第 56 届年会时，在 SC 1/WG 2（橡胶和塑料软管及软管组合件分会 / 汽车软管工作组）会议上以专家身份对 ISO 11424：1996 提出了修订意

见。会议讨论后决定，因 ISO 11424：1996 恰好在 2009 年应进行复审（SR），故决定等复审后，根据复审结果再做决定（此决定写入会议报告 ISO/TC 45/SC 1 N 1233，附录 C 第 13 条）。

2009 年，在复审 ISO 11424：1996 时，我国提出了修订 ISO 11424：1996，并增加涡轮增压器软管产品规格、耐热等级等性能要求的建议。同年 10 月在印度召开的 ISO/TC 45 第 57 届年会的 SC 1/WG 2 会议上，与会成员采纳了我国的建议，认为有必要单独制定一项新的国际标准，即《汽车涡轮增压器橡胶软管　规范》（此决定写入会议报告 ISO/TC 45/SC 1 N 1250，附录 C 第 10 条）。遗憾的是，中国代表团因签证原因，未能出席会议，错失争取制定该国际标准的机会，该标准交由美国专家担任项目负责人。

2010 年，因项目负责人所在美国公司政策调整，未能按时提出标准草案。2010 年 10 月，刘惠春参加在荷兰召开的 ISO/TC 45 第 58 届会议时，在 SC 1/WG 2 工作组会议上争取到该项目，并被指定为项目负责人。会议要求项目负责人会后提交国际标准《汽车涡轮增压器橡胶软管　规范》立项建议及工作草案（此决定写入会议报告 ISO/TC 45/SC 1 N 1317，附录 C 第 12 条）。

随后，全国橡标委秘书处的挂靠单位、ISO/TC 45 国内对口单位沈阳橡胶研究设计院在国内广泛征集合作起草单位，山东美晨科技股份有限公司（以下简称"美晨科技"）等单位主动要求参与该项目的起草。最后确定组成由沈阳橡胶研究设计院牵头，山东美晨科技股份有限公司、宁波丰茂远东橡胶有限公司、中国长春第一汽车集团和浙江三特科技有限公司参加的国内起草工作组，美晨科技为第一技术支撑单位。国内工作组在美晨科技提交的《汽车涡轮增压器橡胶软管》中文稿工作草案基础上，提出标准工作草案。沈阳橡胶研究设计院根据《ISO/IEC 导则　第 2 部分：国际标准结构和起草规则》和 ISO/TC 45/SC 1 Guide 976《橡胶和塑料软管及软管组合件　产品标准结构指南》修改草案形成英文版工作草案（WD）。2011 年 2 月，将该草案及相关立项申请材料提交至国家标准化管理委员会，经国家标准委向 ISO/TC 45/SC 1 提交了新工作项目建议（NWIP），并于 2011 年 6 月 23 日通过了立项投票，该标准正式立项。

（二）ISO 17324：2014 的主要内容和技术要求

ISO 17324：2014 主要规定了用于汽车涡轮增压器系统中，连接涡轮增压器、中冷系统和内燃机的橡胶软管（以下简称"涡轮增压器软管"或"软管"）的材料和结构、尺寸和公差、混炼胶及成品软管的物理性能、试验方法和检验频次等要求。软管的工作温度范围为 −40～250℃，工作压力范围为 −0.01～0.5MPa。

1. 分类

根据具体工作环境汽车涡轮增压器软管分为三个型别：

（1）A 型：用于连接空气滤清器和涡轮增压器，输送过滤后的常压空气，工作温度为 −40～100℃。

（2）B型：用于连接涡轮增压器和中冷器，输送压缩的热空气，工作温度为−40～250℃。B型软管根据工作温度和最大工作压力细分为三个子型别和三个级别。

（3）C型：用于连接中冷器和内燃机，输送压缩的冷空气，工作温度为−40～140℃，最大工作压力为0.3MPa。

同时，B型和C型软管根据耐疲劳性能，还分为两个等级：200级（承受200000次脉冲）和400级（承受400000次脉冲）。

2. 软管的材料和结构

ISO 17324：2014除给出制造涡轮增压器软管采用的材料外，还规定了软管的结构要求。软管应由柔性高分子弹性体内衬层、用适当方法铺放的合成织物或其他材质增强层、柔性高分子弹性体外覆层构成。

涡轮增压器软管可为直管或异型管，外表面可为平滑的或带波纹的，并可用金属圈在必要部位再增强，也可以在必要部位包裹或黏附带有铝箔的玻璃纤维布或者是热塑性材料的隔热或防磨护套。

3. 尺寸和公差

ISO 17324：2014给出了软管的内径、壁厚、长度和公差，但并未规定具体的尺寸，具体规格尺寸取决于汽车生产商的设计要求。还规定了端部平整度，即垂直于软管轴线的两个端部截面的平整度。

4. 物理性能

ISO 17324：2014规定了混炼胶的物理性能和成品软管的物理性能。

混炼胶的物理性能部分规定了三个型别软管的内衬层、外覆层和非增强软管的热老化性能、耐油性能、脆性温度、耐臭氧性能。

成品软管部分规定了表观、耐真空性能、验证压力、最小爆破压力、黏和性能、耐疲劳性能和低温压扁性能。

（1）外观：在放大一倍观察时，软管内外壁表面应无弯结、气孔、气泡、杂质、损伤及划痕等表面缺陷，外表面允许有水布纹等加工印痕。增强层不应暴露（软管端头除外）。交货软管应清洁，无异物、油脂或其他可能影响其功能的物质。

（2）A型软管的耐真空性能：A型软管位于空气滤清器和涡轮增压器之间，工作时会产生负压，所以标准规定其应承受耐真空试验，在−0.015MPa下经10min，长度变化不超过0～5%，外径变化0～−8%。并对不能制取标准试样的作出了补充规定。

（3）B型和C型软管的验证压力和最小爆破压力：根据各型别、级别软管的最大工作压力，规定了验证压力和最小爆破压力及其试验方法。

（4）B型和C型软管的耐疲劳性能：对B型和C型软管进行耐脉冲疲劳试验，200级软管应满足200000次脉冲，400级软管应满足400000次脉冲。在脉冲试验后，软管应无泄漏、龟裂及其他失效现象。脉冲疲劳试验方法在ISO 17324：2014附录A中给出。

（5）低温压扁性能：按照 ISO 28702 规定方法进行试验，在 −40℃ ±2℃下或在供需双方协商的试验温度下，软管应无龟裂、破裂或分层等异常现象。

5. 试验频次、标志和储存

ISO 17324：2014 中给出了型式试验、例行试验及产品试验的描述及检验要求，同时还规定了软管的标志和储存要求。

（三）标准制定过程中几个重大修改内容

ISO 17324：2014 项目提出后，在国际上赢得了广泛的关注和支持，并有中国、德国、日本、瑞典、英国和美国六个 P 成员推荐了专家参与标准的制定。ISO 17324：2014 自立项后，经历了五次投票，各国专家都积极提出修改意见。尤其是对工作草案（第一稿）的修改意见较多，为此国内起草小组专门在济南召开了研讨会议，修改 WD 草案。

ISO 17324：2014 在整个制定过程中，进行了多次修改。特别是对范围、验证压力试验、脉冲频率、混炼胶性能等技术要求作了重大的改动。

（1）范围。增加了"本国际标准所涉及的软管可以是直的或异型的"陈述。对工作温度也进行了扩展，法国投票意见提出将工作温度适用范围修改为 −40～245℃。我们最初给出的范围是 −40～220℃，经过在国内征求意见，尤其是汽车生产企业根据汽车的发展趋势非常支持将工作温度范围提高，因此起草小组同意将最高工作温度扩展至 250℃。

（2）混炼胶。混炼胶性能也是各国专家讨论的重点问题。在工作草案中，给出了混炼胶的初始性能。经各国专家的讨论，认为没有必要限定材料的使用，尤其是限制新材料的使用。因此，起草小组三次修改此部分内容，并将其从附录移入标准正文，根据软管型别规定内衬层、外覆层和非增强软管的混炼胶物理性能，并增加了对脆性温度的要求。

（3）耐真空压力。随着标准草案的修改，期间发现初稿中耐真空压力试验要求规定得不够严谨，因为有些规格的软管很短，不能满足试验方法的要求。为此补充了当软管长度不足 500mm 时的相关要求。

（4）耐疲劳脉冲试验。草案中提出的是 200000 次，最后考虑欧洲的要求，接受法国专家的建议，增加了 400000 次的级别。

（5）耐低温压扁试验。初稿中没有耐低温压扁的规定，会议讨论时接受了日本专家的合理建议，增加了此项要求。

（6）验证压力试验。软管的功能是传送介质，传送时要驱动介质就需要压力，所以检测软管的承压能力是必要的。软管承压能力涉及三个指标，一是最大工作压力，二是验证压力，三是最小爆破压力。其中验证压力通常是最大工作压力的 1.5 倍或 2 倍，为非破坏性试验，用于生产检验或出厂检验以保证软管在最大工作压力下正常工作。最小爆破压力是软管在压力作用下发生破坏的临界值，通常是验证压力的 2 倍，用于型式检验或定期检验。最小爆破压力试验是破坏性试验，经过此试验的软管不能交付使用。站在国内生产企业的角度考虑，在初稿中没有给出验证压力的要求，仅给出了最小爆破压力试验。在其他国家尤其是欧洲国家的强烈要求下，增加了验证压力试验，并按最大工作压力进行了详细分类。

除以上改动较大和争议较多的性能要求外，与国内起草小组编写的中文草案相比，ISO 17324：2014 还参考日本专家的建议增加了"脆性温度"；根据美国、欧洲专家的建议将软管"端部垂直度"修改为"端部平整度"，将"内压"修改为"真空压力"，增加了有关"异型管"的陈述等；根据国际上惯用英语术语对文本进行了编辑性修改；根据 ISO/TC 45/SC 1 Guide 976《橡胶和塑料软管及软管组合件　产品标准结构和起草规则》的要求将草案的结构重新做了编排，增加了试验频次和三个附录。最终发布的 ISO 17324：2014 与最初的中文稿相比，技术指标严谨、结构规范。

（四）经验与体会

1. 广交朋友建立友谊

广交朋友，与其他国家的专家建立友谊，这样在标准的制定过程中会得到有益的帮助。

2. 了解和熟悉国际标准制修订程序

项目负责人应关注和跟踪国际标准项目的进展和更新，学习和掌握《ISO/IEC 导则》。《ISO/IEC 导则》共分两个部分，第 1 部分为技术工作程序，第 2 部分为国际标准结构和起草规则，此外还有导则补充部分、ISO 专用程序。起草国际标准时，仅仅掌握国际标准起草规则是不够的，还要了解和熟悉其工作程序。如每一个阶段所需要时间的控制节点、能否延期等。如果不能按时间要求完成每一阶段的工作、提交稿件（WD、CD、DIS 等），项目将被自动撤消。项目负责人了解和熟悉工作程序会按时完成相应工作，并及时提醒所在技术委员会或分技术委员会的秘书推进标准的进程。

3. 善于妥协，并在妥协中提出条件，使我们的利益最大化

以温度范围为例，虽然高温达到 250℃是欧洲市场所需要的，我们的企业达到此要求也有一定的难度。但这一要求是合理的，我们应该为国内的企业释放这一信号。鉴于此，我们提出了按不同温度等级细分子型别，既避免了给自己设置技术壁垒，又满足了不同的需求，还为未来的技术发展预留了空间。

再如脉冲次数，我们的草案中提出的是 200000 次，第一次投票时法国专家建议提高至 400000 次，我们没有接受。第二次法国专家又提出了同样的要求，并在 2013 年会议讨论时获得欧洲成员的支持，如果我们再反对，该标准将可能无法获得通过。因此我们接受了其意见并与之达成妥协，即同时保留这两个脉冲次数要求，并以此分级。最终以 200 级和 400 级分别表示脉冲次数为 200000 次和 400000 次的两种级别软管，以满足不同的需要。

4. 充分沟通协调、虚心接受合理意见，赢得信任和尊重

ISO 17324：2014 的起草经历了近四年的时间，参与了四次国际标准化技术委员会会

议的讨论，并积极与来自日本、荷兰、法国、美国等多国的专家通过各种渠道进行了技术交流和沟通，虚心接受合理建议，耐心解释我们的诉求，赢得了广泛的支持和尊重。

日本专家在前面提到的软管分级、混炼胶性能、耐压扁试验等技术要求的修改都给予了较大帮助，并在会议讨论时给予了大力支持。

荷兰专家 John 2014 年已有 85 岁高龄，有几十年从事欧洲标准化和国际标准化工作的经验，工作认真、严谨，他主动要求我们将草案发给他阅读修改，并提出了很好的建设性修改意见，在标准制定过程中给予了我们很大的帮助。我们也虚心地与他进行沟通和讨论，赢得了他的信任。在 2014 年 11 月的南非会议上，他主动建议将以前由他作项目负责人的标准修订工作交给我们来做。

正是因为广泛采纳了国际上的意见，使得该标准的草案得以完善，最终在问询阶段（DIS）的投票时，得以全票通过。ISO 技术项目管理局（TPM）项目经理提示 SC 1 的秘书，根据新《ISO/IEC 导则》第 1 部分中 2.6.4 的规定，当 DIS 阶段全票通过时，可越过 FDIS 阶段，直接进入发布阶段。SC 1 秘书处采纳了 TPM 的建议，并与 WG 2 工作组召集人商定后，决定将本项目直接推进至发布阶段。2014 年 7 月 18 日，SC 1 秘书向项目负责人发送 ISO/PRF 17324（清样），要求进行文本校对。最终，ISO 17324：2014 于 2014 年 9 月 17 日正式发布。

🔍 本章要点

本章对油气管网行业和相关行业参与国际标准化的典型案例进行了介绍，需掌握的知识点包括：

➤ 我国油气管网国际标准化实践的典型成功案例的实践过程；

➤ 油气上游领域、航天、机械铸造、橡胶行业参与国际标准化实践的典型成功案例的实践过程。

参 考 文 献

［1］罗勤，马建国，廖珈，等．油气上游领域国际标准制定的启示与思考［J］．石油工业技术监督，2023，39（8）：20-28.

［2］贾瑞金，齐燕文，郑文霞，等．ISO 21494《航天系统——磁试验》国际标准编制历程及其启示［J］．航天器环境工程，2019，36（4）：403-408.

［3］朱斌．浅述 ISO 23472 系列国际标准的制定之路［J］．中国标准化，2022（23）：135-138.

［4］王姝，刘惠春．国际标准 ISO 17324：2014《汽车涡轮增压器橡胶软管　规范》的制定及体会［J］．中国标准导报，2015（4）：16-19.

第八章　中国油气管道国际标准化发展展望

　　当前，世界百年未有之大变局加速演进，世界战略格局的调整、国际矛盾的变化，以及经济全球化进程无一不在彰显国家话语权的重要性，推动构建有利于本国经济发展利益的国际制度格局，是世界各国的普遍共识和必然选择。标准是经济活动和社会发展的技术支撑，是国家基础性制度的重要方面，而国际标准作为世界"通用语言"，则是全球治理体系和经贸合作发展的重要基础。世界需要标准协同发展，标准促进世界互联互通。《国家标准化发展纲要》明确指出，要实施标准国际化跃升工程，推进中国标准与国际标准体系兼容，支持企业、社会团体、科研机构等积极参与各类国际性专业标准组织，推动国内国际标准化协同发展。

　　鉴于此，国家和企业通过标准互认、共同研制、标准海外应用示范等途径，大力推进中国标准与国外标准间的转化运用及中国标准"走出去"。近几年，随着油气管道跨境合作项目建设的加快，我国培育了一批具有影响力的油气管道国际标准，一定程度上提升了我国在油气管道领域标准国际化方面的话语权和国际竞争力。但是，与发达经济体相比仍存在一定差距，国际标准占比率较低，还存在一些问题和制约瓶颈，国际标准培育工作仍有较大的发展空间。本章梳理我国油气管道领域标准国际化现状，识别发展瓶颈，明确发展路径，对我国油气管道国际影响力的提升具有重要意义。

第一节　中国油气管道国际标准化发展现状

一、取得的成效

（一）油气管道标准整体上与国际先进水平接轨

　　在基础理念、方法、技术应用及总体水平上，我国油气管道标准整体上已经与国际先进水平接轨。在管材、管道设计系数、管道施工、腐蚀防护、SCADA 控制系统、储运装备和储运设施等硬件软件标准方面，大量采用 ISO 等国际标准，已经基本达到国际先进水平。在管道的运行管理方面，随着管道完整性管理理念、方法、技术和标准的引进、消化

吸收和全面应用，管道的运行管理标准技术水平整体上也已经与世界先进水平相当。

（二）国际标准数量快速增长，国际影响力日益增强

国际标准是"世界通用语言"，在提升自主创新能力和对外贸易水平等方面发挥着重要作用。近年来，在油气管道完整性管理和管材等技术领域的国际标准制修订工作中，我国实现了多个零的突破，并进入到稳步有序的发展阶段。我国主导、参与编制油气管道领域国际标准如表8-1所示。其中，国家石油天然气管网集团有限公司（以下简称"国家管网集团"）、中国石油天然气集团公司（以下简称"中国石油集团"）做出了重大贡献。国家管网集团主导制定并发布国际标准4项、国外先进标准2项。中国石油集团工程材料研究院主导编制了4项国际标准；中国石油集团石油管工程技术研究院（以下简称"管研院"）制修订2项国际标准。这些国际标准的制定，标志着中国油气管道的设计、管理技术、管材技术等均得到国际社会的广泛认可，具备了在全世界推广应用的条件，标志着我国在石油管道完整性管理、管材领域中的国际影响力和国际话语权得到显著提升。

表8-1 我国主导、参与编制油气管道领域国际标准列表（部分）

序号	标准编号	标准名称	主导与否	中方主导单位
1	ISO 19345-1：2019	石油天然气工业 管道完整性管理规范 第1部分：陆上管道全生命周期管理	是	国家管网集团
2	ISO 19345-2：2019	石油天然气工业 管道完整性管理规范 第2部分：海上管道全生命周期管理	是	国家管网集团
3	ISO 20074：2019	石油天然气工业 陆上管道地质灾害风险管理	是	国家管网集团
4	ISO 21857：2021	石油天然气工业 管道系统直流杂散电流干扰标准	是	国家管网集团
5	ISO/PAS 24565：2022	石油天然气工业 陶瓷内衬油管	是	中国石油集团工程材料研究院
6	ISO 24139-1：2022	石油天然气工业 管道输送系统用耐蚀合金 内覆复合弯管和管件 第1部分：复合弯管	是	中国石油集团工程材料研究院
7	ISO 24139-2：2023	石油天然气工业 管道输送系统用耐蚀合金 内覆复合弯管和管件 第2部分：复合管件	是	中国石油集团工程材料研究院
8	ISO 15590-3：2022	石油天然气工业 管道输送系统用工厂弯管、管件和法兰 第3部分：法兰	是	中国石油集团工程材料研究院
9	ISO 11960：2020	石油天然气工业 油气井套管或油管用钢管（第六版）	是	中国石油集团石油管工程技术研究院
10	ISO 3183：2012	API5L管线管规范（第45版）	否	中国石油集团石油管工程技术研究院

（三）标准互认、中国标准海外应用加快推进

标准互认是经国家或企业标准化管理部门协商一致，互相认可对方国家或企业在用的标准，对国家或企业间的合作具有重要意义。例如在中俄东线穿越时期，中国与俄罗斯直接采用两国管道建设标准中的最高标准作为施工标准，保证了项目顺利、高效完工。同俄罗斯的第二批、第三批、第四批标准互认工作在有序推进，中国还同土库曼斯坦等国签订了标准互认协议。以中国标准为基础，中外联合制定国外标准，或者直接采用中国标准或中国标准中的关键技术指标等途径，大大促进了中国标准"走出去"。例如中亚天然气管道 D 线塔吉克斯坦段建设中，以中国标准为基础，结合塔吉克斯坦国情，中塔双方联合编制了《干线天然气管道保护技术规范》等 9 项塔吉克斯坦天然气管道运行维护系列标准；中亚天然气管道 D 线吉尔吉斯斯坦段直接采用中国国家标准 GB 50251—2015《输气管道工程设计规范》。此外，在中俄东线天然气管道工程建设过程中，大量关键技术指标采用了中国标准，以"事实标准"推动了标准"走出去"。

（四）国际交流活动持续深入，逐步融入国际化舞台

第一，与国际标准化组织（ISO）、美国石油学会（API）、美国机械工程师协会（ASME）等国际、国外标准化组织建立沟通联系机制，参与、跟踪标准研制。第二，成立国际标准攻关团队、培养复合型国际标准化人才队伍，逐渐壮大在国际标准化组织中的"中国队伍"。以 ISO/TC 67（石油、石化和天然气工业用设备材料及海上结构委员会）/SC 2（管道输送系统分技术委员会）为例，管研院担任并行秘书处单位，有 6 名中国专家承担 SC 2 领导职务，其中副院长秦长毅担任副主席，14 个工作组中的 4 个工作组召集人为中国专家。第三，在 ISO、API、ASME 等国际标准化年会等会议上的角色发生了突破性转变，由以前的"参与者""配角"转变为现在的"主角"——标准推动者。目前，国内油气管道企业已经完成和正在承担多项 ISO、NACE 等国际标准的编制工作，有效提升了我国在管道输送系统领域的国际影响力和话语权，同时也在抢占新兴领域国际标准话语权。

二、现存问题

（一）标准国际化深度同发达经济体相比，差距较大

同发达经济体相比，我国油气管道标准国际化程度还很低，主导和参与的国际标准数量较少，在国际标准化组织中的贡献小。一方面，发达国家采用国际标准的比例占到 50%～80%，虽然我国在管材、管道设计系数、管道施工、腐蚀防护、SCADA 控制系统、储运装备和储运设施等硬件软件标准方面，也采用了大量 ISO、IEC 等国际标准，但是程度远不及西方国家。我国油气管道领域的国家标准采用 ISO、IEC 国际标准的采标率仅为 18.16%。另一方面，目前，ISO、IEC 油气管道领域国际标准中大部分标准由欧美国家主导编制，中方主导制定仍处于起步阶段，且主要聚焦于管理、安全、管材等领域。

（二）标准互认、标准海外应用的范围亟须拓展

技术上，中国油气管道标准已经具备了在海外油气管道工程项目中转化和应用的基础。但是，受政治、文化、历史等因素影响，一些国家大多习惯于采用欧美等国家的技术规范与标准。因此，同欧美国家相比，中国油气管道领域的标准互认、海外应用仅局限在俄罗斯、土库曼斯坦等国家，在欧美、东北亚、北美、非洲、大洋洲等区域国家对技术和经济、文化的艰难博弈中，中国油气管道标准"走出去"举步维艰。中国油气管道标准未获得与中国管道技术水平相称的国际地位，在国际市场上的影响力较小，其国际化水平远不及欧美国家和俄罗斯。

第二节　中国油气管道国际标准化发展瓶颈

一、国际标准化人才培养体系不完善

国际标准化人才的质量决定国际标准化工作质量。国际标准化工作需要懂国际标准规则、懂参与程序渠道、懂外语、熟标准、精专业、善协调的复合型人才。2005年以来，国家标准化管理委员会开展了"国际标准化综合知识培训""国际标准化英语知识培训""ISO/TC、SC主席培训"等一系列国际标准化培训活动，培养了一批国际标准化人才，我国参与国际活动能力得到了有效提升。然而，我国整体的国际标准化人才培养体系不健全，高校、标准化组织、企业等在人才培养上尚未形成协同互补效应，导致油气管道领域国际标准化人才队伍无法完全满足实际需要。

二、企业对技术标准化与标准国际化及其协同运作重视不够

我国油气管道领域技术已达国际先进水平。然而，长久以来，我国油气管道企业不重视前沿技术研究与标准制定的互动、科技研发与标准研制的一体化发展、科技成果向标准转化、国内标准与国际接轨等工作，导致我国在油气管道领域的标准水平、国际标准化经验和国际标准的科技含量等方面远滞后于发达国家。例如荷兰壳牌公司每年在标准化方面投入的经费达1300万美元，公司内部约有500多名工程师从事标准制修订工作，而我国油气管道领域在经费投入和人员占比上则严重不足。

三、政府、科研机构、企业、高校、标准化组织等未形成合力

标准国际化是一个系统工程，涉及政府合作、人才培养、科技创新、标准研制、国际交流与合作、中外标准融合等诸多要素。因此，亟须统筹发力，实现实质性突破。目前我国油气管道行业标准国际化过程中，政府充分发挥了引领作用，尤其在与"一带一路"沿线国家签署标准化合作协议，加强标准对接。作为标准国际化的核心主体，企业通过国际

化标准人才培养、技术标准化、标准研制、标准互认等工作不断推动标准国际化进程。但是，以技术创新为主要职能的科研机构，以人才培养为己任的高校，以标准研究、分析与搭建标准合作与交流平台为主要职责的标准化组织，它们的作用尚未被充分发挥，尚未与政府、企业形成协同效应。

四、传统国际标准化组织的话语权掌握在发达国家手中

我国国际标准化工作起步较晚，很多传统领域的国际标准化组织的主席、秘书处都由欧美发达国家承担，导致绝大多数核心标准的话语权都掌握在他国手中。受历史因素影响，我国应另辟蹊径，在新兴和交叉领域发力，争取在国外标准组织中的话语权。

第三节 中国油气管道国际标准化发展路径

一、健全"高校 + 企业 + 标准化组织"国际标准化人才培养体系

《国家标准化发展纲要》指出，要建立政府引导、企业主体、产学研联动的国际标准化工作机制。根据国际标准化人才特点，结合高校、企业、标准化组织人才培养的重点与优势，构建合理完善的"高校 + 企业 + 标准化组织"人才培养体系。例如企业注重专业技术知识、标准实践等专业教育，高校、标准化组织注重国际规则、外语、标准基础理论、协调、沟通等通用教育；将国际标准化人才分级分类，定制差异化培养方案；三方共同研制培养方案、共同招生、联合选题、成果共享；拓展协同育人途径，建立紧缺人才定制班、亟须人才培养特区等人才培养模式。通过完善的国际标准化人才培养体系，选拔、培育一批高质量、与国际接轨的国际标准化人才队伍，提升核心竞争力。

二、打造技术创新和国际标准研制协同发展体系

探索总结重大工程创新、核心技术、专有技术和自主知识产权的标准化、国际化的方法路径，打造"选项—培育—立项—研制—发布"等国际标准化模式，健全企业技术标准体系。深度挖掘国际标准项目方向，构建技术创新与国际标准研制的协同组织架构和工作机制，加强标准与技术创新、知识产权的结合，促进标准合理采用新技术，加强技术、专利池与标准研制的相互协调，促进标准制订与技术创新、产业化同步，形成以技术带动标准进步、以标准促进技术创新的共生共荣效应。此外，打造技术创新和国际标准研制协同发展体系的前提是加强技术与标准的长期基础研究，加大对技术创新与标准化工作的投入力度。

三、构建宏、中、微观三层创新生态系统协同运作

油气管道是国家能源体系的重要载体，油气管道标准竞争超越了企业、产业层面，上

升到了国家层面，需要宏、中、微观三层创新生态系统各类主体协同运作。在此生态系统中，政府扮演标准发展推动者、系统生态维护者、系统制度支持者的角色，在技术标准竞争中发挥重要作用；标准协会发挥标准服务提供者的作用；龙头企业作为标准创新践行者、搭建系统骨干者、标准对接输送者、生态系统领导者的角色。三者协同运作，保障我国标准体系与国际性和区域性标准体系相互结合密不可分，保证系统的健康活力，也保证标准及时更新。

四、深度参与国外标准化组织，争夺新兴与交叉领域标准话语权

随着新一轮科技革命的深入，加快制修订新兴与交叉领域的国际标准是抢占国际话语权、实现弯道超车的最佳方法。一方面，应尽快加强与国内外先进企业（如通信、人工智能等行业）的合作，在数字化、新能源等新兴和交叉领域中积极探索标准研制前景。另一方面，许多先进的技术标准都来自国外标准化技术组织，因此要实质性参与国外标准化组织。除了培养、支持系统内专家在这些组织中任职，还应该积极探索新兴、交叉领域的标准研制前景，同国外标准化组织建立和完善双边、多边合作机制，学习借鉴先进组织模式和工作经验，实质性参与国际标准的制修订工作，以争夺新兴与交叉领域标准话语权和影响力。

🔍 本章要点

本章对我国油气管道行业国际标准化发展现状和趋势进行了介绍，需掌握的知识点包括：

➢ 我国油气管道国际标准化发展现状和瓶颈；
➢ 我国油气管道国际标准化的未来发展路径。

参 考 文 献

［1］张妮，刘冰，王岳，等.油气管道标准境外合作对策研究［J］.标准科学，2021（3）：58-63.

［2］何旭鸰，赵亮东，刘庆亮，等.构建油气长输管道标准体系研究与思考［J］.学术研讨,2021（12下）：34-37.

［3］刘冰，张妮，谭笑，等."一带一路"油气管道标准化合作策略及实践［J］.油气储运，2020（12）：1344-1349.

［4］陈俊峰，聂红芳，丁飞.油气标准国际化的思考与建议［J］.中国质量与标准导报，2023（1）：36-37.

［5］邵男，杜吉洲，汪威，等.油气企业标准国际化管理实践与展望［J］.标准实践，2020（10）：184-187.

［6］代敬辉.打造人才核心竞争力　坚持国际标准制用结合［J］.工程建设标准化，2022（12）：29-30.

［7］刘佳，孙艳红，袁伟.战略性新兴产业标准国际化的推进策略［J］.国防建设，2021（5）：10-14.

［8］唐震，张露，张阳.基于创新生态系统的水电工程技术标准国际化路径——英国标准协会（BSI）案例研究［J］.科研管理，2022（12）：1-12.

［9］曹岚，舒鹏，陈辉，等.我国区域性电力系统技术标准国际化路径的研究［J］.中国标准化，2019（7）：

［9］曹岚，舒鹏，陈辉，等．我国区域性电力系统技术标准国际化路径的研究［J］.中国标准化,2019(7)：40-43.

［10］尚羽佳，丁露．战略新兴领域技术标准国际化发展战略研究［J］.中国仪器仪表，2020（12）：27-31.

［11］曹燕，谭笑，刘冰，等．我国油气管道标准国际化的现状、瓶颈与突破路径研究［J］.中国标准化，2023（17）：65-70.

1. 专业用语释义及中英文对照表

专业用语	释义及中英文对照
ISO	国际标准化组织，是世界上最大的综合性国际标准化机构
IEC	国际电工委员会，是制定和发布国际电工电子标准的专业性国际标准化机构
技术机构	指 ISO 和 IEC 的技术委员会、项目委员会和分委员会等。技术机构是由 ISO 或 IEC 成立的，在一定专业领域内，组织 ISO 和 IEC 国际标准制修订的技术组织
负责人	指 ISO 和 IEC 的技术机构的主席、副主席和秘书等，负责全面管理技术机构的工作
工作组	是指 ISO 和 IEC 的工作组、项目组和维护组等。工作组是由技术委员会、分委员会成立的，在本专业领域内，负责起草 ISO 和 IEC 国际标准的技术组织。工作组由上一级委员会的积极成员（P 成员）或联络组织推荐的专家组成
委员会内部国际标准文件投票	包括预工作项目、新工作项目提案、工作组草案、委员会草案等投票
技术委员会	TC，Technical Committee
分委员会	SC，Subcommittee
项目委员会	PC，Project Committee
工作组	WG，Working Group
项目组	PT，Project Team
维护组	MT，Maintain Team
预工作项目	PWI，Pre Work Item
新工作项目提案	NWIP，New Work Item Proposal
工作组草案	WD，Working Draft
委员会草案	CD，Committee Draft
国际标准草案（ISO）委员会投票草案（IEC）	DIS，International Standard Draft（ISO）CDV，Committee Draft for Vote（IEC）

续表

专业用语	释义及中英文对照
最终国际标准草案	FDIS，Final International Standard Draft
复审	SR，System Review
积极成员	P-member，Participating Member
观察员	O-member，Observer

2. 承担国内技术对口单位申请表

年　月　日

拟对口的 TC/SC 编号及中文名称		拟对口的国际组织	□ ISO □ IEC
拟申请该 TC/SC 的成员身份：　　　□ P 成员　　□ O 成员			
该 TC/SC 有无对应的国内技术对口单位： □ 有，国内技术对口单位名称是：_____ □ 无			
申请单位名称		单位性质	□ 国有企业 □ 民营企业 □ 科研院所 □ 大专院校 □ 行业协会 □ 政府机构 □ 其他：
单位地址		联系人	
电话		传真	电子邮件
申请技术对口单位理由： 			

续表

参加该领域国际标准化工作情况：
申请单位意见：   　　　　　　　　　　　　　　　　　　　负责人：　　　（签名、盖章） 　　　　　　　　　　　　　　　　　　　　　　　　年　　月　　日
行业主管部门意见：   　　　　　　　　　　　　　　　　　　　负责人：　　　（签名、盖公章） 　　　　　　　　　　　　　　　　　　　　　　　　年　　月　　日
国家标准委意见：

国际合作部意见：	专业部意见：

3. ISO/IEC 工作组专家申请表

工作组基本信息							
编号：ISO/IEC TC/SC WG/PT_____				中文名称： 英文名称：			
专家基本信息							
姓名	中文： 英文：		性别	男：□ 女：□	职称	中文： 英文：	国籍
电话			传真		电子 邮件		邮编
外语水平			____能担任口译____一般会话____能阅读____基本不会				
工作 单位	中文： 英文：						
地址	中文： 英文：						
个人简历：							
声明： 我了解并愿意遵守有关国际标准化工作的管理规定，在此作如下承诺： 1. 履行 ISO/IEC 专家职责，积极参与相关的标准化活动，在工作中不做有损国家利益的事情； 2. 定期向技术对口单位 / 标准化主管单位汇报有关活动的情况，传递相关信息、资料； 3. 当个人情况（单位、联系方式、专家身份等）有任何变化时，及时向技术归口单位 / 标准化主管单位通报。 签名：　　　　单位签章							
技术对口单位意见： （盖章）　年　月　日				国家标准委意见： （盖章）　年　月　日			

4. 参加 ISO 和 IEC 会议报名表

参会代表基本信息						
姓名	中文： 英文：	性别	男：□ 女：□	职务和职称	中文： 英文：	
电话	+86–	传真	+86–	电子邮箱		
工作单位	中文：					
	英文：					
地址 （包括邮编）	中文：					
	英文：					
是否为建议代表团团长：□ 是　　□ 否						
参加 ISO/IEC 的技术机构基本信息						
编号：□ ISO/ □ IEC/TC/SC　WG/PT				中文名称： 英文名称：		
秘书处联系人：				联系人邮箱：		
会议主办方和联系人：				联系人邮箱：		
参加 ISO/IEC 的技术机构名称（中英文）及编号						
□ ISO　　□ IEC TC/SC 编号及名称： WG/PT/PG 编号及名称：						
声明： 我了解并愿意遵守国家有关国际标准化工作的管理和外事规定，在此作如下承诺： 1. 按时、全程参加注册的会议，不出现缺席现象； 2. 参加会议时，按统一的参会预案对外工作，不擅自发表与国家统一技术口径不一致的个人意见； 3. 积极、认真做好参会的各项工作，并在会议结束一个月内将参会工作总结尽快向国内技术对口单位（国内技术对口单位需向国家标准委）报送。 承诺人签名：						
参会代表单位意见： （盖章）　　年　月　日				国内技术对口单位意见： （盖章）　　年　月　日		